猪病
临床快速诊疗指南
ZHUBING LINCHUANG KUAISU ZHENLIAO ZHINAN

任晓明　主编

U0238998

中国农业出版社

编写人员

主　编　任晓明

副主编　张永红

参　编　杨德明　博永刚　李万云　许玉清　杨泽霖

前　言

　　随着养猪产业集约化、规模化进程的加快，猪病也呈现出高发和频发态势。因此，猪病已经成为制约养猪业发展的最大障碍。由于猪病的复杂性、复合性及突发性，常常难以做出迅速准确的临床诊断和采取及时有效的防控措施，致使猪病迅速蔓延。很多猪病又是人兽共患病，加之人们急于防治猪病而滥用药物，又给公共卫生和食品安全埋下了隐患。因此，快速、准确、规范诊疗猪病具有重要的生产实践意义。

　　作者将近30年来在国内外猪病防治方面的科研、教学成果和临床经验编写成《猪病临床快速诊疗指南》，建立了以症状为核心的猪病分类体系，以代表症状为核心进行编排、编写，改变了传统的以病原为核心的编排模式。之所以这样编写，是因为在发生猪病时人们首先看到的是症状。以症状为核心进行猪病分类，不但切合实际，而且作者多年实践证明是临床上进行快速准确诊断猪病的有效方法，也便于初学者快速掌握猪病的诊断要领。

　　本书的编写特色是在导引中归类建立了六大类常见猪病临床症候群。比如腹泻症候群、母猪繁殖障碍及无乳症候群等。在每个症候群中又划分了常见的几类疾病症候群，如乳猪腹泻，保育猪及肥猪腹泻等。在下面的具体内容里面又细分了某种疾病的症候群，例如：生后1~3天发病，黄色含凝乳块稀便，迅速死亡——查仔猪黄痢、脂肪性腹泻；生后3~10天发病，灰白色腥臭稀便，死亡率低——查仔猪白痢、轮状病毒感染等。最后列出重点怀疑的一（几）种疾病。用这种三步渐进追踪法，使实际工作者在查阅导引时就能快速锁定重点怀疑的疾病，然后在该章节内容所介绍的疾病中详细查阅所怀疑疾病的定义、病因、流行病学、症状和病理变化、诊断和防治措施。在掌握了该病的全面资料后，再检查病猪，寻找新的诊断依据，进一步完善临床诊断症状链。通过反复进行查阅比对，最终确定临床初步诊断结果。确定了初步诊断结果后，据此开展实际防治工作，用防治的实际效果来验证临床诊断结果的准确程度。对于重大以及确有必要确诊的猪病，在建立了初步临床诊断结果后，以此作为导向，用现代分子生物学、病毒学、细菌学等诊断技术进一步进行实验室确诊，以便验证快速临床诊断法得出的初步临床诊断结果的准确性及可信性。

本书的有关内容还有很多值得深入探讨的地方，特别是症状分类法是否合理，所列猪病症状是否包含了所有典型症状和示病症状等问题都有待于进一步商榷，加之编者水平有限，编写时间仓促，错误和疏漏在所难免，恳请业界贤达多多指教为盼。

全书由任晓明主编、统稿。张永红、博永刚、李万云、许玉清提供了很多图片，杨德明、杨泽霖提供了一些信息。

在编写和出版过程中，北京农学院研究生张思明、陈德龙、许光勇等给予了很多帮助，在此一并致以衷心感谢！

编　者
2013年4月

PREFACE

目　录

第一章

猪病诊断的基本方法

第一节　群体调查

净化猪场中的猪病，特别是净化猪群中的常在疾病，是猪场饲养管理过程中的重要而紧迫的工作。而净化整个猪群疾病的方法与临床上预防和治疗个体疾病的方法有所不同。下面介绍的调查项目和方法主要是针对以净化猪场群发疾病为目的而提出的。

（一）繁殖性能及生产情况调查

1. **了解养猪模式**　现在的商品育肥猪生产主要有三种模式，既自繁自养、繁殖仔猪卖小猪以及外购仔猪进行育肥出售。后一种养猪模式的发病率、死亡率明显高于前两者，外购育肥用仔猪的来源和渠道越多，发病的风险越大。尤其是从生猪交易市场采购的仔猪，在混群后的育肥过程中，或迟或早，或重或轻，几乎100%发病。而且绝大多数的发病情况是多种疾病的混合感染，给猪病防治工作带来极大困难，死亡率也很高。养猪模式是影响猪病发生率的重要因素之一，因此，在猪的群体调查中首先要确认养猪模式，图1-1为外购仔猪育肥过程中的发病情况。

2. **调查繁殖记录**　一般应调查猪场一年内每个月份的繁殖记录，避免各种因素对

图1-1　育肥猪群发热性疾病

某一个别月份繁殖成绩的影响。调查繁殖记录的目的是确定哪些繁殖指标低于正常值。一般参考的猪群繁殖目标值为：母猪平均年淘汰率应大于30%；母猪死亡率应小于5.0%；母猪繁殖周期应为159~163天；断奶到再配种天数间隔应小于7天；分娩率应大于80%；平均窝产活仔数应多于10头；平均窝产死胎数应少于0.5头；平均窝产木乃伊胎数应少于0.3头；哺乳期应少于28天；母猪非繁殖天数应少于60天等等。如果某项或某几项繁殖成绩数值明显低于这些目标值，就要追踪调查造成这种情况的真正原因，这种追踪调查工作往往是诊断猪群猪病、净化猪场疾病的重要突破口。

3. 调查发情、配种及妊娠情况　实际上，发情、配种及妊娠情况是与上述繁殖成绩密切相关的，往往也是造成繁殖成绩降低的直接原因。通常要询问的内容包括：如果采取本交繁殖方式，公、母猪的比例是多少；每头公猪的配种频率如何；如果采用了人工授精方式，那么如何确定母猪处于发情状态；授精时机和授精次数是如何掌握的；精液的来源，精液的采集、稀释和贮存是怎样操作的；怎样进行妊娠诊断；受孕母猪的返情比例是多少；母猪流产的比例有多大；经产母猪和初产母猪的平均产仔数是多少。

通常，采取本交繁殖方式的公母猪比例应该为1头公猪对15~20头母猪，如果公猪数量少，公猪的配种负担就会增大，精液的质量就会下降，往往会导致母猪受精率降低；公猪的配种频率一般每周不应超过3次，如果超过3次也会导致受精率降低。前述公、母猪比例应为1∶15~20，目的就是为了避免公猪使用频率过高，并且适当留有余地。

人工授精方法是目前很多猪场采取的繁殖方式，技术成熟，具有很多优点，而且已有很多专门销售优良种猪精液的公司。

采用人工授精繁殖方式时，饲养母猪的饲养员应在每天早上上班后首先查验母猪的发情情况。通常，母猪在断奶后3~5天即可发情配种，而交配后没配上种或返情的母猪应在配种后18~21天再发情，对于这些情况饲养员应该心中有数，以便于鉴定母猪发情状况和判定母猪的返情情况。当然，确切判定母猪发情或再发情，最后一定要用公猪试情来确定。当确定母猪发情后，应尽快进行人工授精，因为早上发现了发情的母猪，可能在夜里已经开始发情了。

通常授精要早晚各进行一次，授精时一定不能将授精管头部插入母猪尿道口内，授精速度也不宜过快，应配合子宫的收缩频率和吸引力慢慢输入精液。

精子来源和对精液的操作对繁殖成绩的影响很大，如采用自家公猪精液，应在每次采精后检查精液的质量，包括精子的数量、形态和活力等，并逐一进行记录，建档备案。对精液的操作也要按照规范的程序和方法进行。如果采用外购精液，一定要选择有种猪资质并具有相当数量优良种公猪的售精单位，并且要有种公猪系谱等档案资料。

通常在配种后18～21天检查母猪是否再发情，以此来确定母猪是否配种成功。一般母猪的返情和流产比例不应超过10%～15%，否则就要追查返情和流产的原因。如果采用杜、长、大三元杂交，杜洛克做终端父本的育肥猪杂交繁殖方式，一般经产母猪窝平均产仔数为10～11头，初产母猪平均产仔数应为8～9头。否则为异常情况。

4. 调查产仔情况 临产母猪进入产房前是否进行过清洗、消毒，母猪产仔是诱导分娩还是自然分娩，如果是诱导分娩，采取何种的操作方法和程序，母猪需要诱导分娩的比例是多少，代乳哺育使用什么样的程序，出生重和断奶重是多少等。

预产期母猪进入产房前必须进行清洗、消毒，因为此时产房已经过消毒，是清洁的。如果母猪不经过消毒就进入产房，势必对产房造成污染，给以后仔猪发生黄、白痢等疾病埋下隐患，实际上，很多导致仔猪发病的病原体来源于母猪，只是因为母猪的抵抗力较强，即使携带了某些病原体也不会发病。

正常的母猪分娩不需要诱导，是瓜熟蒂落的自然过程。如果母猪分娩需要诱导而且比例还很大是不正常现象。很多猪场为了加快分娩过程以及避免母猪晚上分娩，经常使用催产素（缩宫素）等药物进行诱导分娩，这种做法是十分错误的。因为动物的分娩过程是个生理过程，在非疾病状态下无需任何人工干预，人们为了自己方便而使用药物等手段干扰分娩过程，不但扰乱了分娩的正常生理调节机制，而且给以后能否顺利分娩埋下了隐患。进行了人工诱导分娩的母猪，往往在以后的产仔过程中，不使用药物等方法诱导就不能进行正常的分娩，而且不能顺利分娩的比例也会越来越高。

通常窝产仔数超过12头时就要考虑代乳哺育。但是，代乳哺育前一定要使仔猪吃到亲代母猪的初乳，获得母源抗体，这对日后仔猪的抗病能力十分重要。当然，找到分娩期相近、母性好以及代乳前给仔猪身上涂抹代乳母猪尿液等事项，是产房饲养员应有的常识。

在我国目前总体养猪水平的情况下，仔猪初生重应大于1.3千克，否则应视为弱仔。小猪哺乳21天后的断奶体重应大于6千克，否则应细查原因。

5. 调查生长发育情况 查看各猪舍一年内仔猪和育肥猪的生产记录。目的是检查生长发育情况，并将该数值同猪生长参考值进行比较（表1-1），以便确定该猪场的猪生长成绩。同时，如果猪场保留了准确的喂料记录，可以根据该记录分析、计算饲料转化率。

净化猪病的重要目的之一就在于减少疾病干扰，最大限度地发挥猪本来应具有的生长发育的遗传潜能。表1-1所列出的数据绝非最好的生产性能，只是目前我国养猪生产的一般仔猪、育肥猪的平均生长水平。育肥猪从出生到出栏全程的料肉比应低于3∶1。饲养管理水平和防控疾病水平稍高的猪场，一般都可以超过这个指标。如果连

表1-1　不同日龄、体重猪的日增重参考值

猪日龄（天）	猪体重（千克）	日增重（克）
	10.0～11.8	313～318
	18.2～21.4	409～477
	29.1～33.6	545～614
	43.2～49.1	705～773
	57.3～67.5	705～773
	71.4～80.0	705～773
	85.0～95.0	682～750
	98.2～109.2	659～727
20～60		341～393
60～180		667～735
0～180		545～609

改自《猪病学》第9版。

这个水平都达不到，那么说明在饲养管理和疾病防控等方面一定存在问题。在疾病防控方面常见的问题是慢性、常在性和条件性疾病的防控和净化做得不好。如支原体肺炎（气喘病）、萎缩性鼻炎等。这类疾病，一般在没有其他病原体复合感染的情况下死亡率并不高，但是会严重影响仔猪和生长育肥猪的生长发育速度，造成饲料报酬下降，尤其在冬、春天气寒冷的季节更是如此。

6. 调查各阶段猪的病死率　调查各阶段猪的病死率的步骤如下：了解每一阶段猪群的发病率和死亡率，同时调查发病和死亡的原因和时间，再判断发病和死亡有无季节趋势等流行病学情况。

各阶段猪一般病死率的参考指标如下：哺乳仔猪死亡率低于12%；断奶仔猪死亡率低于3%；育肥猪的死亡率低于1%；母猪死亡率低于5%。

了解这些情况并和参考指标比较的目的是，确定该猪场在疾病控制方法、程序和免疫程序等方面是否存在问题。哺乳仔猪死亡的主要原因，除了典型猪瘟、口蹄疫等烈性传染病之外，常见的是产弱仔、母猪压死仔猪以及腹泻等造成的死亡等。

断奶仔猪的死亡，除了腹泻等消化道疾病之外，常见的有蓝耳病、巴氏杆菌病和链球菌病等呼吸道疾病造成的死亡。

一般育肥猪死亡率很低，常见的死亡原因为副猪嗜血杆菌、放线菌、猪流感病毒等感染造成的接触性、传染性胸膜肺炎、猪流感等的单独感染或混合感染情况。

通常母猪的抵抗力较强，由于传染病原因造成的死亡率不高。常见的死亡多由产科病、内科病引起。如难产、胃溃疡、便秘和胃破裂等。如果母猪死亡率偏高，一定另有原因。

（二）调查饲养管理情况

1. 饮水和耗料　首先调查食槽和饮水器的数量和类型。目的是测算现有的食槽和饮水器能否满足最大预期的养猪数量以及最大体重猪的需要。

一般情况下猪每天需要体重10%的饮水量，在热天及特殊生理阶段（如哺乳、妊娠等）需要水量会更多。1升水的质量为1千克。所以，一头100千克重的猪每天至少消耗10升水。

猪不但对总水量有要求，而且对饮水器在单位时间的出水量也有要求。比如，哺乳仔猪的饮水器要求每分钟出水0.3升；育肥猪需要每分钟出水1.4～1.7升；而妊娠、哺乳母猪以及公猪则需要每分钟出水2升以上。

严格来讲，在水压恒定的情况下，根据猪的体重大小和不同生理状况至少需要4种规格的饮水器，每个自动饮水器可满足10～15头猪的饮水需要。

确保猪能够获得充足的饮水是非常重要的，天气炎热时，只要有充足的饮水，猪可以3天不吃料而不发生问题，而3天不饮水的猪必死无疑。

当饮水受限时，猪的攻击性增强，很多猪的恶癖（如攻击性、咬尾及咬耳等）与饮水不足有直接关系。增重也因采食减少（饮水不足自然采食减少）而减缓，因而导致同龄猪的体重差异加大。

在喂料方面有研究表明，给空怀期母猪每天喂3次要比喂2次死亡率低；每天喂2次的母猪要比每天喂1次的母猪的死亡率低。喂湿拌料的母猪死亡率要低于喂颗粒料，在空怀状况下，一般日喂料量为母猪维持需求量的1.5倍，通常母猪的维持需要量为每天采食2.4千克左右的标准全价配合饲料。

2. 温度　了解猪场的温度管理状况是十分重要的调查内容。养猪生产中环境温度的上、下限与猪栏地板类型、猪体重、猪品种以及猪的生理状况（如妊娠、哺乳等）等因素有关（表1-2）。

一般情况下，母猪的理想环境温度为21～22℃；新生仔猪要求28～30℃；断奶仔猪需要26～28℃。猪的适宜温度随体重增加而逐渐下降，当仔猪进入到育成舍时，环境温度应降到22℃为宜，育肥猪的环境温度最好维持在15～20℃。

表1-2　在不同地板类型条件下猪对环境温度要求的最大范围（℃）

各体重阶段的猪（千克）	混凝土地板	漏缝地板	铺垫草
母猪	10～32	15～30	5～30
20	16～36	18～35	11～35
40	13～36	16～34	7～32
60	12～35	14～34	5～32
80	12～35	12～34	4～30

养猪生产中环境控制的第一要素是温度。温度不但和猪的生长发育有关，而且和发病率密切相关。猪生活在适宜的环境温度中固然重要，而保证环境温度不发生剧烈变动更为重要。经验告诉我们，猪在温度低的季节生长发育缓慢，经常可以听到养猪人讲："冬天的猪光长毛不长肉"。实际上这是猪舍环境温度太低的结果，如果环境温度能维持在正常水平，猪在冬季照样可以正常生长发育。在冬季如果猪舍的温度低，猪采食饲料中的很大一部分是用于维持体温而白白地燃烧掉了。

有资料表明，母猪在下限温度5℃环境中生活，每天要多采食0.25千克饲料；而育肥猪生长在下限温度以下1℃环境中，每头猪每天要多采食3.3千克饲料才能达到上市体重。

环境温度低是诱发呼吸系统和消化系统疾病的重要因素，因此冬、春季节是猪场呼吸系统疾病的高发期。

3. 饲料　饲料是养猪的第一大成本，饲料配合不当也是发生疾病的重要原因，因此是必须了解的项目。通常调查的内容包括：饲料是自配的还是外购，如果是外购，是购进预混料、浓缩料还是全价配合饲料，外购的预混料或浓缩料是如何配合成全价料的，各阶段猪的饲料采用何种饲养标准及营养组成，饲料是如何贮存和运输的，各阶段猪的喂料量是如何制订的，以及是如何运用自由采食和限饲的。

目前我国养猪场，很多采用购买预混料或浓缩料，然后自配成全价配合饲料进行饲喂。当然，目前已有直接购买全价配合饲料进行饲喂的，并且是养猪生产的发展趋势。

如果购买的预混料或浓缩料是来自正规的生产厂家，而且是按照各个阶段猪的饲养标准生产的产品，一般在预混料或浓缩料上出现问题的概率不太高。

现实的饲料问题主要出现在猪场购进的玉米、豆粕等大宗原料上。比如质量不好，营养成分达不到标准以及发霉变质产生毒素等。

由于原料行情的波动，猪场往往在价格合适时大量购进原料，这样一来，在原料运输、贮存过程中如果处理不当，常常造成发霉变质。用这样变质的大宗原料配成的配合饲料，不但严重影响猪的生长发育，而且常常是引发或诱发疾病的重要因素（图1-2）。

完全采用美国研究委员会（NRC）等国外饲养标准制定猪的饲养标准，不一定适合我们的养猪生产的实际要求，因为有的标准是实验室做出来的，不一定完全符合生产实际情况，加之我国目前养猪的品种及饲养方式比较复杂，饲料原料质量也参差不齐。在饲料的配合加工过程中也常见计量不准、粉碎粒度不符合要求以及混合均匀度不达标等问题。

喂料量标准的制定，原则上应在充分考虑原料质量的前提下，根据猪的基本维持需要量加上生长、生产、抗病等方面的需要量来制定。

图1-2　饲喂发霉玉米后小母猪阴门红肿

在小猪、中猪阶段，通常采用自由采食方式，以便最大限度地发挥小猪的生长发育潜能，而在大猪阶段应采取限饲的方式，以免过度沉积脂肪。

4. **引种（猪）安全**　应调查最近猪场是否进行了引种或购进外源猪？新购猪的检疫和隔离程序如何？如果是购进仔猪，这些仔猪来源是一个还是多个猪场？猪是如何被运进猪场的？运猪车到达后是如何进行消毒的，等等。

猪病的高发态势以及日趋复杂的情况，绝大多数最初来源于猪的不规范移动，猪病的发生和流行主要是猪传染给猪的。很多国外的猪病进入中国，多数是由于从国外引进种猪时带进了猪病。一地发生猪病迅速蔓延至全国，也往往是由于猪及其产品的全国大范围移动造成的。

因此，引种前一定要经过特定疾病的检疫环节，而且最好隔月复检；引种后一定要有隔离期，隔离时间以特定疾病的最长潜伏期为限。如有可能最好采用"哨兵猪"的隔离检疫方法，以便最大限度地杜绝引入猪带进猪病的情况。

如果采用购仔猪育肥的养猪模式，引进仔猪的来源越少越安全，来源越多带进疾病的风险越大。

运猪的车辆在运猪前及到达猪场后都要进行彻底清洗消毒，以便最大限度地减少病原体的数量以及切断病原的传播途径。这也是为什么猪场生产经营时间越长，猪病的数量和种类越多的缘故。

5. **巡查畜舍**　如果说前面调查的大部分内容是通过问诊得到的话，下面进行的内容主要是视诊范畴。在巡视圈舍过程中主要观察猪的表现，异常行为，是否有足够的饲养空间和饲料等情况，评估环境质量和通风换气情况。即使猪场的饲养管理人员自认为圈舍各方面没有什么问题，也一定要查看所有的生产环节。

在查看过程中，特别强调要和饲养员、技术员等一线生产管理人员交谈，因为他们在生产过程中天天接触猪，所以他们的意见、看法往往特别具有参考价值。

临床诊断猪病的重要方法是问诊和视诊。在巡视圈舍过程中，首先查看猪的采食情况，有无剩料现象。如果有剩料情况，再进一步查看是否有断水情况，如果猪的饮水充足还有剩料（当然是在非自由采食情况下），那么猪一定是发生了疾病。因为通常猪发生疾病的最明显表现是采食减少。

当然，观察猪的精神状态、行为表现等也十分重要。各种猪病的详细临床诊断方法，将在后面章节中详细介绍。

（三）调查疾病和死亡情况

1. 了解疾病防控措施　一般调查的内容如下：了解常规使用疫苗的种类，各个阶段的猪免疫程序是如何制定的，如何驱除猪体内、外寄生虫，在饲料中添加了何种药物，药物的使用剂量如何，对病猪怎样治疗，以及药物是否轮换使用，饲养员是否清楚本场的免疫程序和治疗方案等。

疾病的控制措施通常应包括环境控制、营养调控、消毒、免疫接种、药物的保健与防治、早期断奶、分阶段养殖等饲养管理措施，以及引进外源猪的检疫、隔离程序等。猪场在日常管理过程中，必须采用合理的免疫程序，使用质量有保证的疫苗、消毒剂和药物等。

关于免疫程序，虽然可以参考各种资料上介绍的各阶段猪的免疫程序和方法，但是严格地讲，每个猪场、每个阶段猪的免疫程序的制定，要根据本地区、本场的猪病流行情况和发生态势而定。最好通过监测本场各阶段猪群中各种病原血清抗体的动态变化规律来确定。如此看来，每个猪场及每个阶段猪的免疫程序都应该是不完全相同的。

定期驱除猪体内外寄生虫是一项十分重要的保健、防病工作，对各阶段的猪都要定期驱虫。驱虫时不能重体内，轻体外。从猪场的实际情况来看，体外寄生虫往往也是影响猪生长发育、诱发疾病的重要因素，因此最好同时驱除体内、外的寄生虫。

很多猪场在日常饲养管理过程中都往饲料中添加药物，以达到防病、促生长的目的。但长期使用抗生素对于猪体内的药物残留、病原体的抗药性和耐药性等问题都埋下了可怕的隐患。因此，除了按照合理保健程序定期投药进行保健外，不能长时间投药，尤其应避免长时间、小剂量使用一种药物，更重要的是必须严格遵守有关法律法规的规定使用药物。

对于病猪的治疗，严格地讲，对于群发性猪病治疗是没有多大意义的。这是因为如果大群发病时，无法对每一个个体进行有针对性的治疗，另外，猪是经济动物，如果治疗的成本大于猪本身的价值，治疗是没有意义的。况且绝大多数抗生素对病毒性猪病没有治疗作用。即便是治疗，也不能长期使用一种或几种药物。说到底，防控猪病的根本要求是树立健康养猪理念、预防发病、减少发病，最好不发生猪病。如果猪场的疾病得不到很好的控制，就要考虑调整疾病控制方法和措施，尤其重要的是所有的猪病防控方法和措施都要和猪场的日常管理结合起来。

免疫程序和治疗方案的实施，主要依靠猪场技术人员和饲养管理人员来执行，因此，经常对饲养管理人员进行培训，使他们充分了解本场的猪病控制的原则、方法和措施，清楚各阶段、各种猪的免疫程序和治疗方案是十分重要的，说到底就是要把猪场的所有猪病防控方案变成全场饲养管理人员的实际行动。

2. **调查生物安全性** 详细调查猪场生物安全制度和措施，根据猪场中鸟类、啮齿类等动物的存在情况和活动规律来测评猪场的生物安全状况。调查人员、物品、饲料和猪的移动路线，以便确定该猪场在哪些生物安全措施方面存在隐患和有待提高，对生物安全体系的风险做到心中有数。

猪场中的老鼠、爬行动物和鸟类是很难控制的，这些动物是口蹄疫等很多病原的重要传播者，因此必须采取措施，最大限度地加以控制。

很多猪场为了防止物品被盗或者喜好而养狗，这种方法不可取。其实猫、狗也是某些猪病传播和流行的一个因素，如弓形虫病等。

原则上猪场内应该区分净道、污道以及移动猪专用通道，并且不能混用，以便最大限度地防止猪病的传播、流行以及交叉感染。清洁过的物品和饲料应使用净道，而运输粪便等污物应通过污道；人员一旦进入污道，原则上应换鞋和经过再消毒后才能使用净道。猪病是否发生、流行、控制和得到净化，往往就在于这些细微之处做得好坏。因此，这些方面在猪场建设之初的设计上就要考虑周全，这也是建筑防疫学的一项重要内容。

3. **调查猪场的疾病状态** 调查猪场的疾病状态，可以通过调查猪的临床症状、解剖死猪、采集病料、屠宰厂检验、病原学和血清学诊断等手段来进行。

原则上，对所有的病、死猪都要进行病理剖检，如果死猪很多，那么至少需要剖检3头猪以上，并且力求寻找具有基本相同的病理变化特征，这样才具有群发猪病的诊断意义。发病初期且未加治疗的濒死或者死亡不久的猪是理想的剖检样本。但是，往往对发病早期或者急性死亡猪的剖检难以发现脏器的典型病理变化。

现在猪病发生的情况十分复杂，多数为复合感染或综合征，典型的、共性的病理变化不多，单纯依靠典型的病理变化就能诊断的猪病种类也很少，因此，往往需要配合调查了解、临床症状、治疗效果、病理组织学以及实验室诊断结果等方法来进行综合诊断。具体方法将在后面的章节中介绍。

在屠宰厂生产线上，结合检验进行大规模猪病排查，是发现猪场死亡率不高的慢性疾病等的很好方法，比如在评价猪支原体肺炎（气喘病）、萎缩性鼻炎等慢性疾病的发病情况和危害程度等方面很有意义。

4. 调查群发疾病情况   猪的群发疾病是危害最严重的疾病，是必须调查的内容。要了解的内容通常包括：是全场发病、全群发病、全窝发病还是只有个别猪发病，多少头猪发病，发病猪占存栏猪的比例有多大，大猪发病多还是小猪发病多，是后备母猪还是经产母猪发病，群发病的病猪体温高不高，以及各阶段猪的死亡率如何等。

就猪场而言，对于非群发性的个别猪病，一般没有很大的诊断价值和治疗意义，防控的重点是群发病。尤其是群发的急性、烈性传染病，如果对这类疾病防控不及时，往往会造成猪群的巨大损失甚至全群覆没。

而慢性、条件性的群发猪病是猪场净化的重点（如气喘病等），因为这类疾病虽然不会造成急性大批死猪，但往往是很多猪病的导火索，且会严重影响猪的生长发育、饲料报酬以及繁殖性能等，对猪场的经济效益和生产业绩影响十分严重。

其他群发病包括中毒、代谢以及遗传性疾病等非传染性疾病。鉴别传染病和非传染病的重要临床依据之一是病猪体温是否增高？因为绝大多数传染性疾病都有体温增高的临床表现，而多数的非传染病虽然也是群体发病，但往往体温不高，这是鉴别传染性疾病和非传染性疾病的重要依据之一。

由于小猪的抵抗力较差，绝大多数传染病对小猪的危害大。因此当猪群发生传染病时，小猪的发病率和死亡率都高于其他阶段的猪，并且有明显的全窝、全群发病趋势。

发病猪、死亡猪的数量越多，占存栏猪的比例越大，说明该病的传染性越强，病情越严重。而经产母猪、种公猪以及大猪对传染病有较强的抵抗力，通常病死率都比较低。

5. 调查有无暴发猪病情况   暴发的疾病通常都是烈性传染病，也是对猪场损害最大的疾病。调查内容包括：病猪的症状发展速度如何，疾病的扩散速度和范围，病猪明显的共同症状出现在病后多长时间、多大日龄，最初发病的猪多大日龄，病猪的转归如何，猪群的发病率和死亡率是多少，采取何种治疗措施，效果如何，病猪最初症状同后来症状是否相同，病情逐渐加重还是变轻，在本地区和周围地区，除猪之外还有其他哪类动物发病，猪病是否有地方性流行和发病趋势，发病有无性别差异，疾病暴发之前有无先兆，以前该病在本地区、本场是否发生过。

了解症状的发展、扩散速度和范围的目的，主要是判断该病属于急性疾病还是慢性疾病，以便决定是否采取报告、紧急封锁、隔离以及扑杀措施。

病猪的发病日龄对于分析、判断疾病的种类很有帮助，因为有些猪病有特定的发病日龄，如仔猪黄痢多发于出生后1～3天；而与该病具有相同病原的仔猪白痢则多发生于出生后的10～30天。

了解病猪的转归和病死率，有助于判断该病的危害程度以及是否由急性猪病转为慢性猪病，以便制定更有针对性的应对措施。

了解已采取的治疗措施及其效果，对于判断疾病的种类和性质十分重要。如果是病毒性疾病，则一般使用抗生素的效果不佳，因为一般抗生素对病毒没有作用，而对于细菌性疾病则会有一定效果。当然，由于很多猪场存在着抗生素的滥用、超量、超限长期使用等情况，所以很多病原菌对抗生素产生了不同程度的抗药性和耐药性，因此，即使是细菌性疾病，使用抗生素也不一定有明显的效果。

了解病猪先后症状是否相同，主要目的是判断该病是单一疾病还是复合感染或者是综合征。有些疾病是猪特有的，如猪瘟等；而有些猪病是多种动物都可能发生的，如口蹄疫等，如果发生像口蹄疫等多种动物共患的传染病，绝不是一个猪场或一个猪群发病，一定波及一个地区或更大范围，并且牛、羊等偶蹄类动物都会发病。

有些疾病主要发生在母猪、公猪，如繁殖障碍类疾病；而呼吸系统疾病一般都有发热、食欲减退、咳嗽及打喷嚏等先驱症状。仔猪红痢（梭菌性肠炎）、猪痢疾等疾病往往有再发的可能，这些都对诊断猪病提供了很有价值的信息。

6. 调查猪的死亡情况　调查内容包括：调查猪场各阶段猪的死亡率，平均死亡率和死亡范围，每个阶段的猪死亡发生的时间，猪死亡是否有季节趋势，猪在临死前有何临床表现，死亡猪的外观如何，这类死亡以前是否发生过，引起死亡的原因是什么。

各阶段猪的死亡率是猪场饲养管理水平和生产成绩的重要指标。降低死亡率也是净化猪场、防控疾病的主要目的之一。

了解病猪发生死亡的时间，目的是确定防控猪病的时间点和着力点，也是确诊猪病类型的一个重要依据。

很多猪病的发生有季节性规律，如冬、春季节易发呼吸道疾病；夏季易发消化道疾病，因此，在不同季节有不同的疾病防控重点。当然，随着生态环境的改变和临床滥用药物，很多疾病的流行规律和特点也发生了很大改变。

了解濒死前的临床症状、死亡猪的外观以及在以前是否发生过类似的死亡，这些情况对确定疾病的种类、性质以及以后应采取的防控措施和防控重点都十分重要。

原则上，猪场发生的任何死亡都应查明原因，以便确定今后的预防措施。当然，也不是所有死亡都能查出准确的原因，查出病因，找到病原，制定有效的防治方案是兽医工作者应努力完成的工作和追求的目标。

第二节　个体检查

经如上群体调查后，即可对猪场的整体状况有一个基本判断。以这种判断为基础，进一步进行猪的个体检查，以求对猪群的健康状况和疾病问题有一个比较准确的诊断，为进一步确诊以及制定防控猪病和净化猪场的具体方案提供依据。

（一）观察猪整体状态

整体状态的检查通过详细的视诊，特别要详细观察猪的生长发育程度、营养状况，并对身体状况进行综合评价。

生长发育良好的猪，肌肉丰满，被毛光亮，结构匀称，营养状态良好，总体印象为体格健壮，表明机体的物质代谢正常。这种状态的猪是临床健康的，对疾病的抵抗力较强。

发育不良的猪，多表现躯体矮小，结构不匀称，特别是在小猪阶段，常表现为发育迟缓甚至发育停滞。

如果发现小猪比同窝的猪发育显著落后，甚至成为僵猪或侏儒猪，多为慢性传染病（仔猪白痢、非典型性猪瘟、气喘病及仔猪副伤寒等）、寄生虫病（尤其是蛔虫等消化道寄生虫）以及营养不良（先天性发育不良或出生后母乳不足）的后果，尤多见于矿物质、维生素代谢障碍而引起的骨代谢性疾病（骨软症与佝偻病等），见图1-3。

此外，地方流行性肺炎（气喘病）及传染性萎缩性鼻炎也可引起过度消耗以至造成发育迟滞。对于发育不良的猪，应详细了解病史及疫情后进行综合全面分析、判断。

营养不良表现为消瘦，被毛蓬乱、无光，皮肤缺乏弹性，骨骼表露明显（如肋骨）。身体消瘦是营养不良的临床常见症状。

对于乳猪的营养不良，在排除母乳不足、乳头固定不佳、缺铁性贫血以及环境温度低等原因外，应考虑仔猪黄痢、脂肪性腹泻等以消化道症状为主的疾病。

对于断奶仔猪的营养不良，如没有饲养管理方面的问题可查，则常提示为慢性消耗性疾病，尤其多见于慢性仔猪副伤寒、气喘病、猪肺疫、蛔虫病以及慢性猪瘟等。

对于稍大的中猪营养不良，除消化系统疾病等原因外，还应注意是否由于患慢性猪丹毒继发的心内膜炎及链球菌性心内膜炎等疾病所致。

（二）观察精神状态、运动及行为表现

猪的精神状态是其中枢神经机能的标志。可根据猪对外界刺激的反应能力及其行为表现进行判定。

猪在正常状态下，中枢神经系统的兴奋与抑制两个过程保持着动态平衡，表现为静止时较安静，行动时较灵活，经常关注周围情况的变化，对各种刺激反应敏感。

当中枢神经机能发生障碍时，兴奋与抑制过程的平衡关系受到破坏，临床上表现为过度兴奋或抑制。

兴奋是中枢机能亢进的结果，轻则惊恐、不安，重则狂躁不驯。

抑制是中枢神经机能紊乱的另一种表现形式。轻则表现沉郁，重则嗜睡，甚至表

现为昏迷状态。

沉郁时可见病猪离群呆立、萎靡不振、耳耷头低，对周围情况反应冷淡，对刺激反应迟钝（图1-4）。

嗜睡则为精神过度沉郁状态。表现为重度萎靡、闭眼似睡，或站立不动或卧地不起，给以强烈的刺激才引起轻微的反应。见到这种情况应注意侵害猪中枢神经系统的疾病（如李氏杆菌病、伪狂犬病等）（图1-5）。

昏迷是病危状态。多表现为躺卧不动，见于各种发热性疾病及消耗性、衰竭性疾病等。肥猪在中暑、高热病的后期也可呈昏迷状态（图1-6）。

此外，猪不应该表现出恶癖，比如，应该在适当的时间、适当的位置排泄。通常猪在采食后饮水时才到猪栏后面角落处排泄。正常的猪不应出现互相咬尾巴、咬耳朵等情况，也不应当出现异嗜情况等。猪表现出恶癖，常见的原因为密度过高、环境恶劣、空气污浊以及营养不平衡等原因。

图1-3 小猪比同窝的猪发育显著落后

图1-4 病猪的精神沉郁状态

图1-5 病猪的嗜睡状态

图1-6 病猪的昏迷状态

而咳嗽、打喷嚏或喷鼻子，不但是喉、气管及肺部疾病的典型症状，也是萎缩性鼻炎的早期表现，如果在上述症状出现的同时还有鼻塞、流鼻血等情况，基本可以断定是萎缩性鼻炎初始阶段。当然，准确诊断萎缩性鼻炎还要以分离出波代氏杆菌、巴氏杆菌等病原体为准。

（三）观察姿势及体态

姿势与体态系指猪在相对静止期间或运动过程中的空间位置及其姿态表现。当猪处于健康状态时，姿势自然、动作灵活而协调。疾病状态下所表现的反常姿态，常由中枢神经系统疾病及其调节机能失常所致，以及骨骼、肌肉或内脏器官的病痛及外周神经的麻痹等原因而引起。

猪的异常站立姿势常表现为：典型的木马样强直姿态，呈头颈平伸、肢体僵硬、四肢关节不能屈曲、尾根挺起（有的猪呈现尾根竖起），这是全身骨骼肌强直的结果，见图1-7。

猪四肢发生病痛时，站立时也呈不自然的姿势，如单肢疼痛则表现为患肢免负体重或提起；当躯体失去平衡而站立不稳时，则呈躯体歪斜、四肢叉开或依墙靠壁而立等特有姿态，这种情况常见于中枢神经系统疾病，特别当病因侵害小脑、脑桥部位时尤为明显，见图1-8。

猪的强迫卧位姿势是指非正常的躺卧状态，四肢的骨骼、关节、肌肉发生疼痛性疾病时（如骨软病、风湿病等），猪多表现为强迫卧位姿势；另外，当猪高度瘦弱、衰竭时（如长期慢性消耗性病、重度的衰竭症等），多呈长期躺卧状态，见图1-9。

猪的两后肢瘫痪而出现犬坐姿势，可见于传染性麻痹，或当慢性仔猪白肌病、风湿病以及骨软病时亦可见到这种姿势；当后肢瘫痪的同时伴有后躯感觉、反射功能的失常，以及排粪、排尿机能的紊乱，则多为截瘫，可由于腰扭伤造成脊髓的横断性病变而引起，见图1-10。

图1-7　病猪全身抽搐、强直

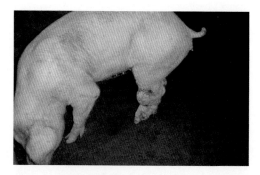

图1-8　猪四肢发生病痛时，站立时表现不自然的姿势

图1-9　猪的强迫卧位姿势是指非正常的躺卧状态

图1-10　猪的两后肢瘫痪呈犬坐姿势（见图后面小猪）

猪运步缓慢，行动无力，可因衰竭或发热而引起；行走时疼痛、步态强拘或呈明显的跛行，多为四肢的骨骼、肌肉、关节及蹄部的病痛所致，除应注意于一般的外科疾病外，尚应提示骨软病、风湿病、慢性白肌病以及某些传染病所继发的关节炎（如链球菌性关节炎、继发于慢性猪丹毒或布鲁氏菌病等时）的可能。

此外，育肥猪长期运动于粗糙而不平的水泥地面上，引起蹄底部过度磨损时亦可发生跛行，尤易发于新引进的某些品种的猪只。时间稍长，由于蹄踵部肿胀，常常导致蹄壳纵裂或横裂，此症状常被误认为是由于缺乏生物素引起，见图1-11。

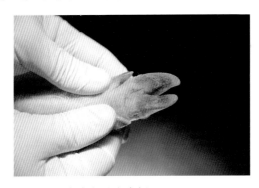

图1-11　猪蹄底过度磨损

应该特别注意的是，当猪群中有相继发生的多数跛行的病猪并迅速传播时，常为口蹄疫或传染性水疱病的信号和线索，宜仔细检查蹄指（趾）部的病变并结合流行病学资料而进行及时诊断和处理。

（四）观察体表状况

健康猪的被毛整洁、有光泽，被毛蓬乱而无光泽为营养不良的标志。可见于慢性消耗性疾病（如贫血、体内寄生虫病、结核病等）及长期的消化紊乱；营养物质不足等，某些代谢紊乱性疾病时也可见到这种情况。

有局部脱毛情况时应注意皮肤病（真菌感染等）或外寄生虫病，如在头、颈及躯干部有多数脱毛、落屑病变，同时伴有剧烈痒感，猪经常在周围物体上摩擦或自己啃咬甚至使病变部皮肤出血、结痂或形成龟裂，应提示螨病（疥癣）的可能，尤其在冬、春寒冷季节，因猪相互挤压在一起，相互感染以至在猪群中蔓延。为了确诊，应刮取皮屑（宜在皮肤的病健部交界处）进行镜检。

如果猪体有大片的结痂、落屑，应注意外寄生虫病、真菌病。如疥螨、痒螨、虱以及真菌性皮炎等。

病猪尾部及后肢被毛被粪便污染，是下痢的标志。

皮肤苍白乃贫血的表现，对于仔猪，可将其耳壳透过光线视之。皮肤、黏膜苍白，生长发育不良，可见于各型贫血。

黏膜、皮肤黄疸是指其被病理产物染成黄色，可见于多种溶血、肝胆疾病等。如病毒性肝炎、实质性肝炎、中毒性肝营养不良、肝变性及肝硬化等。此外，胆道阻塞（如肝片吸虫病、胆道蛔虫病等）、溶血性疾病（如新生仔畜溶血病、钩端螺旋体病等）也常见黄疸症状，见图1-12。

皮肤、黏膜呈蓝紫色称为发绀症状。轻则以耳尖、鼻端及四肢末端为明显，重则可遍及全身。出现该症状可见于严重的呼吸器官疾病（如传染性胸膜肺炎、猪肺疫、副猪嗜血杆菌病以及流行性感冒等）；重度的心力衰竭，多种中毒病，尤以亚硝酸盐中毒为最明显。此外，中暑、发热性疾病时也常见显著的发绀；而猪患有繁殖呼吸系统疾病综合征（蓝耳病，PRRS）时，可见耳尖的明显发绀，俗称为蓝耳病，见图1-13、图1-14。

皮肤的红色斑点常由皮肤出血而引起，如果是出血点则指压时不褪色。

皮肤小点状出血多发于腹侧、股内、颈侧等皮肤相对较薄部位，常为仔猪副伤寒以及猪瘟等的典型病变，亦可见于猪肺疫及附红细胞体感染等疾病，见图1-15。

皮肤有较大的充血性红色疹块，见图1-16。可见于猪丹毒等疾病。发生猪丹毒时疹块可隆起呈丘疹块状，典型的猪丹毒的丘疹斑块还具有几何形状，指压褪色为其特征。

此外，当皮肤发生皮疹或疹疱性疾病初期时，也可见红色斑点状病变，但随病程发展即可提示其皮疹或疹疱特点，见图1-17。

皮肤温度增高是体温升高、皮肤血管扩张、血流加快的表现。全身性皮温增高可见于所有热性病，如大多数传染病过程；局限性皮温增高提示局部的发炎情况。

皮肤温度降低是体温过低的标志，可见于衰竭症、严重营养不良、大失血、重度贫血、严重的脑病及中毒等。渐进性皮肤温度降低是病危的表现。

图1-12　病猪皮肤黄疸

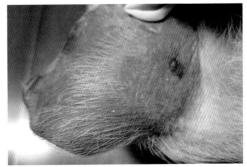

图1-13　病猪耳朵呈蓝紫色

图1-14　病猪耳朵及全身呈红紫色

图1-15　猪瘟时皮肤的出血点

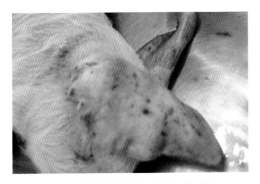

图1-16　皮肤有较大的充血性红色疹块

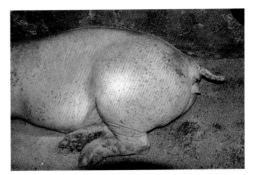

图1-17　猪皮疹

　　通常在颈侧或肩前等皮肤较疏松的部位检查皮肤弹性，检查时，用手将皮肤捏成皱褶并轻轻拉起，然后放开，根据皮肤皱褶恢复的速度来判定其弹性。当猪皮肤弹性良好时，拉起皮肤放开后皱褶很快恢复、平展；如皱褶复原很慢是皮肤弹性降低的标志，可见于机体严重脱水以及慢性皮肤病（如疥癣、湿疹等），当然，年龄大的猪皮肤弹性比小猪要差些。

　　检查猪的皮肤及皮下组织肿胀情况，猪的颜面部与眼睑的浮肿，是仔猪水肿病的一个临床特征。当然，水肿病还应有其他症状，如神经症状等。

　　在腹壁或脐部、阴囊部触诊时发现有波动感的肿物，应重点怀疑是疝（赫尔尼亚）。要进一步确诊是疝症（腹壁疝、脐疝、阴囊疝）时，可将脱垂的肠管等腹腔内容物还纳（发病时间较长，脱出物和疝环粘连时不易还纳），并可触摸到疝环，听诊时局部或有肠蠕动音，并应结合病史、病因等资料仔细进行区别，见图1-18。

图1-18　猪脐疝

　　湿疹样病变是指皮肤表面有粟粒大小的红色斑疹，弥漫性分布，尤多见于被毛稀疏部位，可见于猪的皮肤湿疹以及皮炎肾病综合征、仔猪副伤寒、内中毒或过敏性反应等，见图1-19。

　　饲料疹通常只发生于白皮猪。当猪吃了多量含有感光物质的饲料（如荞麦、某些三叶草、灰菜等）时，经日光照晒后可出现皮肤的斑疹。这种斑疹以项颈、背部最为明显，同时伴有皮肤充血、潮红、水疱及灼热、痛感症状。将病猪置于避光处后发疹症状即见减轻、消失，同时可从饲料中查到有致病因素，此病一般不难诊断和鉴别。

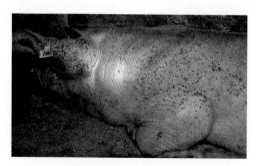

图1-19　湿疹样病变

　　丘疹是指猪躯干部呈现多数指尖大的扁平、突出皮肤表面的疹块，同时伴有剧烈痒感，也称荨麻疹，见图1-20。

　　猪的皮肤有小水疱性病变，继而溃烂，同时伴有高热，并呈迅速传播的流行特性，常提示口蹄疫或传染性水疱病的可能。前者主要好发于口、鼻及其周围、蹄趾部，小猪死亡率较高，大猪死亡率较低；后者多仅见于蹄趾间及皮肤较薄的部位，且小猪的死亡率也不高。应结合流行病学特点进行分析、判断。如流行病学显示偶蹄兽（牛、羊、猪、骆驼等）均发生感染，则多为口蹄疫；如仅流行于猪，则常为传染性水疱病等，见图1-21、图1-22。

　　必要时可依靠病原学或血清学检测而进行鉴别诊断。

　　猪痘好发于鼻端、头面部、躯干及四肢的被毛稀疏部位。对于发生于仔猪的痘疹，还应注意区别仔猪痘样疹，见图1-23。

图1-20　皮肤丘疹

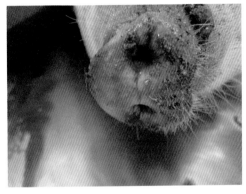

图1-21　猪水疱病水疱破溃后形成的溃疡

图1-22　猪口蹄疫蹄部溃疡

图1-23　仔猪耳壳痘样疹

猪的体表部位有较大的坏死与溃烂，应考虑坏死杆菌病等，见图1-24。

仔猪的皮肤及体表战栗与震颤，严重者全身痉挛，如见于生后二三日龄的新生仔猪，则应提示新生仔猪低糖血症，这种情况多见于仔猪的环境温度偏低。病猪多伴有昏迷症状。此外，当猪患脑病或中毒时，亦可表现为痉挛的同时伴有昏迷，见图1-25。

仔猪全身出现频速的、有节奏的震颤甚至跳动，是仔猪先天性肌震颤的特征，仅见于1月龄内的哺乳仔猪，一般取良性经过，如护理得当，多经3～4周龄后自愈。

在育肥猪，尤其是仔猪，见有耳朵血肿，咬脐带和腹部下垂等情况，多提示猪相互咬尾和咬耳现象，这种情况的发生虽然原因很多，但绝大多数是猪密度过大，环境恶劣所致。因此，当出现猪咬耳朵、咬尾巴等情况时，则提示要改善饲养管理条件和环境，见图1-26、图1-27。

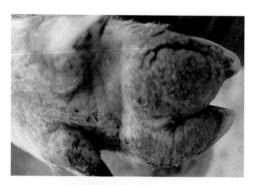

图1-24　仔猪蹄部坏死杆菌病

图1-25　仔猪痉挛、抽搐

图1-26　猪被其他猪咬脐带后腹部下垂

图1-27　猪耳朵被咬伤后坏死

（五）可视黏膜的检查

猪的可视黏膜是指用肉眼能看到或借助简单器械可以观察到的黏膜。如眼结膜，鼻腔黏膜，口腔、阴道等部位的黏膜等。健康猪的可视黏膜湿润，有光泽，呈微红色或粉红色。

检查猪的可视黏膜时，除应注意其温度、湿度、有无出血、完整性外，更要仔细观察颜色变化，尤其是眼结膜的颜色变化。

潮红是眼结膜下毛细血管充血的征象。双眼结膜呈弥漫性潮红，常见于各种发热疾病及某些器官、系统的广泛性炎症过程，单侧眼结膜潮红提示为单眼结膜炎情况，见图1-28。

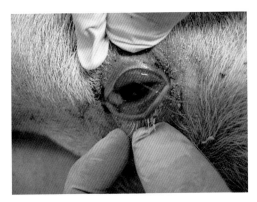

图1-28　猪眼结膜潮红

苍白是指结膜色淡，甚至呈灰白色。是各型贫血的特征，尤其常见于仔猪的缺铁性贫血。

发绀即可视黏膜呈蓝紫色，系身体缺氧，血液中还原血红蛋白增多或形成大量变性血红蛋白的结果，如亚硝酸盐中毒、严重的心功能不全及呼吸系统疾病等，见图1-29。

图1-29　眼睑呈紫红色

　　黄疸是指眼结膜等黏膜、皮肤被病理产物染成黄色的情况，一般在巩膜处比较明显而易于观察。黄疸的发生乃胆色素代谢障碍的结果，一般分为实质性黄疸，见于各种类型的肝细胞受损的肝炎过程，如病毒性肝炎；溶血性黄疸是指在各种病因作用下，导致红细胞被大量破坏的病理现象，如猪附红细胞体病等；阻塞性黄疸多见于各种原因导致的胆管阻塞，胆汁无法进入十二指肠，经过肝细胞窦状隙等途径进入血液的情况，如胆管结石及胆道蛔虫症等；综合性黄疸是指各种原因叠加起来形成的黄疸症状，见图1-30。

（六）体表淋巴结的检查

　　淋巴结是机体的重要免疫器官，是机体抵御病原侵入的前沿哨所，几乎在猪的所有传染病当中，淋巴结都会发生程度不同的变化。因此，在猪的临床检查中应该十分注意浅在淋巴结的检查。

　　体表淋巴结很多，但常检查的淋巴结主要有颌下淋巴结、腹股沟淋巴结等。检查淋巴结可用视诊、触诊等方法，比较常用的是触诊的方法。必要时，可配合穿刺检查法。

　　进行浅在淋巴结的视、触诊检查时，主要注意其位置、大小、形状、硬度及表面状态、敏感性及其可动性（与周围组织的关系）。

　　淋巴结的病理变化主要可表现为急性或慢性肿胀，有时可发生化脓等情况。当患猪瘟、猪丹毒等疾病时，淋巴结（如腹股沟淋巴结等）可发生明显的肿胀。因此，当检查发现淋巴结发生肿胀时，应重点怀疑传染病问题，见图1-31。

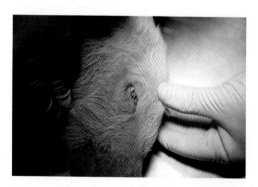

图1-30　角膜黄疸，结膜、眼睑水肿

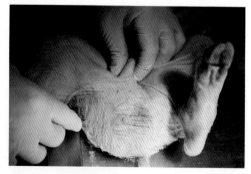

图1-31　腹股沟淋巴结肿大

（七）听声音

　　听声音属于广义上的听诊范畴，在诊断猪病上具有重要意义。

　　由于猪的脂肪层较厚，使用听诊器进行听诊受到了很大的限制，通常听猪的声音是指不借助任何仪器设备直接听取猪的各种声响。

　　首先，应当在猪舍进行巡查视诊的同时实施听诊，以便及时发现猪发出的各种异常的病理性声响。尤其注意听取其病理性声音如喘息、咳嗽、喷嚏、呻吟等，更应注意判明其喘息（呼吸困难）的特点及咳嗽的性质，这对诊断猪呼吸系统疾病具有重要而特殊的意义。

　　当巡视同时进行的听诊尚不足以判明疾病状态时，可采用静止状态听诊法。具体做法如下：在进行完猪舍的日常管理操作后，关好门窗，兽医人员静静地来到猪舍外窗台下，仔细听取猪舍内猪在安静状态下发出的声音。如果在这种状态下猪仍然频频发出咳嗽声，至少提示有气喘病等呼吸系统疾病存在的可能。咳嗽次数的多少，频率的高低，困难程度，代表气喘病等呼吸系统疾病的严重程度。这种诊断方法也是决定采取何种应对呼吸系统疾病措施的主要依据之一。

（八）观察大、小便情况

　　大、小便状况，是评价猪消化与排泄功能和活动状态的重要内容。因此，在对猪个体进行临床检查时要详加注意。

　　猪的消化系统疾病是常见而多发的疾病，临床上以腹泻、脱水以及消瘦为主要症状。

　　当出生10日之内的小猪排出黄色稀便，是脂肪性腹泻或仔猪黄痢的典型症状，见图1-32。

　　该阶段的小猪如果排出红色粪便、褐色而黏稠，且死亡率较高，通常提示魏氏梭菌（产气荚膜梭菌）的感染情况。

　　在10日龄之后至断奶前后的仔猪，如果便出灰白色或灰黑色的稀便，虽然死亡率不高，但常常发展成为僵猪，这是诊断仔猪白痢的重要临床症状。

　　而在秋季常常出现的猪上吐下泻，发展迅速，大猪的死亡率不高，小猪的死亡率很高，且病情传播速度很快，应重点怀疑流行性腹泻或传染性胃肠炎，见图1-33。

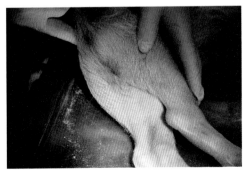

图1-32　出生5日龄的小猪排出黄色稀便

图1-33　脱水死亡的小猪

　　而大猪、母猪（尤其是妊娠母猪）常常发生的便秘情况，除了是特殊时期的生理状况外（妊娠等），常常是饲料粗纤维含量少，饲料粉碎粒度太细的结果。

　　在猪附红细胞体感染等疾病过程中，由于血液中红细胞遭到大量破坏，猪的尿液常呈深黄色甚至酱油色。

　　在以发热为主要和先期症状的传染病中，尿液均呈赤黄色，该症状对于诊断发热性疾病有所帮助。如果尿液混浊带脓，说明有泌尿系统感染化脓等情况。

（九）测量体温、脉搏及呼吸数

　　体温、脉搏、呼吸数是动物生命活动的重要生理指标。猪在正常情况下，除受外界气候及运动、温度变化等环境条件的影响而发生暂时性变动外，一般体温、脉搏、呼吸数都保持在一个较为恒定的范围之内。

　　但是，在疾病过程中，机体受致病因素的影响，这些指标会发生不同程度和形式的变化。因此，临床上测定这些指标的变化情况，对诊断疾病和分析病程的变化具有重要的实际意义。

　　在排除生理性的影响之后，猪体温的升、降变化即为病态，常见为体温升高情况。

　　测定体温变化的另一个重要性在于，比如在发生某些疾病时，在临床上其他症状尚未显现之前，体温升高症状即先出现。所以，测量体温可以发现猪病早期症状，尤其是传染性疾病，有助于我们进行早期、及时的诊断，特别在猪群中发生大规模疫情时（如猪群中流行猪瘟、传染性胸膜肺炎以及猪肺疫等疾病时），定期、逐头测定体温，是早期诊断、及时采取防治措施的重要手段。

　　体温升高如果是由病理原因引起，称为热性病或发热病，系由病原微生物及其毒素、代谢产物或组织细胞的分解产物（如绝大多数传染病或去势手术等术后的发热）的刺激所致，以及某些有毒物质被吸收后所发生的临床反应。此外，也可能是体温调节中枢受某些因素刺激（如日射病、脑出血等）的结果。

　　由于病理性的原因引起体温低于常温的下界，称为体温过低或低体温。

　　低体温可见于老龄、重度营养不良、严重贫血的病猪（如重度营养不良、仔猪低糖血症等），也可见于某些脑病（如慢性脑室积水或脑肿瘤）及中毒等。

　　伴随每次心室收缩，向主动脉搏送一定数量的血液，同时引起动脉的冲动，以触诊的方法可感知浅在动脉的搏动称为脉搏。诊查脉搏可获得关于心脏活动机能与血液循环状态的信息，在疾病的诊断及预后的判定上有很重要的实际意义。检脉时要注意其频率、节律及性质的变化。

　　脉搏的频率，即每分钟内的脉搏次数。脉搏次数的病理性增多，是心动过速的结果。脉搏次数的病理性减少，是心动徐缓的指征。由于猪的皮下脂肪比较厚，不易触摸到脉搏，因此，猪的脉搏检查项目使用频率不高。

猪的呼吸活动是由吸入及呼出两个阶段组成的。呼吸的频率一般以每分钟呼吸的次数表示之。计测呼吸次数的方法：一般可观察猪胸、腹壁的起伏动作而计算之。当寒冷季节可根据其呼出的气流计数。

呼吸次数的病理性改变，可表现为呼吸次数增多或减少，但以呼吸次数增多为常见，尤其在发热状态下，随着脉搏次数增多，呼吸频率也会相应地提高。

体温、脉搏、呼吸次数等生理指标的检测，是临床诊疗工作重要而常规的内容，对任何猪病都应认真地实施。而且要随病程的经过、变化，每天定时进行测定并记录。

唯有系统而全面的群体与个体诊查，才能得到充分而真实的症状信息，为正确诊断猪病提供可靠的基础资料。

第三节　病理剖检

从猪病的临床特点来看，当猪发生疾病时，大多数临床症状是相同的或者是相似的。比如精神萎靡、食欲下降、发热等。真正的特征性症状、典型的示病症状并不多见。因此，诊断猪病往往要根据流行病学资料、饲养管理情况、环境状况、饲料情况、遗传情况以及治疗情况等进行综合判断。这也是猪病诊断和治疗的难点所在。因此，在发生猪病时，特别在猪群发生流行性疾病时，及时地对典型病猪或病死猪进行病理剖检，根据发现的共性的特征性病理变化，做出病理解剖学或病理组织学诊断，对于临床诊断提供佐证和补充，具有十分重要的实际意义和应用价值。

在猪病发生过程中，往往在死亡猪的体内外存在很多典型的病理变化，根据病理变化特征而做出的综合性病理学诊断，是猪病临床诊断很重要的判定依据，因此在实际工作中，应对具有代表性的病死猪只尽可能做病理剖检，至少要剖检3头以上，力求找到具有共性的、典型的病理变化特征，以补充临床诊断依据之不足。下面重点介绍剖检病死猪时的剖检程序及观察要点。

（一）仔细观察体表、口鼻及自然孔

对于将要进行剖检的病死猪，首先要观察体格大小及营养状况，尸僵情况，体表状态，口鼻及自然孔，注意可能出现的所有变化。

认真观察体表的所有细节。包括：颜色变化，有无外伤、结痂及其发生的部位、大小，有无全身和局部脱毛及其他变化等，见图1-34。

然后检查蹄壳、蹄踵部以及指（趾）间状况，见图1-35。

　　观察关节部位是否有肿胀或有其他异常，并查看其活动状态，见图1-36。

　　对于病死猪头部的观察，要特别注意鼻孔、猪嘴、耳朵及眼睛等部位，查看鼻孔有无液体流出，颜色及性状如何等。嘴部有无外伤、溃烂、坏死及结痂，耳朵颜色、形状如何，有无缺损、坏死及结痂等。眼睛有无凹陷、肿胀等，见图1-37。

　　在对肛门与生殖器官部位的观察中，注意查看有无粪便污染，粪便的颜色及性状，后躯、肛门及睾丸等有无畸形，尾巴的状态等，见图1-38。

图1-34　查看全身体表状况

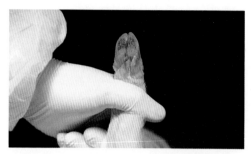

图1-35　仔细查看蹄部的背侧和腹侧情况

图1-36　查看关节周围并扭动关节

图1-37　查看猪嘴部及吻突

图1-38　查看猪后躯

在剖开之前，还应该注意观察不同区域皮肤及被毛情况，并详细检查体表浅在的淋巴结。如果有必要也可以对皮肤及附属器官采样进行病理组织学检查。采样时，应采集皮肤及器官具有代表性的样本，所采集的皮肤样本不应过大，也不应含有正常的组织器官。猪尸体外部变化可能涉及的疾病见表1-3。

表1-3　猪尸体外部变化可能涉及的疾病

器官	病理变化	可能涉及的疾病
眼	眼角有泪痕及眼屎	流感、猪瘟等
	眼结膜充血、苍白、黄染	热性传染病、贫血、黄疸等
	眼睑水肿	猪水肿病等
口鼻	鼻孔有炎性渗出物流出	流感、气喘病、萎缩性鼻炎等
	鼻子歪斜，颜面变形	萎缩性鼻炎等
	上唇吻突及鼻孔有水疱，糜烂	口蹄疫、水疱病等
	齿龈、口角有点状出血	猪瘟等
	唇、齿龈、颊部黏膜溃疡	猪瘟等
	齿龈水肿	水肿病等
皮肤	胸腹和四肢内侧皮肤有大小不一的出血点	猪瘟、湿疹等
	出现方形，菱形等红色疹块	猪丹毒等
	耳尖、鼻端、四肢呈紫色	沙门氏菌病等
	下腹部和四肢内侧有痘疹	猪痘等
	蹄部皮肤有水疱，糜烂，溃疡	口蹄疫、水疱病等
	咽喉明显肿大	链球菌病、猪肺疫等
肛门	肛门周围有黄色粪便污染	腹泻等

（二）检查皮下组织、肌肉及骨骼

在观察皮下组织时，应该用解剖刀从下颌支中间开始一直到肛门实施直线切开，注意切口不要太深，不能伤及其他器官，见图1-39。

切开后，小心剥离皮肤与皮下组织，以求得到完整的皮下组织，注意观察皮下组织颜色，有无瘀血、出血点，溃疡、脓肿及坏死，干湿程度等，见图1-40。

接下来要寻找浅在的淋巴结。很容易找到皮下淋巴结，注意观察它们的大小、表面状况，在淋巴结上做纵向切开，以便观察其切面有何变化。如果要对淋巴结进行特殊研究或检查其是否硬化，有无钙化、沉淀等，也可以做横向切片，切片厚度应在4～5毫米，见图1-41。

然后对肌肉整体进行表面观察，观察有无蜡样坏死，有无出血、充血及瘀血以及其他可能出现的变化。然后进行肌肉局部观察，对局部观察同样有很重要意义。观察局部肌肉时，应该在不同肌群中，选择有代表性的肌肉做切口以便进行观察，见图1-42。

在观察、分析关节及周围区域时，注意不要破坏软骨组织及关节腔，以便观察关节腔内容物。检查时，尽可能打开猪体不同部位的关节，以便评价关节周围、关节腔及其内容物的变化是局部的还是全身性质的，见图1-43、图1-44。

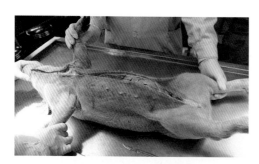

图1-39　自下颌支至肛门直线切开

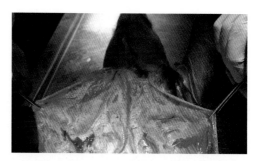

图1-40　剥离皮肤，观察皮下组织

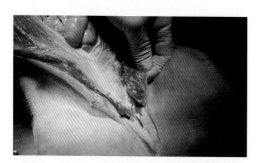

图1-41　查看腹股沟淋巴结

图1-42　切开髋关节，观察其周围肌肉情况

图1-43　打开关节腔（一）

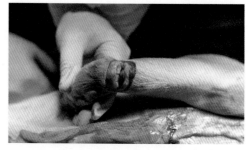

图1-44　打开关节腔（二）

（三）检察颈部及胸腔

这一阶段的重要操作是打开胸腔。首先，切断舌骨及颈部肌肉，以便暴露食管和

气管，观察咽喉部、气管和食管。接下来用解剖刀水平切开胸骨连接处，向后切到腹腔进口处，然后切开肋间肌把肋骨分开，掰断肋骨，这样就可以得到整个胸腔的平面，观察、分析所有可能出现的异常，如胸水、肺与胸壁粘连或其他病理变化。如果更进一步把肺脏从胸腔分离出来，还可以观察到支气管和胸腔纵隔淋巴结，以及脏器表面分布众多的血管，见图1-45。

如果单纯检查心包膜、心肌及心腔时，没有必要从胸腔分离出心脏。首先，切开心包膜，观察其内容物和心外膜表面的状况。接下来切开心腔，先打开右心，然后打开左心，切开时应当从心脏的顶端一直切到心脏底部。这样一来，所有的心室、心房及其瓣膜都会清晰可见，切开后要注意观察所有可能出现的变化，见图1-46、图1-47。

肺部的检查应该包括肺表面间质的检查及其表面可能出现的其他病理变化。然后在肺的不同部位做横向切开，这样可以对肺部表面和内部发生的所有变化做出比较全面的评价。在此阶段，如果有必要也可以采取肺和心脏的样本做病理组织学检

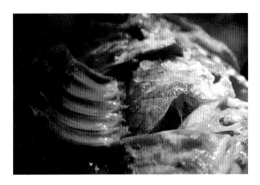

图1-45　打开胸腔

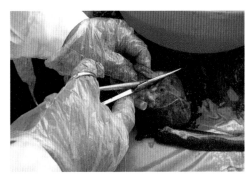

图1-46　切开心房、心室（一）

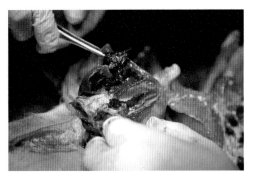

图1-47　切开心房、心室（二）

查。要注意的是，样本的采集应包括正常组织和病变组织，以便进行对比观察、研究，见图1-48、图1-49。

图1-48 检查肺表面

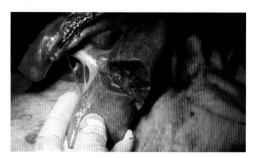

图1-49 将肺叶横切开

（四）检查腹腔及消化道

必须要注意的是，在尸体剖检过程中不能随意舍弃任何一部分。尸体解剖要为更进一步的病理组织学检查提供完整的样本。

沿着胸腔切口继续向后切，切开横膈膜后可暴露出腹腔来。在这一阶段，要对腹腔中腹膜和腹腔淋巴结作整体观察与评价，必要时对部分淋巴结还可以作病理切片，以便进一步观察其组织病理学变化情况，见图1-50。

接下来再观察消化道的状况。在检查胃时，将胃部从贲门部的食管开始，沿着胃大弯的弯曲部将整个胃切开，此时可以看清胃壁切面及黏膜的状况，详细察看胃的各个部位，尤其注意有无水肿、出血、溃疡和坏死等情况。在消化道检查中，对胃的检查非常重要，应仔细观察，见图1-51。

在对肠管进行检查时，打开肠管时尽量不要损害肠黏膜。

用福尔马林溶液清洗肠腔，不仅可以除去脏物，还是很好的黏膜固定方法。经过固定后的黏膜，可以在实验室里进行各种详细检查。

图1-50 打开腹腔

图1-51 观察胃黏膜

从十二指肠开始到结肠及直肠，不同部分的肠管都要打开，细致检查，打开每一段肠管后重点检查其内容物及黏膜状况，见图1-52、图1-53。

图1-52 打开每一段肠管

图1-53 检查黏膜及内容物情况

（五）检查肝脏、脾脏、肾脏及泌尿生殖系统

在腹腔的剖检中，除了消化道以外的其他脏器均需检查。除特殊需求外，此过程没有必要将脏器移出腹腔。检查时注意脏器的颜色、大小以及内容物的状态等，对于肝脏、脾脏要切开，并对切面进行仔细观察，必要时可进行拓片等特殊病理学检查。对存在于腹腔的膀胱及输尿管等部分泌尿生殖器官也要进行检查、判定，见图1-54。

仔细观察胆囊及其内容物状态、大小及性状。同时检查各个内脏器官与腹部其他结构的关联状态，见图1-55。

在检查肾脏时，应先脱去外包膜，去除包膜的难易程度也是肾脏有无病变的一个指标。然后纵向切开肾脏，暴露肾皮质和髓质，以便观察切面及肾盂和肾小管的变化情况，注意有无出血点（尤其注意细小的出血点）、化脓、坏死以及肿瘤等。如果需要做组织病理学检查，可以采取V形采样法采集样本。采样时要在病变部和非病变交界处采取，以便进行对比观察，见图1-56、图1-57。

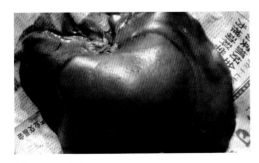

图1-54 检查肝脏

图1-55 观察胆囊

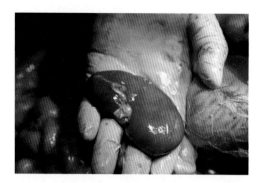

图1-56　纵向切开肾脏

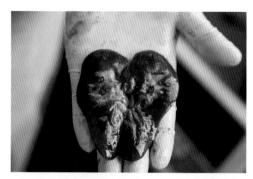

图1-57　观察肾皮质和髓质

（六）检查头骨及鼻腔

在进行头骨检查之前，如果有必要，应先抽取一定量的脑脊液以备进行进一步的实验室检查。采样时，首先找到寰、枢椎结合处，在缝隙处慢慢插入针头使之进入脑脊髓腔，吸取5～10毫升的脑脊液备检，见图1-58、图1-59。

在检查颅腔时，如果只需要得到脑髓时，不需要把整个猪头从猪体上分离下来。首先找到寰、枢椎结合处，小心切断颈椎，但不切断颈背部皮肤。然后剥离皮肤直到口鼻区，这样头部仍然和躯体相连。

接下来就可以打开颅腔了，这也是检查颅腔的关键环节，见图1-60。

第一个锯口应该沿枕骨结节到一侧眼睛的方向锯开，见图1-61。

同样的，再沿枕骨结节到另一侧眼睛的方向锯开，然后用手抬高猪头前部，再沿两眼后角的连线方向锯开，见图1-62。

揭去切开的头骨，暴露大脑，仔细观察脑组织，注意充血、瘀血、坏死以及占位性病变（如脑包虫等）等，并做详细的分析、判定，见图1-63。

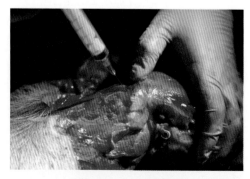

图1-58　确定寰椎、枢椎结合处

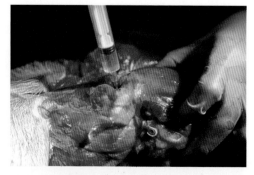

图1-59　在寰椎、枢椎结合处插入针管，吸取脑脊液

最后检查鼻腔。检查鼻腔时，可以在第二或第三前白齿齿缝处横向锯断鼻骨后进行观察。当然，如果有必要也可以纵向锯开鼻腔，见图1-64、图1-65。

图1-60　在寰、枢椎结合处切断颈椎

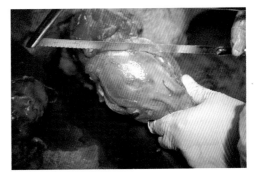

图1-61　在枕骨结节和右眼连线处锯开

图1-62　在两眼后角连线方向锯开

图1-63　仔细观察脑组织

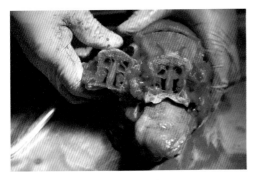

图1-64　横向锯开鼻骨

图1-65　检查鼻甲骨

当剖检过程全部结束后，除了取走的部分样本以外，不要从猪体上分离掉任何组织、器官，所有的组织器官均应经过观察、判定。然后将剖检后的尸体整理归位，装进专用尸体剖检袋妥善销毁，对剖检场地、器械以及设备等相关物品进行彻底消毒，见图1-66。

各器官病理变化所对应的可能的疾病总结见表1-4。

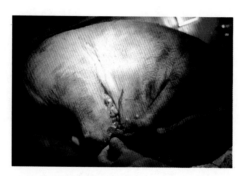

图1-66　剖检后整理尸体

表1-4　各器官病理变化所对应的可能的疾病

器官	病理变化	可能的疾病
淋巴结	颌下淋巴结肿大，出血性坏死	猪炭疽、链球菌病等
	全身淋巴结大理石样出血变化	猪瘟等
	咽、肠系膜淋巴结出现黄白色干酪样坏死灶	猪结核等
	淋巴结充血、水肿、小点状出血	急性猪肺疫、猪丹毒、链球菌病等
	支气管淋巴结、肠系膜淋巴结出现髓样肿胀	气喘病、猪肺疫、胸膜肺炎、副伤寒等
肝	出现小坏死灶	沙门氏菌病、猪肺疫、李氏杆菌病、伪狂犬病等
	胆囊出血	猪瘟、胆囊炎等
脾	脾边缘有出血性梗死灶	猪瘟、链球菌病等
	稍肿大，呈樱桃红色	猪丹毒等
	瘀血肿大，灶状坏死	弓形虫病等
	脾边缘有小点状出血	仔猪红痢等
胃	胃黏膜有斑点状出血，溃疡	猪瘟、胃溃疡等
	胃黏膜充血，卡他性炎症，呈大红布样	猪丹毒、食物中毒等
	胃黏膜下水肿	仔猪水肿病等
小肠	肠黏膜小点状出血	猪瘟等
	阶段状出血性坏死，浆膜下有小气泡	仔猪红痢等
	以十二指肠为主的出血性、卡他性炎症	仔猪黄痢、猪丹毒、食物中毒等

续表

器官	病理变化	可能的疾病
大肠	盲肠、结肠黏膜有灶状或弥漫性坏死	慢性副伤寒等
	盲肠、结肠黏膜出现纽扣状溃疡	猪瘟等
	出现卡他性、出血性炎症	猪痢疾、胃肠炎、食物中毒等
	黏膜下出现高度水肿	水肿病等
肺	有出血斑点	猪瘟等
	出现纤维素性肺炎	猪肺疫、传染性胸膜肺炎等
	心叶、尖叶、中间叶肝样变	气喘病
	有水肿、小点状坏死	弓形虫病等
	出现粟粒性、干酪样结节	结核病等
心脏	心外膜有斑点状出血	猪瘟、猪肺疫、链球菌病等
	心肌出现条纹状坏死带	口蹄疫等
	出现纤维素性心外膜炎	猪肺疫等
	心瓣膜有菜花样增生物	慢性猪丹毒等
	心肌内有米粒大灰白色包囊	猪囊尾蚴病等
肾	苍白、出现小点状出血	猪瘟等
	高度瘀血，有小点状出血	急性出血等
膀胱	黏膜层有出血斑点	猪瘟等
浆膜及浆膜腔	浆膜出血	猪瘟、链球菌病
	出现纤维素性胸膜肺炎及粘连	猪肺疫、气喘病等
	积液	传染性胸膜肺炎、弓形虫病等
睾丸	单、双侧睾丸发炎肿大、坏死或萎缩	乙型脑炎、布鲁氏菌病等
肌肉	臀肌、肩胛肌、咬肌等处有米粒大囊包	猪囊尾蚴病等
	肌肉组织出血、坏死，含有气泡	恶性水肿等
	在肋间肌等处见有与肌纤维平行的毛根状小体	肌肉孢子虫病等
血液	血液凝固不良	链球菌病（败血症）、中毒性疾病等

各种常见疾病的剖检诊断依据见表1-5。

表1-5 主要猪病的剖检诊断

疾病	主要病理变化
仔猪红痢	空肠、回肠有阶段性出血性坏死
仔猪黄痢	主要在十二指肠有卡他性炎症、臌气
轮状病毒感染	胃内有凝乳块，大、小肠黏膜呈弥漫性出血，肠壁变薄

疾病	主要病理变化
传染性胃肠炎	主要病变在在胃和小肠，充、出血并含有未消化的小凝乳块，肠壁变薄
流行性腹泻	病变在小肠，肠壁变薄，肠腔内充满黄色液体，肠系膜淋巴结水肿，胃内空虚
仔猪白痢	胃肠黏膜充血，含有稀薄的食糜和气体，肠系膜淋巴结水肿
沙门氏菌病	盲肠、结肠黏膜呈弥漫性坏死，肝、脾瘀血并有坏死点，淋巴结肿胀、出血
猪痢疾	盲肠、结肠黏膜卡他性、出血性炎症，肠系膜充血、出血
猪瘟	皮肤、浆膜、黏膜及肾、喉、膀胱等器官表面有出血点，淋巴结充血、出血水肿，回盲口有纽扣状溃疡
猪丹毒	体表有凸起的几何形状充血肿块，心内膜有菜花状增生物，关节炎
猪肺疫	全身皮下、黏膜、浆膜有明显出血，咽喉部水肿，出血性淋巴结炎，胸膜与心包粘连，肺出现肉样变
仔猪水肿病	胃壁、结肠黏膜和颌下淋巴结水肿，下眼睑、颜面及头颈皮下水肿
气喘病	肺的心、尖、中间叶及部分膈叶下端出现对称性肉样变，肺门及纵隔淋巴结肿大
链球菌病	败血型链球菌病在黏膜、浆膜及皮下均有出血斑，全身淋巴结肿大、出血，心包、胸腔积液，肺呈化脓性支气管炎变化，关节有炎性变化
传染性胸膜肺炎	肺组织呈紫红色变化，切面似肝组织，肺间质充满血色胶样液体，肺与胸膜粘连
弓形虫病	耳、腹下及四肢等处有瘀血斑，肺水肿，肝淋巴结有坏死灶
仔猪低糖血症	肝呈橘黄色，边缘锋利，质地似豆腐，胆囊肿大，肾呈土黄色，有出血点

第四节　实验室检查

在很多情况下，仅仅根据一般的临床检查和病理剖检，还难于得出明确的猪病诊断结论。因此，常要进行某些特殊项目的检验。检查哪些项目和如何检查，要根据实际情况和需要而定。比如实验室的微生物学检查、血清学检查、免疫学检查、血常规检查、X线透视或照相（如针对猪气喘病、萎缩性鼻炎等）检查以及寄生虫学检验等。下面概要介绍微生物学检查、血清学检查、变态反应以及部分分子生物学诊断技术，如果在实验室实施下面介绍的检查内容时，可以本节介绍的内容为基础，查找专门的实验技术资料。

（一）微生物学检查

运用微生物学的技术、方法进行病原分离、鉴定，是诊断猪传染病的重要方法之一。一般常采用下列程序和方法：

1. **采集病料**　正确采集病料是微生物学检查的关键环节。所采集的病料力求新鲜，最好能在濒死时或死后数小时内采取。要尽量减少杂菌和其他污染因素，所使用的用具、器皿务必在使用前后进行严格消毒。

通常根据临床以及病理诊断所怀疑疾病的种类和特性，决定采取哪些器官或组织的病料。原则上要求采取病原体含量多、病变明显的部位的组织或体液。同时，病料要易于采取、易于保存和运送。

如果缺乏临床初步印象诊断资料，剖检时又难以分析、判断可能属于何种疾病时，就要进行比较全面的取材，例如血液、脑脊液、肝、脾、肺、肾、脑和淋巴结等体液、组织或器官。需要强调的是，采集时一定要采取带有明显病变的部位。

但是，如果怀疑所患疾病可能是炭疽等烈性的人兽共患病时，除非必要时在特殊环境条件和严格防护措施下进行解剖、取材外，不得作尸体剖检，只割取一块耳朵就可以了。即使这样，也要做好必要的防护工作。

2. **将病料涂片、镜检**　通常在有显著病变的不同组织、器官，以及不同部位涂抹数张玻片，进行染色镜检。如果取材、染色以及镜检等环节没有问题，此法对于一些具有特征性形态的病原微生物，如炭疽杆菌、巴氏杆菌等可以迅即作出诊断，但对大多数传染病来说，只能提供进一步检查的方向或参考依据。

3. **分离培养和鉴定病原**　用人工培养方法将病原体从病料中分离出来。对于细菌、真菌以及螺旋体等可选择适合的人工培养基，对于病毒等可选用鸡（禽）胚胎进行分离，也可以采用各种动物或组织等进行分离、培养。分离出病原体后，再进行形态学、培养特性、动物接种以及免疫学试验等必要的试验，以求对病原体作出进一步鉴定，最好能确定该种病原体的种、属。

4. **将病原体接种于动物**　通常选择对该种病原体最敏感的动物进行人工感染试验。将病料用适当的方法给动物进行人工接种，然后根据该病原体对不同动物的致病力、所表现的症状和病理变化特点来进行进一步的诊断。当实验动物死亡，或经过接种一定时间后将动物杀死，剖检观察体内的病理变化，并采取典型病变部位的病料进行涂片检查和分离鉴定，并和初始分离、培养的病原体的所有特性进行对比。

常用的实验动物有家兔、小鼠、豚鼠、仓鼠、家禽以及鸽子等，当小动物对该病原体无感受性时，也可以采用有易感性的大动物进行试验。但使用大动物实验时，费用大，而且需要适合的环境条件、适当的隔离条件和严格的消毒措施。因此，只有在非常必要和条件许可情况下才能进行大动物接种试验。

从病料中分离出微生物，虽然是确诊所患疾病的重要依据，但也应注意动物的"健康带菌"现象，因此，病原体分离的结果还需与临床初步诊断结果及流行病学、病理变化结合起来进行综合分析、判断。有时即使没有发现病原体，也不能完全否定该种传染病的存在。

（二）血清学检查

血清学检查、诊断方法在传染病诊断和检疫中是常用的重要检查手段，其原理是利用抗原和抗体特异性结合的免疫学反应。

检查时，可以用已知抗原来测定被检动物血清中未知的特异性抗体；也可以用已知的抗体（免疫血清）来测定被检材料中的未知抗原。

血清学试验包括中和试验，如毒素、抗毒素的中和试验，病毒中和试验等；凝集试验，如直接凝集试验、间接凝集试验、间接血凝试验、SPA协同凝集试验和血细胞凝集抑制试验等；沉淀试验，如环状沉淀试验、琼脂胶扩散沉淀试验和免疫电泳等；溶细胞试验，如溶菌试验、溶血试验等；补体结合试验、免疫荧光试验、免疫酶技术、放射免疫测定、单克隆抗体和核酸探针等。近年来，伴随着现代生物技术的快速发展，血清学试验在方法上日新月异，特异性日益增强，精准度日益提高，应用范围越来越广，已成为疾病快速诊断的重要工具。

（三）变态反应

动物患某些传染病（主要是慢性传染病）时，可对该病病原体或其产物（某种抗原物质）的再次侵入发生强烈反应，这种反应叫做变态反应。能引起变态反应的物质（病原体、病原体产物或抽提物）称为变态原（变应原），如结核菌素、鼻疽菌素等。将这种变态原注入患病动物机体时，可引起局部或全身反应，该反应称为变态反应。

（四）分子生物学诊断技术

分子生物学诊断又称基因诊断。主要是针对不同病原微生物所具有的特异性核酸序列和结构进行测定、比对。

自1976年发明分子生物学诊断技术以来，基因诊断方法取得了巨大进展。目前已经建立了DNA限制性内切酶图谱分析、核酸电泳图谱分析（如鸡传染性法氏囊病毒、呼肠孤病毒等都有特征性电泳条带图谱）、核苷酸指纹图、核酸探针（原位杂交、斑点杂交，northern杂交，Southern杂交等）、聚合酶链反应（PCR）、 Western杂交以及新近几年发展起来的DNA芯片（DNA Chip）技术。在疾病诊断方面具有代表性的分子生物学技术主要有三大类：PCR技术、核酸探针和DNA芯片技术，下面分别做简要介绍：

1. PCR技术   PCR技术又称为体外基因扩增技术，诞生于1985年，由美国PE-oetus公司Mullis等人发明，1987年得到了美国专利局颁发的专利。

PCR技术主要作用是检测病原体的特异性核酸序列，主要用于疾病的早期诊断和病原体的准确分类、鉴定。

从细胞生物学角度来看，传染病的病原体主要有真核生物、原核生物和非细胞性生物（病毒、朊病毒等）三大类。每类病原体都有其特异性的核酸序列。因此，能检测出特异性核酸序列就能确定该病病原微生物的存在，就能确诊是由这种致病微生物引起的传染病。

目前可以在因特网Genbank中检索到大部分病原微生物的特异性核酸序列。PCR技术就是根据已知病原微生物特异性核酸序列，设计合成与其5′端同源，3′端互补的二条引物，在体外反应管中加入待检的病原微生物核酸，也称为模板DNA。

将引物、dNTP和具有热稳定性的DNA Taq聚合酶加入到反应体系中，在适当条件下（Mg^{2+}离子，pH等）将该反应体系置于自动化热循环仪（PCR仪）中，经过变性、复性、延伸阶段，三种反应温度为一个循环，进行20~30次循环、扩增其基因序列。

如果待检的病原微生物核酸与引物上的碱基相匹配的话，合成的核酸产物就会以Z^n（n为循环次数）呈指数递增。

产物经琼脂糖凝胶电泳后，可见到预期大小（以标准比对物，Mark做参照物）的DNA条带出现，据此就可做出该病原体的确切存在的判断。

PCR技术具高度敏感性，可从10万个细胞中检出一个被病毒感染的细胞。马立克氏病病毒（MDV）感染鸡第5天时就可从血液中检出MDV病毒核酸。微量PCR的敏感性可达0.1皮克DNA量。

PCR诊断方法还具有高度特异性。比如用PCR方法可将MDV致瘤毒株与非致瘤毒株区分开来，这是一般免疫学诊断方法难以达到的。

PCR方法也是简便、快速的诊断方法。现在已经建立了反转录PCR（RT-PCR）、套式PCR（Nested PCR）、毛细管PCR等多种PCR方法。

目前报道用PCR技术检测的传染病很多，如口蹄疫、猪瘟、猪伪狂犬病、猪细小病毒病、鸡白血病、马立克氏病、禽流感、新城疫、鸡和猪的支原体感染、鸡传染性贫血等。

PCR技术已经广泛应用于各种传染病的诊断和检疫中。目前，只要知道病原微生物特异的核酸序列，就可用PCR方法检测到这种微生物。

2. 核酸探针技术　　核酸探针技术又称为基因探针、核酸分子杂交技术。该方法主要由三部分组成：①待检核酸（模板）；②固相载体（NC硝酸纤维膜或尼龙膜）；③用同位素、酶、荧光标记的核酸探针。

核酸探针技术主要有下列几种：原位杂交（直接在组织切片或细胞涂片上进行杂交反应）；斑点杂交（将待检的核酸或细胞裂解物，经过变性后直接点在固相膜上）；Southern杂交（将待检DNA经内切酶切断，经琼脂糖凝胶电泳，变性后转到固相膜上）；northern杂交，该方法与Southern杂交基本相同，但待检的是RNA。

探针材料是取自已知的病原微生物核酸片段，或是DNA或cDNA文库中记载的核酸片段，或者根据已知病原微生物核酸序列，设计、人工合成特异的寡核酸片段，总之探针核酸是已知的。然后标记上同位素、地高辛、生物素等制备成探针。

模板核酸与探针经过变性、复性等阶段，根据碱基配对原则，如果模板核酸与探针核酸是同源的，则二者结合，否则不反应（这与抗原抗体反应原理很类似）。

利用酶和底物的反应或放射自显影方法，就可以在固相膜的相应位置上出现预期的条带，这样便可做出准确诊断。

基因探针方法敏感性高，检测一个单基因仅需10^4拷贝便能检测出低至10^{-13}克DNA，如果用单克隆抗体检测方法则至少需要10^7抗原分子。

该方法特异性强，可以从污染标本或混合标本中正确鉴定出目的病原微生物。该方法又简便、快速，在一个标本中，可同时检出几种基因。

探针诊断应用范围包括：

①对病毒、细菌、支原体、立克次氏体、寄生虫及原虫等病原体作出快速、准确的诊断；

②在混有大量杂菌或混合感染物中直接检出主要病原体，包括难以在体外分离、培养的病原；

③检出带菌、带毒等呈隐性感染状态的动物；

④对病原微生物进行准确分类、鉴定；

⑤对动物产品或动物性食品进行安全检验。

3. DNA芯片技术　DNA芯片技术是在核酸杂交、测序的基础上发展起来的一项分子生物学诊断技术，与Southern杂交、northern杂交同属一个原理，即DNA碱基配对和序列互补原理。

DNA芯片又称为微排列（microarray），属于生物芯片的一种。该项技术采用成熟的照相平板印刷术和固相合成方法，在固相支持物（玻片、硅片、聚丙烯以及尼龙膜等）的精确部位，合成千百万个高分辨率的不同化合物制成的探针，在固相支持物上面进行杂交，而不是传统的凝胶电泳杂交。

片上单个探针密度为$10^7 \sim 10^8$分子/片。在荧光标记杂交检测中，使用共聚焦荧光显微镜进行激光扫描，对于数据荧光图像的处理，使用计算机处理软件进行分析，然后做出快速诊断。

DNA芯片技术可用于鉴定靶序列、基因突变检测、基因表达监控、发现新基因、遗传制图等。

根据微排列上探针的不同，DNA芯片又分为寡核苷酸芯片和cDNA芯片。

目前已筛选出商品化的芯片有，检测人类免疫缺陷病毒（HIV）病毒蛋白酶基因和反转录酶基因突变的DNA芯片。金黄色葡萄球菌、白色念球菌DNA芯片也已问世。

综上所述，对病猪的确切诊断，应以周密的流行病学调查为基础，配合详细的临床检查，病理剖检及必要的实验室检查，最后综合流行病学、临床、病理学资料及实验室检查结果全面地得出综合性的结论。

第五节　采样技术

（一）猪的采血方法

由于猪的皮下脂肪较厚，体表静脉位置不明显，不容易找到用于采血的静脉血管。因此，采集猪的血液样本是比较困难的操作。

在很多有关猪的临床技术资料中，对于猪的不同部位的采血技术、方法都有一些记载。然而，在介绍的猪采血技术中，有些方法只适用于实验、研究工作，比如需要采集大量的血液，定时采血，以及要求保证一定的采血速度等，就必须掌握动脉、颈静脉或前腔静脉等血管的留置插管采血技术。

临床上常用的猪的采血方法是前腔静脉和颈静脉采血法。有些技术人员也会考虑使用眶静脉窦采血法等作为常规的少量血样采集方法。

上面已经提到，用猪的血（清）液样品进行实验室血清学检查，能比较准确、快速地确定猪群内发生传染性疾病的种类和流行病学特征。这就要求我们首先要确定猪群系列血液样本的采集数量，力求具有全群的代表性。

通常，将生长育肥阶段的猪划分为小猪阶段（15~30千克）、中猪阶段（30~60千克）和大猪阶段（60~90千克）三个阶段，一般对每一阶段的猪需要采集10头左右的血液样品（当猪的群体很大时可增加采血的头数）。对于其他猪群的采血数量要根据需要而定，一般对每一圈（栏）猪采血2~3头。当然，如果需要的话，应该按照生物统计学的要求采集血液样本数。下面介绍几种常用的猪的采血方法。

1. 前腔静脉和颈静脉采血法　能否成功、顺利地进行采血，猪的切实保定是关键。

采用前腔静脉采血法采血时，根据猪的大小可采用站立保定法、站立套鼻法（图1-67）以及手握前肢倒提保定法（图1-68）保定猪只。对于小猪，可采取站立保定或手握前肢倒提保定法；对于大猪一般采用站立提鼻保定法。

保定的目的不但力求使猪处于安定状态，以方便进行采血，而且猪的保定体位对于顺利采血也相当重要。当采用站立保定法时，要使猪头上举，身体平直，前肢伸向后方。当猪处于这种站立体位时，在胸腔入口前下方两侧各有一个凹陷处，也就是颈静脉沟末端的凹陷处。在该凹陷处的最深处向心脏位置的胸腔方向进针1~3厘米（依猪的大小进针深浅不同），边进针边抽吸，当有大量血液进入针管（采血管）时，说明刺中了前腔静脉，这里就是采血的合适部位。此时停止进针，抽吸针芯，直到采集到足量血样为止。

如果继续深入进针，则可能刺中颈动脉，此时会有大量的鲜红的动脉血冲入针管。

猪的颈部几条大的静脉分布如图1-69所示。

　　无论是采用前腔静脉还是颈静脉采血法，均以选择颈右侧为宜，因为猪的颈右侧迷走神经分布到心脏和膈的分支较颈左侧少，采血时不易损伤神经。如果迷走神经被意外刺中，猪会立即表现出呼吸困难、全身发抖和抽搐症状。

　　图1-67所示为在进行前腔静脉采血时猪被站立保定的情形。

　　图1-68所示为对于体重小于20千克的猪进行前腔静脉（圆圈所示）采血时的保定方法。

　　图1-69所示为猪颈前下方的一些大静脉与骨骼的位置关系。

图1-67　大猪采血站立保定法
（引自 Barbara E.Straw《猪病学》第九版）

图1-68　小猪采血时倒提保定法
（引自 Barbara E.Straw《猪病学》第九版）

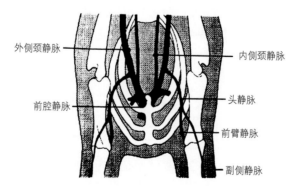

图1-69　猪颈前下方的大静脉与骨骼位置关系
（引自 Barbara E.Straw《猪病学》第九版）

2. 耳静脉采血法　猪耳静脉采血法适用于采集少量血液时使用。

　　采血前用橡皮带环绕扎紧猪耳基部，然后拍打耳朵使耳静脉快速充血、怒张，见图1-70。

图1-70　环绕扎紧耳基部使耳静脉快速怒张
（引自 Barbara E.Straw《猪病学》第九版）

使用耳静脉采血法时，要选择血管较粗、位置较浅的静脉血管，迅速而准确地刺入该静脉以防止静脉滑动而刺破血管。故采血时力求一针成功，否则极易造成皮下出血、瘀血而难以辨别血管位置。

使用耳静脉采血法时，不建议使用真空采血管采血，最好使用注射器采血。因为真空采血管常常会使耳静脉迅速塌陷而影响顺利采血。

当采血量较少时，也可以使用手术刀片将耳腹侧静脉切一个小口，用试管采集从切口自然滴下的血液，不过这种采血法容易造成溶血和污染，故在采血时要加以注意。

3. **猪的其他采血方法**　尾静脉采血法；眶静脉窦采血法；头静脉采血法；血管内留置插管采血法等。但是上述这些部位的采血法都不常用。

（二）其他样本的采集

1. **粪便样本的采集**　为了进行寄生虫、虫卵等项目的检查，常常需要采集粪便样本。

采集粪便样品时最好戴上一次性手套，直接从直肠内采集。粪样可留置在翻转的手套中，直接送实验室检查。

也可以采集新鲜、自然排泄的粪便，但要注意避免杂物的污染等。

2. **尿液的采集**　采集尿液样本时，由于公猪的尿道弯曲度较大，不易进行插管导尿；去势公猪的阴茎常常和包皮粘连而不能拉出，因此，对于公猪的尿样最好采集自然排出的尿液。采集自然的尿液时，要取撒尿过程中的中段尿作为样本为宜。

采集母猪尿液时，可以在耳镜和开腔器辅助下，插入导尿管导尿采集。

3. **扁桃体样本的采集**　在检查猪瘟病毒等病原体时，常常需要采集扁桃体。

扁桃体的棉拭法、活组织采集法的步骤如下：首先用镇静药物、麻醉药物保定猪，用开口器将口腔打开，由助手照明，术者在咽喉腔侧壁用棉拭子采集扁桃体样本。当需要采集活组织时，用一个特制的勺体锋利的长柄勺刮取即可。

第二章

猪发热症候群

第一节 高热性疾病

一、猪链球菌病

猪链球菌病是由多种致病性链球菌感染引起的，表现出多种临床类型的传染病总称。本病以败血性链球菌病、淋巴结脓肿和化脓性多发性关节炎为常见。常发生于乳猪及断奶后1~2月龄仔猪，病猪常见神经症状。

▶ 病原概述

病原是多血清群的致病性链球菌。革兰氏阳性，在培养基上呈链状球菌。

致病性链球菌的主要血清群有：C、D、L群：可引起猪的急性败血症，此外还可引起肺炎、胸膜肺炎、流产等；E群：可引起淋巴结脓肿。

荚膜2型猪链球菌在感染仔猪时，如温度条件适宜，可在粪便中存活8天。常用的消毒剂和清洁剂在10分钟内能杀死该型链球菌。猪链球菌在自然环境中只能存在短暂的时间，但在扁桃体中可带菌6个月以上，此特性对本病的传播起重要作用。

猪2型链球菌病是猪群中常见疾病。该病是由致病性的2型链球菌（革兰氏阳性）引起的猪的一种传染病，广泛发生于世界各地，发病无明显季节性，也不分猪年龄、阶段，但发病多集中于1~2月龄仔猪，偶见育肥猪发病、死亡。该病主要引起断奶仔猪关节炎、脑膜炎和支气管炎等。急性发病猪的死亡率有时可达50%。

临床上主要表现为高热，体温可升至42℃，流浆液性鼻液，鼻液中常带有血性泡沫，粪便带血，腹部、四肢及耳朵呈紫色，病猪主要表现神经症状和跛行。

▶ 流行特点

传染源是病猪和带菌猪。尤其以康复猪扁桃体带菌在本病的传播上有重要意义。传染途径为经呼吸道和伤口传染。苍蝇能在猪场内或不同的猪场之间传播此病。易感动物主要是猪。以仔猪、架子猪和妊娠母猪的发病率较高。

本病一年四季均可发生，但5~11月份发病较多。发生应激后此病发病率更高。该病传播速度很快，短期可波及整个猪群。发病率和死亡率很高，常表现为地方性流行。

混合感染的病例多见。猪链球菌的一些菌株在单一感染时无致病力或致病力很低，一旦与其他病原发生协同感染，即可引起猪发病。这也是混合感染的特点之一。

▶ 临床表现

临床上常见三种猪链球菌病：猪败血性链球菌病、猪链球菌性脑膜炎和猪淋巴结脓肿型链球菌病。

1. 急性败血性链球菌病　主要由C、D、L群链球菌引起。常见1周龄或更大猪发病。病猪体温高达41~43℃。精神不振，食欲废绝。眼结膜潮红，流泪。流鼻汁，咳嗽，呼吸困难。

体表有紫红色斑块，在耳部、颈部及腹下皮肤出现瘀血、紫斑。病猪发生关节炎或关节肿大、跛行，表现为爬行或不能站立。神经症状表现为运动失调，游泳状运动及痉挛。病后期出现呼吸困难和结膜发绀等症状。濒死期的病猪从天然孔流出暗红色血液。病死率达50%~90%，见图2-1。

图2-1　病猪体表有紫红色斑块，在耳部、颈部及腹下皮肤瘀血

2. 急性脑膜炎型链球菌病　主要由C群链球菌引起。发病情况为在几周内少数猪发病，偶尔呈暴发性流行状况。在发病年龄上常见于哺乳猪，偶发于育肥猪。发病的母猪常常不出现临床症状。本型链球菌病发病率可达50%。死亡率较高。

病猪的临床症状表现为体温可达40.5~42.5℃。精神不振，食欲废绝，便秘。有浆液性或黏液性鼻液。神经症状表现为共济失调、转圈、后肢乱划或昏迷等。个别病猪出现多发性关节炎。有部分发病小猪在头、颈、背等部位出现水肿，见图2-2、图2-3。

3. 淋巴结脓肿型链球菌病　多由E群链球菌引起。以下颌、咽部、颈部等处淋巴结化脓和形成脓肿为特征，见图2-4。

图2-2　病猪出现关节炎，神经症状

图2-3　病猪有浆液性或黏液性鼻漏

图2-4　病猪颌下淋巴结肿大

▶ **剖检病变**

1. **败血性链球菌病的主要病理变化**　病猪表现为全身各器官充血、出血，并有化脓性病理变化。鼻、气管黏膜充血及出血。胃、小肠黏膜充血及出血。全身淋巴结充血及出血。纤维素性肺炎。胸腔、腹腔和心包腔有积液，并出现纤维素性渗出物。脾肿大、呈暗红色。肾肿大、充血和出血。脑膜充血或出血，见图2-5、图2-6。

2. **脑膜脑炎型链球菌的主要病理变化**　脑膜充血、出血。化脓性脑膜炎。多发性关节炎。脑灰质、白质有出血点。其他与败血症型的病变相似。心内膜炎和关节炎病变情况类似于猪丹毒，应注意区别，见图2-7。

▶ **诊断要点**

本病早期特征是神经症状。由于是链球菌脑膜炎，表现为猪耳朵朝后，眼睛直视，犬坐姿势。解剖检验可见化脓性脑膜炎病变。有的病例还可能发生多发性关节炎。如在脑膜、关节液及心血中分离到链球菌则可以确诊。

图2-5　脾肿大，呈暗红色

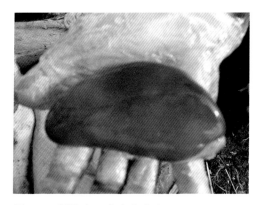

图2-6　肾肿大、充血和出血

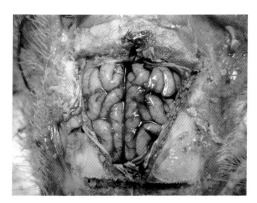

图2-7　脑膜充血、出血

1. 现场诊断要点

（1）新生仔猪　常见发生多发性关节炎，尤其双后肢常见。败血症。脑膜炎不常见，见图2-8。

（2）乳猪和断奶仔猪（常发生在断奶后1～2周）　发生运动失调，转圈，侧卧、发抖，四肢呈游泳状划动（脑膜炎）。剖检可见脑和脑膜充血、出血、脑脊液增量、混浊。有的病例可见多发性关节炎。呼吸困难。在超急性病例，仔猪急性死亡而见不到任何临床症状，见图2-9。

（3）育肥猪　常发生败血症症状。发热，腹下有紫红斑，突然死亡。病、死猪的脾肿大。常见纤维素性心包炎或心内膜炎、肺炎或肺脓肿、纤维素性多关节炎以及肾小球性肾炎等。见图2-10。

（4）母猪　病母猪出现歪头、共济失调等神经症状（内耳炎或脑膜炎）。有时出现死亡（常可见慢性心内膜炎情况）和子宫炎。E群猪链球菌可引起咽部、颈部、颌下局灶性淋巴结化脓。C群链球菌可引起皮肤形成脓肿，见图2-11。

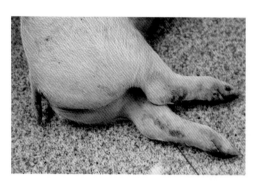

图2-8　多发性关节炎，尤其以双后肢常见

图2-9　运动失调，转圈，侧卧、发抖，四肢作游泳状划动

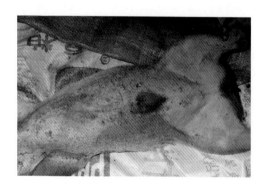

图2-10　败血症症状，腹下有紫红斑，突然死亡

图2-11　病母猪出现歪头、共济失调等神经症状

2. 实验室检查

（1）病原分离鉴定　根据发病情况，采取适当样品进行链球菌的分离、鉴定。在仔猪发生脑膜炎时，应采取脑组织、脑脊液，采样时避免污染。当猪发生败血症时，应采取心、肺、脾、肝组织，也可采取关节囊液、脓肿等。

正常定殖的非致病性链球菌常干扰致病性链球菌的分离、鉴定，在病原菌分离时应予以注意。在健康的猪肺组织中可分离到猪链球菌，应区分致病和非致病菌株。

（2）分子生物学诊断方法　诊断猪链球菌病可采用聚合酶链反应（PCR）、脉冲凝胶电脉动（PFGE）、随机扩增多形态DNA反应（RAPD）等分子生物学诊断方法，这些诊断方法还可用于猪链球菌的分型、致病和非致病菌株的区分。

（3）病理组织学诊断方法　在没有大体病变时，可通过组织病理学检查显微病变，如可通过组织切片区分大肠杆菌所引起的大脑水肿和猪链球菌所引起的化脓性脑膜炎等。

3. 鉴别诊断要点　本病的败血症型病例易与猪瘟、急性猪丹毒相混淆；脑膜炎病例易与猪伪狂犬病（脾、肝发生坏死）、仔猪水肿病（皮下和内脏发生水肿）、李氏杆菌病等混淆；心内膜炎病例易与猪丹毒等相混淆；关节炎病例易与猪丹毒、氟中毒、硒中毒、β-受体兴奋剂类药物所引起的跛行、蹄损伤及生物素缺乏症、泛酸缺乏症等相混淆。

猪链球菌病常被认为是混合感染的主要疾病之一，常可引起育肥猪肺炎，是多因仔猪呼吸道疾病综合征的病因之一。要注意混合感染以及与其他病原的协同感染的诊断。

（1）氟中毒的症状　跛行，牙齿有氟斑，在门齿上可见小粒状淡黄褐色细小斑点或条纹，门齿大多松动。齿列不齐，牙齿高度磨损，　臼齿磨损呈波浪状。骨变形，易骨折。

（2）硒中毒的症状　病猪全身掉毛，背部及两侧鬃毛几乎全部掉光，仅在下腹有少许稀疏之毛。在蹄冠部呈环状裂开，有的长出新蹄壳，推出旧蹄壳，导致整个蹄部变长。旧蹄壳上翘，病猪不愿行走，腕关节着地。体温下降。

▶ **防治方案**

方案1：国内有C群兽疫链球菌致弱的活苗，可预防败血型链球菌病。免疫后7天产生抗体，保护期为6个月，本疫苗对大、小猪均安全。扑灭措施包括封锁疫区，隔离病畜，严格消毒等。

方案2：对病猪用青霉素、链霉素、四环素、磺胺嘧啶（SD）治疗，对可疑病猪用上述药进行预防。

方案3：保持猪舍清洁干燥，定期消毒，治疗本病以青霉素类药物效果较好，每千克体重5万～8万单位，每日2次，连用3天。

方案4：磺胺嘧啶（SD）是治疗链球菌性脑膜炎的首选药物。

方案5：①对全场母猪免疫猪链球菌多价蜂胶苗2毫升/头，以后于产前60～70天，产前14～21天免疫2次。②仔猪于10～20日龄首免猪链球菌多价蜂胶苗1毫升/头，2周后加强免疫一次，2毫升/头。③仔猪在发病日龄前10天左右，可用百乐或福可欣注射一次。发病初期也可用来治疗。④仔猪断奶时拌料投药，每吨饲料加磺胺间甲氧嘧啶300克、阿莫西林150克，5～7天一个疗程。

方案6：治疗和预防本病选药指导：拜有利、海达注射液、乳酸诺氟沙星、拜利多、百病消炎灵、青霉素等。

二、猪 肺 疫

猪肺疫是动物巴氏杆菌病的一种，又名猪出血性败血症。病原为多杀性巴氏杆菌。本病多呈散发状态发病，偶尔呈地方性流行。常发生于湿热、多雨的季节。主要表现纤维素性胸膜肺炎症状，典型病例表现为脖颈肿胀，俗称"锁喉风"。

健康猪带菌现象十分普遍，本病的发生与环境条件及饲养管理状况关系密切。当环境条件恶劣，饲养管理不良，猪的抵抗力下降时，可以诱发自体携带巴氏杆菌的感染发病，从这个意义上讲，该病也可称为条件性疾病。

▶ 病原概述

本病的病原为多杀性巴氏杆菌，革兰氏染色呈阴性，用瑞氏或美蓝染色时杆状菌体的两极呈浓染，故又称两极杆菌，该染色特点具有诊断意义。

多杀性巴氏杆菌有荚膜抗原（也称K抗原）和菌体抗原（也称O抗原）两种结构抗原。K抗原又分为A、B、D、E、F 5个血清群；O抗原也分为12个血清型。

本菌对理化因素抵抗力较弱，在干燥空气中2～3天即可死亡，一般消毒药的常用浓度对本菌都有很好的杀灭作用，但克辽林对本菌的杀灭作用有限。

▶ 流行特点

当本病为流行性、急性猪肺疫时，症状重剧，发病率和致死率都比较高。

慢性猪肺疫病例都为散发，症状较轻，发病率和致死率都比较低。大、小猪都能发病，但小猪与中猪发病较多。

健康猪带菌现象普遍，因此，环境与管理不良等恶劣因素可以诱发本病。该病常散发于气候多变且潮湿多雨季节，以每年的5～9月份发病率较高。

对巴氏杆菌易感的动物除猪外、还有牛、羊、鹿、禽等家畜、家禽及野生动物，人也能被本菌感染。有研究认为，本病在不同动物之间不能相互传播，但猪可传染给牛。

▶ 临床表现

本病最急性型与急性型的病猪主要表现为败血症与胸膜肺炎症状。

1. **最急性型**　以咽喉部及周围组织急性炎性水肿为特征，故俗称"锁喉风"、"大红颈病"或"粗脖根病"。咽喉部周围皮肤发热、红肿、坚硬。病猪呼吸极度困难，常呈犬坐姿势，张口呼吸，在鼻孔有时可见带血的泡沫。可视黏膜和皮肤呈红紫色，称为发绀。体温升高至40～42℃，且高热不退。病程常为1～2天，临床症状呈持续加剧状况。死亡率几乎为100%。见图2-12。

2. **急性型**　该型是本病的主要和常见类型，除了有败血症的一般症状之外，主要表现为急性胸膜肺炎症状。病猪鼻液中混有血液。胸部听诊有时可听到湿啰音、干啰音或摩擦音。病程多为5～8天，耐过不死的病猪转为慢性型，见图2-13。

图2-12 俗称"大红颈病"或"粗脖根病" 图2-13 急性猪肺疫病猪鼻液中混有血液
的猪肺疫

3. **慢性型** 病猪多呈慢性肺炎和慢性胃炎症状。表现为持续性咳嗽、喘息，呼吸困难，但没有犬坐呼吸症状。皮肤有红斑和红点，尤其在耳部和腹下常见。鼻流黏性或脓性鼻液。多数病猪采食极少或食欲废绝。消瘦，贫血，有的因衰竭而死亡，见图2-14。

图2-14 病猪皮肤有红斑和红点，尤其在耳
部和腹下常见

▶ **剖检病变**

1. **最急性型猪肺疫** 主要表现为全身黏膜、浆膜和皮下有大量出血点和出血斑。尤其以咽喉部皮下及其周围的结缔组织的出血性、浆液性浸润最为明显。切开皮肤时会有大量的胶冻样、浅黄色或淡青色纤维素样液体流出。这是本型猪肺疫的剖检特征。

2. **急性猪肺疫** 剖检时特征性的病理变化是纤维素性肺炎。肺有肝（肉）变区，肺间质增宽并伴有水肿，气肿。全身的黏膜、浆膜、实质器官和淋巴结有出血点、出血斑等出血性病变。肺整体肿大、坚实，呈暗红或灰黄色肝样病变。肺表面、胸膜、心包及心外膜有丝状或点片状纤维素覆盖。脾脏不肿大。此点是该型猪肺疫的重要特点，见图2-15、图2-16。

3. **慢性猪肺疫**　尸体极度贫血、消瘦。剖检时胸、肺部病理变化明显且严重。肺有肝变区、坏死灶。肺炎病灶的中心部位坏死、化脓及纤维化。胸膜及心包呈纤维性粘连，肺与胸膜粘连，见图2-17、图2-18。

图2-15　肺有肝（肉）变区，肺间质增宽并伴有水肿

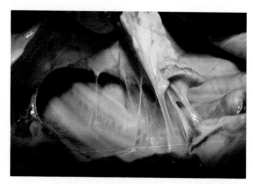

图2-16　急性猪肺疫剖检时特征性的病理变化是纤维素性肺炎

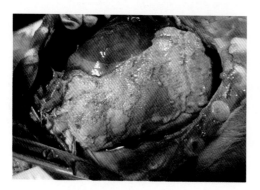

图2-17　肺表面附着多量纤维素，肺与胸膜粘连

图2-18　肺有肝变区、坏死灶

▶ 诊断要点

病原学诊断要点：在血液中，组织涂片上检出两极着色的巴氏杆菌（两极杆菌），经分离鉴定为致病性巴氏杆菌。但应注意健康带菌现象。

▶ 防治方案

方案1：

①加强饲养管理，改善饲养环境，提高猪的抵抗力。定期注射猪巴氏杆菌疫苗。

②治疗时可选用硫酸卡那霉素（对革兰氏阴性菌敏感的抗生素），按每千克体重5万单位肌内注射，或使用5%百菌消进行肌内注射。每10千克体重注射1毫升，2次/天。

③在全场猪饲料中按治疗剂量混合0.2%病菌消或土霉素，连用3～5天。注意不可长期使用。

方案2：用巴氏杆菌灭活苗或弱毒苗定期免疫接种，一般半年一次，加上改善环境及饲养条件可以预防本病。

方案3：用拜有利等沙星类、氨基糖苷类抗生素注射液（庆大霉素、链霉素、卡那霉素或丁胺卡那霉素、壮观霉素等）等药对本病有防治效果。

方案4：可选择使用拜有利、海达注射液、乳酸诺氟沙星、百病消炎灵、558消炎退热灵、病快好、畜禽疫霸、庆福、庆大霉素、链霉素、土霉素等防治该病。

方案5：①预防措施：加强饲养管理，避免拥挤和寒冷、潮湿等应激情况，对畜舍和围栏定期消毒，定期进行预防接种（猪肺疫弱毒疫苗）。②扑灭措施：发病时立即隔离病猪，严格消毒环境、畜舍和用具。封锁疫区。对无明显症状的假定健康猪进行紧急接种猪肺疫疫苗。可选用敏感抗生素药物治疗本病，用药前最好做药敏试验。

方案6：每年春秋两季可以接种猪肺疫弱毒苗预 防该病。拜有利、青霉素、链霉素、磺胺等药物对本病均有较好疗效。

三、猪接触性传染性胸膜肺炎

该病是由胸膜肺炎放线杆菌（APP，胸膜肺炎嗜血杆菌）引起的一种猪呼吸道传染病。临床上主要表现为典型的急性纤维素性胸膜肺炎或慢性局灶性坏死性肺炎症状和病变。本病多呈最急性和急性型经过，突然死亡。也有的表现为慢性经过或呈衰弱性消瘦、衰竭性疾病过程。

猪接触性传染性胸膜肺炎首次报道于1957年。本病主要通过空气飞沫传播，在集约化饲养、密度较大的情况下最易发病、传播，特别是在长途运输、过度拥挤或气候突变以及通风不良等应激因素作用下更易诱发本病。

成年猪或呈隐性过程或仅表现为呼吸困难。本病流行态势日趋严重，已成为世界性集约化养猪生产模式的五大疫病之一。

▶ **病原概述**

关于本病的病原，以前称为胸膜肺炎嗜血杆菌，现确定为胸膜肺炎放线菌，简称APP，革兰氏染色呈阴性，有荚膜，为典型的球杆菌。一般根据荚膜多糖和菌体脂多糖的种类，将本菌分为12个血清型。我国北方发生本病的病原体以血清型5和7居多。

▶ 流行特点

各年龄段的猪都易感，但以3月龄仔猪更易感，20～60千克体重的育成猪发病率、死亡率较高。

本病多发生在春、秋季节，与气候剧变、拥挤、通风不良、潮湿等应激因素密切相关。该菌只存在于在猪的呼吸道内，猪是本菌的高度专一性的宿主，目前未见有感染其他动物的报道。

病程长短不定，急性慢性过程兼有，但以急性病例居多。本病的急性期死亡率很高。致病率与死亡率也与其他疾病（如伪狂犬病、蓝耳病等）的继发感染、混合感染情况与程度有关。致死率接近100%。

该病原的主要传播途径是空气传播、猪相互间的直接接触，排泄物污染或人员携带病原体等也是传播本病的途径。常见的传播途径是由买卖生猪或引种时引进隐性或慢性感染的病猪，然后扩散感染整个猪群。病后康复猪可带菌几个月，形成新的感染源。

在初发本病的猪场，常以急性发病和突然死亡情况为多见。因此，猪场一旦发生该病会造成重大的经济损失。产后母猪初乳中存在着效价较高的母源抗体，所以吃了初乳的哺乳仔猪发病率较低。

发病机制：胸膜肺炎放线杆菌具有荚膜和产生毒素的特性，感染途径通常是通过空气传播或直接接触病原菌后感染肺部，然后黏附在肺泡上皮上。在被感染的肺内产生有害的细菌毒素和细胞毒素，细菌毒素协同细胞毒素的联合破坏作用是引起肺组织病变的主要原因。由此可见，毒素作用是发生本病的主要因素。该菌可被肺泡巨噬细胞迅速吞噬。本菌可在扁桃体上定殖。

▶ 临床表现

本病主要发生于2～6月龄的小猪和中猪，临床上分为分最急性型、急性型、亚急性型及慢性型等多种类型。同一猪群内可能出现各种类型的病猪，如急性、亚急性、慢性型等。新生仔猪罹患该病时通常伴有败血症症状。

猪接触性传染性胸膜肺炎常表现为个别猪突然发病，急性死亡，随后大批猪陆续发病，临死前常有带血泡沫从口、鼻流出。病猪常于出现临床症状后24～36小时内死亡，也可能在没有出现任何临床症状情况下突然倒毙。在本病发生初期，妊娠母猪常发生流产情况。

1. **最急性型**　同栏或不同栏的一头或数头猪突然发病，体温高达40～42℃。患猪精神沉郁，厌食或食欲废绝。不愿卧地，常痛苦地站立或呈犬坐姿势，高度呼吸困难，张口伸舌、咳喘，呈腹式呼吸，口鼻周围有带血的泡沫液体。耳尖、鼻吻突等末梢皮肤呈紫红色。病情发展很快，鼻、耳、腿以至全身的皮肤出现紫斑后突然死亡。

有的病例还出现短期性腹泻或呕吐症状。

　　该病的发展过程大致如下，早期：无明显的呼吸道症状，只是脉搏增数；后期：出现明显的心力衰竭和循环障碍症状，因此导致鼻、耳、眼及后躯皮肤发绀（紫红色）；晚期：出现严重的呼吸困难症状，体温开始逐步下降，出现病危情况。临死前血样的泡沫从嘴、鼻孔流出。

　　2. **急性型**　不同栏或同栏的许多猪同时感染发病，表现为高热，病猪体温升至40.5～41℃。皮肤发红，精神沉郁，不愿站立。厌食并且不喜欢饮水。出现严重的呼吸困难症状，经常咳嗽及用嘴呼吸。在发病最初的24小时内上述症状表现明显，如果病猪耐过不死，则上述症状有所缓解。当治疗不及时或不够彻底时，也可能转变为亚急性或慢性型疾病过程，见图2-19、图2-20。

　　3. **亚急性或慢性型**　亚急性病例多在急性期过后出现，多数为耐过而不死的病猪。表现为不发热，发生间歇性咳嗽。患猪消瘦，毛发粗糙及食欲不振。慢性型的临

图2-19　病猪耳尖、鼻吻突等末梢皮肤紫红色

图2-20　皮肤发红，精神沉郁，不愿站立

床症状不明显，此型可能还有其他呼吸道疾病的混合感染（如支原体或其他细菌、病毒等）情况。生长缓慢。当这种状态的病猪遭遇应激后，猪会表现全身肌肉苍白，可能突然死亡。病猪出现轻度发热或不发热，可见不同程度的散发性或间歇性咳嗽。食欲减退。不爱活动，仅在喂食时勉强爬起。个别患猪后期可发生关节炎、心内膜炎以及在不同部位出现囊肿，见图2-21。

图2-21　病猪生长缓慢，不爱活动，仅在喂食时勉强爬起

▶ 剖检病变

病灶主要集中在肺部，肺表面常附有纤维素性渗出物及胸膜粘连。肉眼可见的病变主要是在胸腔及呼吸道。主要病变是胸膜表面有白色纤维素附着，胸腔积液。在濒死期的病猪体内、气管、支气管中充满泡沫状、血性黏液及黏液性渗出物。

以小叶性肺炎和纤维素性胸膜炎病变为本病特征。肺炎多为两侧性，病变集中在心叶、尖叶及部分膈叶。病变部色深，质地坚实，切面易碎。肺充血、出血，肺的前下及后上部呈紫红色肝变，附着纤维素。

在病程的中、后期，炎症蔓延至整个肺脏，使肺和胸膜粘连，以至剖检时难以将肺与胸膜离开。在多数情况下，肺部病灶会逐渐溶解，仅剩下与纤维素性胸膜肺炎粘连的部位。慢性型时，在肺部炎症区域发生坏死、硬化。脾肿大。有关节炎或脑膜炎病变。

1. **急性型的主要病变**　在急性期突然死亡的病例，于气管和支气管内充满带血色的黏液性渗出物。有的在气管和支气管内充满带血的泡沫性分泌物。在喉头充满血性液体。胸膜有纤维素性渗出物。胸腔有血样渗出液。肺充血、水肿，切面似肝脏，坚实，断面易碎，间质充满血色胶样液体。在本病最急性型的后期，肺炎病灶变暗、变硬，见图2-22、图2-23。

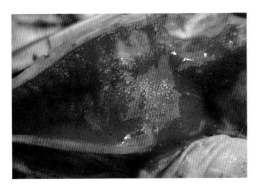
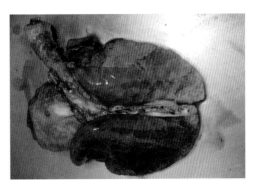

图2-22　在气管和支气管内充满带血色的黏　　图2-23　肺炎病灶变暗、变硬
　　　　液性渗出物

2. 慢性型的主要病变　胸腔积液，胸膜表面覆有淡黄色的渗出物。当病程较长时，可见硬实的肺炎区，肺炎病灶稍凸出表面。肺常与胸膜粘连，肺尖叶表面有结缔组织化的粘连性附着物。在膈叶上有大小不一的脓肿样结节，见图2-24。

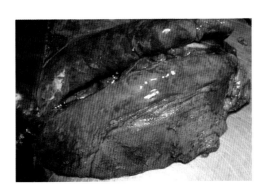

图2-24　肺常与胸膜粘连，肺尖叶表面有结
　　　　缔组织化的粘连性附着物

▶ 诊断要点

在急性暴发期，胸膜肺炎在临床上易于诊断。

1. 急性感染的诊断要点　断奶期至育肥期的猪出现高热，病程发展迅速，出现极度呼吸困难症状，拒食。尸检时见带有胸膜炎的肺部病变。在组织病理学检查中见肺部炎性坏死灶周围出现中性粒细胞聚集和渗出性肺炎病变，则可确诊。

2. 慢性感染的诊断要点　剖检时在胸膜及心包有硬的、界线分明的囊肿。在进行肺病变区的涂片、革兰氏染色时可发现大量阴性球杆菌。细菌学检查对该病的诊断极为重要，从新鲜死尸的支气管、鼻腔的分泌物及肺部病变区很容易分离到该病的病原菌。

3. **检测该病原的其他方法**　荧光抗体方法、免疫酶方法、血清特异抗体的凝集试验方法、乳胶凝集试验方法、ELISA方法等。此外还有许多检测细菌核酸的方法，包括带标记的DNA探针技术及PCR方法等。

确诊时需要对病原作详细的分离和鉴定。比如在肺及呼吸道分泌物中检出嗜血杆菌，经种、属鉴定为该病的病原细菌。

4. **鉴别诊断**　对于本病的急性病例，要与猪瘟、猪丹毒、猪肺疫及猪链球菌病等相区别；在本病的慢性病例应与猪气喘病、多发性浆膜炎等相区别。猪肺疫为急性发热性传染病，猪气喘病是一种慢性传染病。当出现急性死亡，体温升高情况要与猪瘟相区别。有肺炎变化情况要与猪肺疫相区别。有纤维素胸膜肺炎情况要与链球菌感染相区别。当本病由急性转为慢性时，要与猪气喘病相区别。

①直接镜检　采取支气管或鼻腔渗出液和肺炎病变组织进行涂片染色、镜检，在最急性病例也可以对其他器官、组织进行涂片染色镜检，可见到多形态的两极染色的革兰氏阴性球杆菌。

②病原分离与鉴定　用6%犊牛血或绵羊血制备的琼脂平板培养基作病原分离培养基，同时在上面接种葡萄球菌，然后接种病料，因为葡萄球菌在生长过程中能合成放线杆菌生长所需要的V因子（即辅酶A），并向外扩散到周围培养基中，此现象使放线杆菌在葡萄球菌周围生长，形成β溶血的微小的"卫星菌落"。也可用巧克力琼脂培养基分离培养放线杆菌。对分离出的细菌的鉴定要进行生化试验。

③血清学检查　可采用补体结合试验、凝集试验和酶联免疫吸附试验等方法，这些方法都可用于本病的诊断，其中以补体结合试验最为可靠。应用改良补体结合试验检测本病抗体，检出率可达100%。感染2周后就可检出抗体，且可以持续3个月以上。该试验与其他呼吸道传染病的病原体无交叉反应。

▶ **防治方案**

方案1：在饲料和饮水添加药物只限于对本病的预防。发病时，如果在饮水中添加药物再配合注射敏感的抗生素，效果会更好。通常一次注射不能彻底治愈，针剂治疗病猪时至少需要3天。注射治疗必须对整栏的猪只全面进行注射，不论有无出现临床症状。选用的抗生素有青霉素、氨苄西林、头孢菌素、四环素、红霉素、磺胺剂等。要注意的是，本菌对这些抗生素能够产生抗药性和耐药性。目前，比较新的一代抗生素如喹诺酮、恩诺沙星等效果较好。

方案2：

（1）加强猪群预防工作，特别是对仔猪和育肥猪。一旦发现病猪，及时隔离处理。

（2）加强饲养管理，注意通风换气，保持舍内空气清新。减少各种应激因素的影响，保持猪群有足够、均衡的营养供给。

（3）采用"全进全出"的饲养方式，猪出栏后，对栏舍进行彻底的清洁、消毒，并且至少空栏一周后才可重新进猪。

（4）发现病猪要及时治疗，注射新霉素、泰乐菌素等抗生素，疗效较好。但是不能长期使用一种抗生素，以防产生抗药性和耐药性。对于慢性型病例治疗效果不理想。

（5）在发病猪场，可以从病猪中采取病料进行病原菌的分离、培养，制成自家疫苗用于本场的防治。但此项工作应在具有较好的实验室条件，并有一定水平的技术人员的条件下才可进行，否则不宜进行。国外已研制出该病的菌苗并应用于生产。国内也有以血清型7的病原菌制成的灭活苗，可以对断奶仔猪进行免疫，有一定效果。

（6）对于刚发病的猪场，可根据实际情况，在猪群饲料中适当添加大剂量的抗生素进行预防大规模发病，例如添加土霉素600克/吨饲料，连用3～5天，或用林肯霉素+壮观霉素每吨饲料500～1 000克拌料，连用5～7天，可防止新的病例出现。抗生素虽可降低死亡率，但经治疗的病猪仍可成为带菌猪，成为新的传染源。

（7）对于病猪的治疗，以消除呼吸困难和抗菌治疗为原则，用药时注意要保持足够的剂量和足够长的疗程。

（8）对于感染本病较严重的猪场，可用血清学检测方法进行排查，逐步清除带菌猪，结合脉冲式的饲料添加药物进行预防，逐步建立健康猪群。

方案3：治疗本病可使用5%的养元百菌消注射液，每千克体重0.1毫升，肌内注射，每天2次，连用3天。或使用养元喘康长效注射液，每10千克体重肌内注射1毫升，每天一次，连用2天，效果较好。

方案4：预防和治疗本病可选用的药物有拜有利、海达注射液、乳酸诺氟沙星、百病消炎灵、拜利多、泰乐菌素、林可霉素、新霉素、卡那霉素等。治疗可使用拜有利等沙星类、氨基糖类注射液（如庆大霉素、链霉素、卡那霉素或丁胺卡那霉素、壮观霉素等）等药物有效。

方案5：

（1）预防措施：在新引进种猪时，应采用血清学检查方法进行检疫，确认无本病时才可引进。对受威胁但未发病猪，可在每千克饲料中添加土霉素0.6克，作预防性给药。接种灭活疫苗。

（2）扑灭措施：对病猪用青霉素、氨苄青霉素、四环素类药物进行治疗。检疫猪群，淘汰阳性猪。

方案6：

（1）预防：对病原体血清型较多的猪场，在预防上可用本地菌株制备菌苗免疫母猪。

（2）治疗：使用青霉素及磺胺增效剂等药物注射治疗有效。

四、猪附红细胞体病

附红细胞体病是由附红细胞体感染引起的人兽共患病。过去将本病划归为寄生虫病的原虫病，现在确定为立克次氏体病。本病由病原附红细胞体寄生于人、猪等多种动物红细胞表面或血浆及骨髓中，引起以发热、贫血、黄疸为临床特征的一类传染病。常被感染的动物有猪、牛、羊、兔及鼠。2000年以来，猪附红细胞体病在我国的发病率呈上升趋势。

▶ 病原概述

病原为立克次氏体目无浆体科附红细胞体属的猪附红细胞体。在发病高热期采血并涂片，用姬姆萨染色或瑞氏染色，于640倍光学显微镜下检查，可见到附着在红细胞表面的附红细胞体，其形态呈环行、卵圆形、逗点形或杆状，平均直径为0.3~2.5微米。

菌体附着于红细胞表面呈鳞片状、芒刺状或出芽状，使红细胞变成星形。猪附红细胞体会破坏红细胞体表面结构，使其变形，由病原所引起的变形的红细胞经过脾脏时会被溶解、清除，并发生溶血，形成贫血、黄疸。

▶ 流行特点

猪附红细胞体病可发生于各种日龄的猪，但以育肥猪为多见，母猪被感染的情况也比较严重。被感染的猪对该附红细胞体不能产生很强的免疫力，因此，随时会发生发病后又再次被感染的情况。饲养管理不当、气候恶劣或发生其他疾病等应激情况时，会加重本病的发生。

本病一年四季均可发生，以夏、秋季节气候较热、吸血昆虫较多时，尤其是雨后湿度大的时节发病率较高。

本病常呈零星散发态势，只有在新发病区能形成地方性流行情况。在新发病地区一旦发生，多呈暴发性流行。发病后，以仔猪特别是1月龄左右的仔猪死亡率很高。患病猪及隐性感染猪是重要的传染来源。

传播途径：猪通过摄食血液或含血物质而发病，如采食被污染的尿液而被感染。通过出血性外伤途径感染，如猪舔食断尾后的伤口而被感染。通过被病原污染的器械传播，如注射器、断尾钳、打号器、阉割器械等。吸血昆虫能传播本病，如虱子、蚊虫、厩蝇等节肢动物的叮咬。研究证明，本病原可以通过胎盘进行垂直传播。通过配种途径也可发生感染，如精液传播等。

▶ 临床表现

出生1周内的仔猪被感染后，主要症状是皮肤苍白和黄疸。部分患病小猪因腹泻、消瘦、贫血、脱水而死亡。1月龄左右断奶的仔猪被感染后，最初表现为贫血，

之后出现黄疸,生长发育不良,结果多数成为僵猪。育肥猪发生本病时,根据病程长短不同可分为以下三种类型:

1.**急性型病例** 病程多为1~3天。发病后突然死亡。死亡后从口鼻流出不易凝固的血液。全身红紫。个别患猪突然瘫痪,饮食废绝,出现呻吟、抽搐等神经症状,但该病例不多见,见图2-25。

2.**亚急性型病例** 体温达39.5~42℃,不退热。颈背部毛根出血,时间长则变为黑色点状。食欲下降甚至废绝。死前体温开始逐渐下降。颤抖转圈,不愿站立。尿少色浓,呈茶水样。粪便干燥,粪便表面常带有黏液或伪膜。有的病猪交替发生便秘和腹泻症状。在耳部、腹下、腹股沟、四肢部位皮肤发红,出现红、紫斑,指压不褪色。有时全身皮肤红紫,连成一片,俗称为"红皮猪"。有的病猪后肢发生麻痹,不能站立,卧地不起。少数病猪流涎,呼吸困难,咳嗽,眼结膜发炎。病程多为3~7天,耐过不死则转为慢性经过,见图2-26、图2-27。

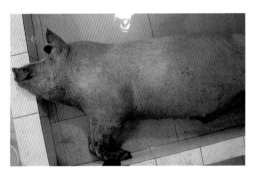

图2-25 病猪全身红紫

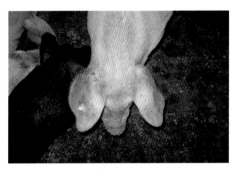

图2-26 颈背部毛根出血,时间长时变为黑色点状

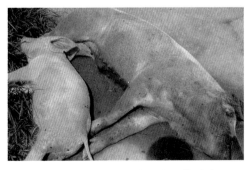

图2-27 皮肤红紫,连成一片,俗称为"红皮猪"

3. 慢性型病例　多数病例以该型为主。体温在39.5℃左右，持续发热。临床上主要表现为贫血和黄疸。皮肤及黏膜苍白、血液稀薄、凝固不良，各种黏膜、浆膜被染成黄色。个别病猪鼻、眼周围有发青现象。皮肤裂开、脱落，瘙痒。出现黄尿、血尿。大便干燥呈球状，表面带有黑褐色或鲜红色的血液。病程较长，导致生长缓慢，出栏推迟，有的死亡，有的形成僵猪，见图2-28。

图2-28　临床上主要表现为贫血和黄疸

4. 公猪和母猪

母猪被感染后可出现流产、死胎、不发情、不受孕等繁殖障碍症状，偶有乳头肿大、坚硬症状。公猪则见性欲减退，精子活力下降，配种不孕。

▶ 剖检病变

剖检主要病变为贫血、黄疸及血液凝固不良等变化。皮肤及黏膜苍白。血液稀薄、色淡、凝固不良。全身性黄疸。皮下组织水肿，多数有较多的胸水和腹水。心包积液，在心外膜可见出血点。心肌苍白，松弛无力，呈熟肉状，质地脆弱。肝肿大、变性，呈黄棕色，表面有黄色条纹状或灰白色坏死灶。胆囊膨胀，内部充满浓稠、明胶样胆汁。脾脏肿大、变软，呈暗黑色，有的在脾脏可见针头大至米粒大灰白（黄）色坏死结节。肾脏肿大，有微细出血点或黄色斑点。淋巴结水肿，体表淋巴结多数黄染或发黑（慢性），肠系膜淋巴结黄染，见图2-29、图2-30。

▶ 诊断要点

1. 临床诊断要点

（1）猪的感染率虽高，可达95%，但一般无临床表现，当遭受应激和继发感染时可出现一些临床症状。

（2）发热40～41.5℃不退热，有明显的全身症状，黏膜苍白、黄染，孕猪流产、产死胎，母猪高热可持续到产后。

图2-29　各种黏膜、浆膜染成黄色

图2-30　胆囊膨胀，内部充满浓稠明胶样胆汁

（3）颈背部毛根出血，时间长时变为黑色点状。

（4）先便秘后腹泻，两耳发绀，耳尖变干硬。

（5）乳猪全身发红，不会吃奶，0.5～2小时内死亡居多。

（6）四肢抽搐，个别猪出现麻痹症状，不能站立。前肢轻度水肿，有的病猪转圈，病猪死亡前尖叫。

（7）病、死猪皮肤发红或发黄。肝、脾、淋巴结肿大，有的出血、红肿、暗红，肾脏皮质、髓质有出血。肺充血或斑块状出血。膀胱黏膜、胃肠黏膜充血，出血。

（8）母猪受胎率降低，因该病的免疫力弱，故发病后可再次感染，易发并发症或继发感染（如疥癣和细菌病等）。

（9）病程特点：急性型3～5天，慢性型15～20天，耐过猪变为僵猪，发育迟滞。

2. 鉴别诊断要点　应与繁殖障碍性疾病，如猪瘟、蓝耳病、伪狂犬病等进行鉴别。在发病高峰期采鲜血涂片、染色、镜检，直接检查病原，方法简单、准确。血液学结果：红细胞表面可见出芽状病原体。

确诊：采集发热猪的血液作瑞氏或姬姆萨染色，见到附红细胞体；对母猪进行特异性血清学检测呈阳性。

▶ 防治方案

1. 预防方案

方案1：加强饲养管理，保持猪舍、饲养用具卫生，及时清除粪便。减少不良应激。在夏、秋季节要经常喷洒杀蚊虫药物，防止昆虫叮咬。如使用杀飞克、拜虫杀、拜力坦等药。在实施诸如预防注射、断尾、打耳号、阉割等饲养管理程序时，均应严格消毒及更换器械。如使用拜安或拜洁等消毒药进行消毒。购入猪只前要进行血液检查，防止引入病猪或隐性感染猪。定期进行驱虫，可使用利高峰和拜美康等驱虫药。

方案2：本病尚无疫苗供预防，而且该病原体的抗原性也不稳定。采用药物预防，如使用氨基苯砷酸，在妊娠21～105天猪日粮中按90克/吨拌入（每头猪250毫克/天）；阳性群种猪按180克/吨拌料，使用1周。以后降到90克/吨拌料，使用1个月；小猪按200克/吨给药。

方案3：莎磺片，按每千克体重0.007～0.1克给药，首次加倍，连续使用1个月。或每千克饲料添加90毫克阿散酸或45毫克洛沙砷，连续使用30天。

2. 治疗方案

方案1：先进行带猪消毒，用杀特灵和瑞星速溶粉交替进行消毒，每日1次，直到控制该病为止。用药方案：

（1）群体给药 ①使用四环素类药物：如强力霉素、金霉素、土霉素（每吨饲料800～1 000克）、四环素投药，按照使用说明确定剂量，5～7天一个疗程。②使用阿散酸：每千克饲料18克，连用1周；每千克饲料90克，连用4周。

（2）个体给药（肌内注射） 按照使用说明确定剂量。①用长效新强米先或长效土霉素+极冰注射液（或协和注射液）。②用长效新强米先或长效土霉素+安乃近（氨基比林）。③用贝尼尔+极冰注射液（或协和注射液）。④用贝尼尔+安乃近（氨基比林）。对猪群使用免疫增强剂和营养抗应激剂有利于控制疾病。如使用益健或强力拜固舒等。用瑞星泡腾片等进行饮水消毒，100～150千克水/片；连用7～10天，以后每2天消毒一次。

特别强调：①进行注射时应保证每头猪一只针头，以便防止针头传播病原。②注意灭蚊蝇、灭鼠、驱虫，防止细菌并发、继发感染。③由于贝尼尔毒性大，用于妊娠母猪时要慎重。④因附红细胞体引起贫血和免疫抑制，应补充营养剂、抗应激剂和免疫增强剂等。⑤附红细胞病易引起并发或继发感染，故治疗时应配合使用抗生素。⑥青霉素、链霉素及磺胺类药物对于防治本病效果不理想。

方案2：血虫净每千克饲料5毫克，连用2～3天。或土霉素（长效）、四环素每千克饲料3～5毫克，连用2～3天。饲料内添加阿散酸（每吨饲料100克），或土霉素（每吨饲料200～500克），连续使用2周。使用上述药物同时使用铁制剂、葡萄糖、维生素等，连用2～3天。

方案3：在本病暴发时采取如下措施：对全部被感染的仔猪肌内注射5%拜有利注射液每千克体重0.05毫升，一天1次，连用3天，同时注射1次铁制剂，或口服莎磺片每千克体重0.14毫克。对2～3日龄仔猪和断奶仔猪各注射一次拜有利每千克体重0.05毫升。在种猪和保育猪日粮中添加莎磺片每千克体重0.14毫克。

方案4：可使用四环素、土霉素、黄色素、血虫净、贝尼尔等药物进行治疗，效果较好。

3. 对散养户发生本病的处理方法：

（1）饲料拌药　①四环素类：强力霉素、金霉素、土霉素（每吨饲料0.8～1千克）、四环素，5～7天为一个疗程。或②阿散酸：每吨饲料180克，连用1周；每吨饲料90克，连用4周。

（2）个体治疗　①长效新强米先或长效土霉素+极冰注射液（或协和注射液）；或②长效新强米先或长效土霉素+安乃近（氨基比林）；或③贝尼尔+极冰注射液（或协和注射液）；或④贝尼尔+安乃近（氨基比林），按照使用说明确定剂量。

（3）带猪消毒　用杀特灵和瑞星速溶粉交替进行，每日一次，直到控制。

（4）饮水消毒　用瑞星泡腾片，100～150千克水/片；连用7～10天，以后每2天消毒一次。

五、猪弓形虫病

本病是由寄生虫中的龚地弓形虫引起的一种人畜共患的原虫病。寄生于各种动物体内的弓形虫在形态和生物学特性方面均无差异。本病症状与猪瘟十分相似，表现为持续高热和全身症状。

▶ 病原概述

本病病原为龚地弓形虫，该寄生虫的整个发育过程需要两个宿主：猫为其终末宿主，其他动物如猪、牛、羊或人均可成为中间宿主。弓形虫在中间宿主体内有滋养体和包囊两型。

弓形虫的形态：猪体内滋养体呈香蕉状或梭状，一端较钝，另一端较尖，长4～8微米，宽2～4微米，核位于中央或偏于钝端，为一团疏松的颗粒性染色状物。急性感染时以滋养体形态为多见。虫体包囊在细胞内以二分裂方式进行繁殖，乃至多个虫体包被于薄层细胞膜内形成虫体群，此现象多见于慢性病例。

生活史：弓形虫在猫小肠上皮细胞内进行类似于球虫发育的裂殖体进行增殖和配子生殖，最后形成卵囊，随猫粪便排出体外。卵囊在外部环境中经过孢子增殖、发育，成为含有2个孢子囊的感染性卵囊。

感染途径：①经口感染，如采食了含有卵囊的粪便、中间宿主的肉、内脏、渗出物和乳汁等；②经皮肤、黏膜途径感染；③通过胎盘感染胎儿。

▶ 流行特点

本病呈地方流行性或散发性发病，在新疫区则可表现为暴发性流行。发病率和致死率较高。本病多发生于夏、秋季节，在温暖潮湿地区发生率较高。各种年龄的猪都易感，但以3～5月龄猪发病较多，保育猪最易感，症状也比较典型。本病可以通过母猪胎盘感染胎儿，引起妊娠母猪发生早产或产出发育不全的仔猪或死胎。

▶ 临床表现

本病的主要临床症状与猪瘟、猪流感很类似，应注意区别。病初体温升高至40～42℃，可持续7～10天；食欲减少或废绝，便秘。病猪耳、唇及四肢下部皮肤发绀或有瘀血斑。咳嗽，呼吸困难，严重时呈犬坐姿势。鼻镜干燥且有鼻漏，见图2-31。母猪症状不明显，但可发生流产、早产及死胎。患病仔猪多数下痢，排黄色稀粪。

图2-31　四肢下部皮肤发绀

▶ 剖检病变

剖检时主要病变：耳部、腹下等处有紫红色斑块。全身淋巴结肿大，上面有小点状坏死灶。胸、腹腔有黄色积液。肺脏高度水肿，小叶间质增宽，在小叶间质内充满半透明胶冻样渗出物。在气管和支气管内有大量黏液性泡沫，有的并发肺炎。肝脏略肿胀，呈灰红色，散在有小点状坏死灶。脾脏略肿胀呈棕红色。肠系膜淋巴结呈囊状肿胀。肾皮质有小点状出血。膀胱有少量出血点，见图2-32、图2-33、图2-34。

图2-32　腹下等处有紫红色斑块

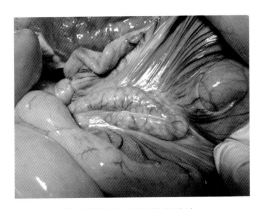

图2-33　肠系膜淋巴结呈囊状肿胀

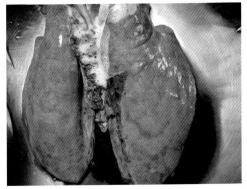

图2-34　肺小叶间质增宽，小叶间质内充满半透明胶冻样渗出物

▶ 诊断要点

1. **临床诊断要点**　体温升高，持续高热，全身症状明显。后肢无力，行走摇晃，喜卧。呼吸困难。耳尖，四肢及胸腹部出现紫色瘀血斑。病初便秘，后期腹泻。在成年猪常表现亚临床感染情况，症状不明显。妊娠母猪可发生流产或死产。

2. **剖检诊断要点**　肺水肿和充血。胸腔内出现血样液体。淋巴结肿大。肝、肺、心、脾和肾均可见到坏死点，见图2-35。

3. **实验室诊断要点**

（1）直接抹片镜检　取剖检采取的肝、脾、肺和淋巴结等做成抹片，用姬姆萨氏或瑞特氏液染色，于油镜下发现月牙形或梭形的虫体，核为红色，细胞质为蓝色。

图2-35　肺水肿和充血

（2）动物接种　以病猪血液或肝、脾、脑组织制成1：10蒸馏水乳剂，给小鼠腹腔注射0.2~1毫升，观察20天，在小鼠的腹水或肝、脾、淋巴结中可发现大量虫体。病初高温时，有时在血液中能够查到弓形虫。

（3）鸡胚接种　以病猪的肝、脾、脑组织制成乳剂，给5~11日龄的鸡胚作绒毛尿囊膜接种，在7~10天内，于死亡鸡胚的尿囊膜液及肝、脑、肺等组织中可发现大量虫体。

（4）血清学诊断　可用染色试验、间接凝集试验、酶联免疫吸附试验等方法进行本病的诊断。

4. **鉴别诊断**　应与猪瘟、败血型副伤寒、急性猪丹毒和炭疽等疾病进行鉴别诊断。

▶ 防治方案

1. **预防方案**　猫是本病唯一的终末宿主。故在猪舍及其周围应禁止猫出入，猪场饲养管理人员应避免与猫接触。目前尚未研制出有效的疫苗，猪场一般性的防疫措施都适用于本病。在猪场和疫区可选用敏感药物预防，连用7天，可防止弓形虫感染。每天给猪喂大青叶100克左右，连喂5~7天，有预防发病和缩短病程作用。要防鼠、灭鼠，防止饲草、饲料被鼠、猫粪污染。禁止用未经煮熟的屠宰废弃物和厨房垃圾喂猪。加强环境卫生与消毒，由于卵囊能抵抗酸碱和普通消毒剂，因此，可选用火焰、3%火碱液、1%来苏儿、0.5%氨水以及日光下暴晒等方法进行消毒。

2. **治疗方案**

方案1：对症状较重的病猪，可用磺胺-6-甲氧嘧啶，按每千克体重0.07克，磺胺嘧啶按每千克体重0.07克，10%葡萄糖100~500毫升，混合后进行静脉注射。此法在病初可一次治愈，一般需要2~3次。对症状较轻的猪，可使用磺胺-6-甲氧嘧啶，按每千克体重0.07克进行肌内注射，首次加倍，每天2次，连用3~5天即可康复。

方案2：磺胺类药物对本病有较好的疗效。常用的如莎磺片加甲氧苄氨嘧啶（TMP）或二甲氧苄氨嘧啶等，用量为每千克体重0.1克，口服，每天2次，连用5天。使用增效磺胺-5-甲氧嘧啶注射液，用量为每千克体重0.07克。每日1次，连用3~5天。

方案3：①使用磺胺-5-甲氧嘧啶，每25~30千克体重5毫升，连用3~5天；用螺旋霉素内服，每20~30千克体重4~5片或每20千克体重2~3片。②使用磺胺甲氧嗪钠（SMP），每千克体重50毫克，使用0.5%甲氧苄氨嘧啶（TMP）2毫升进行肌内注射，1次/天，连用3~5天。③使用磺胺-6-甲氧嘧啶，每千克体重50毫升；使用甲氧苄氨嘧啶（TMP），0.1克/头，1次/日，连服3天。

方案4：使用莎磺片、磺胺-5-甲氧嘧啶、螺旋霉素、磺胺甲氧嗪钠（SMP）、甲氧苄氨嘧啶、磺胺-6-甲氧嘧啶有效。

方案5：每千克体重60～100毫克TMP（磺胺甲氧嘧啶），配合14毫克三甲氧嘧啶口服，每天1次，连用4天，首次用量加倍。

方案6：磺胺类药能控制本病的发展，降低死亡率，缩短病程，为治疗本病的首选药物。可选用以下处方：①磺胺嘧啶（SD）+乙胺嘧啶；前者按每千克体重70毫克，后者按每千克体重6毫克，内服，每天服2次，首次倍量，连用3～5天。②增效磺胺-5-甲氧嘧啶（内含10%磺胺-5-甲氧嘧啶和2%三甲氧苄氨嘧啶）；按每10千克体重肌内注射2毫升，每天1次，连用3～5天。③磺胺-6-甲氧嘧啶（SMM）；按每千克体重60毫克，配成10%注射溶液肌内注射，每天1次，连用3～5天，或者按内服首次量每千克体重0.05～0.1克，维持量每千克体重0.025～0.05克，每天2次，连用3～5天；或者按内服首次量每千克体重0.05～0.1克，维持量每千克体重0.025～0.05克，每天2次，连用3～5天；或者SMM加DVD（敌菌净）增效剂，按5∶1混合，口服混合物每千克体重60毫克。

六、猪　丹　毒

猪丹毒是由猪丹毒杆菌所引起的猪的传染病。本病广泛分布于世界各地。急性猪丹毒的特征为败血症和突然死亡。特征性症状为高热和皮肤上形成大小不等、形状不一的突出于体表的几何形状疹块，俗称"打火印"，慢性病例主要表现为心内膜炎和关节炎。该病菌可引起人的类丹毒，因此该病是人兽共患病。近年来本病的发病率不高。

▶ 病原概述

病原体为猪丹毒杆菌（红斑丹毒丝菌），该菌是一种纤细、直形或微弯的小杆菌。经酸或热酚水抽提的菌体细胞壁抗原，使用高免疫血清作琼脂扩散试验，可划分出血清型。已确认的血清型有25个，我国主要为1a和2型。

该菌对自然界抵抗力较强，但对某些药物敏感，如1%漂白粉、1%氢氧化钠以及10%石灰乳等均可在5～15分钟杀死该病原。也能被普通消毒剂、热、γ-射线杀死。该菌对青霉素、四环素敏感，对多黏菌素、新霉素、卡那霉素不敏感。对链霉素、磺胺类药物有相当的抵抗力。

▶ 流行特点

本病的传染源为病猪和隐性感染的猪。易感动物主要是猪。人也可以感染本病，称为类丹毒。本病主要发生于育肥猪，哺乳和成年猪发病较少。大猪在隐性感染后能获得主动免疫。哺乳仔猪可从母乳中获得免疫力。一年四季都能发生该病，但主要发生于炎热的夏季。本病呈地方性流行。

目前认为此病有4种传染途径：①主要是经消化道传染，猪吃了病猪的排泄物或被污染的饲料和饮水而发病；②其次是在皮肤的创伤处接触到丹毒杆菌；③内源性感染；④吸血昆虫吸食了病猪的血液而传给健康猪。

猪丹毒杆菌广泛分布于世界各地。在健康带菌猪的扁桃体和淋巴组织均带有本菌。患急性猪丹毒的病猪，可由其粪便、尿、唾液排出病菌而污染猪栏，进而传播本病。被该菌污染的鱼粉也是重要的传染源。从很多哺乳动物和鸟类中曾分离出了本菌，因此，它们可能是本病的间接传染源。

发病机制：猪丹毒杆菌常由消化道侵入，随后在扁桃体内繁殖，继而病菌侵入血液循环并在血液内大量繁殖和产生毒素，严重的菌血症、毒血症，迅速变成全身性败血症而致病猪突然死亡。在不死耐过的猪，病菌可滞留在皮肤、关节或心脏瓣膜，转变成亚急性及慢性型猪丹毒。

急性猪丹毒发病过程：本型猪丹毒开始为菌血症，很快出现全身性感染（败血症）的临床症状。非全身性感染时只形成局部皮肤病灶。

慢性猪丹毒发病过程：这种猪丹毒的关节病灶开始于急性滑膜炎，在5～8个月内发展成严重关节软骨损伤。心瓣膜病变开始于血管炎症和心肌梗塞，加上纤维素渗出，可导致心瓣膜损伤。

▶ 临床表现

患猪主要为3月龄至上市日龄的育肥猪群。有时年轻母猪亦可感染本病。本病依临床症状可分为急性败血症型、亚急性皮肤疹快型和慢性关节炎、心内膜炎和皮肤坏死型猪丹毒。

1. 急性败血型　突然发病，体温升至42℃以上。一头或几头病猪突然死亡。存活下来的病猪在5～7天内体温恢复正常。这种病猪常出现走路步态僵硬，形如踩高跷。站立时四肢紧靠，头下垂，背弓起。部分或完全食欲废绝。大猪和老龄猪粪便干硬，而小猪则表现腹泻症状。妊娠母猪发生流产，公猪体温增高。

皮肤呈凸起的红色区域，红斑大小不一，多见于耳后、颈下、背、胸腹下部及四肢内侧，随后出现瘀血发紫情况。病猪可能在见到或触到疹块病变前就已经死亡了。

在哺乳仔猪和刚断奶小猪，一般表现为突然发病，出现神经症状，抽搐，倒地而死，一般病程不超过1天，见图2-36。

2. 亚急性（疹块型）型　体温升至41℃以上。在颈、背、胸、臀及四肢外侧出现大小不等的疹块。疹块呈方形、菱形或圆形，稍凸于皮肤表面，紫红色，稍硬。疹块出现1～2天后，体温逐渐恢复，经1～2周痊愈，见图2-37。

3. 慢性型　患急性或亚急性猪丹毒的病猪耐过后常转变成慢性型，以跛行和皮肤坏死为特征。皮肤出现结节、坏死并且发黑，耳尖也可能烂掉。关节炎：关节疼痛、发热，随后变成肿胀和僵硬。关节肿大、变形，从轻度跛行到四肢完全瘫痪。关节炎是慢性猪丹毒最重要的临床症状。心内膜炎：往往引起心脏杂音，消瘦、贫血。突然衰竭而死，图2-38。

图2-36　耳后、颈下、背、胸腹下部及四肢内侧瘀血发紫

图2-37　在颈、背、胸、臀及四肢外侧出现大小不等的疹块

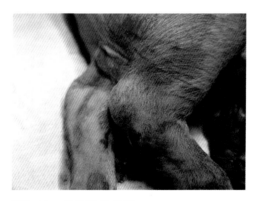
图2-38　多发性关节炎

▶ 剖检病变

唯一具有诊断意义的特征性病变是菱形疹块病灶。当这种病灶全身化时，是一种可靠的败血症的诊断标志。

1. 急性猪丹毒

（1）肉眼病变（病死猪）　弥漫性皮肤出血，特别是在口鼻部、耳、下颌、喉部、腹部和大腿的皮肤等处。肺脏充血、水肿。心脏的心内膜、心外膜有出血点。胃、十二指肠、空肠黏膜出血。肝脏充血。脾脏明显肿胀，呈樱桃红色是典型的特征性病变。肾脏皮质部有斑点状出血。全身淋巴结充血，肿大，切面多汁、呈浆液性出血性炎症。膀胱黏膜通常正常，但可能出现充血区，见图2-39、图2-40。

图2-39　在心包膜有出血点

图2-40　在肾皮质部有斑点状出血

（2）显微病变　毛细血管和静脉管损伤，在血管周围有淋巴细胞和成纤维细胞浸润。皮肤表皮和真皮乳头发生致病性变化。心脏、肾、肺、肝、神经系统、骨骼、肌肉和滑膜出现血管病变。

2. 慢性猪丹毒　主要病变是增生性、非化脓性关节炎。

（1）肉眼病变　关节炎，关节肿大、有多量浆液性纤维素性渗出液，这种病变常见于跗关节和肘关节；心内膜炎，常为瓣膜溃疡或菜花样疣状赘生物。

（2）显微病变　慢性猪丹毒的典型滑膜病变是特征性的，即滑膜内膜和内膜下结缔组织有明显增生，血管化以及淋巴样细胞和巨噬细胞的聚集，形成炎性组织的绒毛垫。心瓣膜上的疣状赘生物有颗粒样结构，由大量重叠的纤维组成。

▶ **诊断要点**

依据临床症状和细菌学检查是急性猪丹毒的可靠诊断方法。

1. 临床诊断要点　出现具有诊断意义的菱形皮肤疹块，在用青霉素治疗24小时后，如病情明显好转，则表明临床诊断正确。

急性猪丹毒在临床上往往很难与其他败血症（如猪放线菌病败血症）相区别。

2. 细菌学诊断要点　从心、肺、脾、肝、关节或肾脏分离出猪丹毒杆菌，是一种确切的实验室诊断方法。

3. 血清学诊断要点　方法包括平板、试管、微量凝集试验，被动血凝试验，血凝抑制试验，酶联免疫吸附试验和间接免疫荧光试验等。有报道指出，用免疫荧光抗体技术能快速鉴定病原，但这种方法只能作为特殊诊断手段，对本病不具有常规诊断意义。

▶ 防治方案

1. 预防方案　猪丹毒杆菌无处不在，人们又很少了解它在自然界中存活的时间和毒力，所以很难根除本病。因此，对猪群每年应按计划进行预防接种，这是最有效的预防措施。国内有弱毒苗GC42、G4T10，以及灭活苗和二联苗、三联苗。

免疫程序：考虑到母源抗体的作用，对于仔猪应于断奶后进行首免，以后每6个月免疫一次。对其他猪，每半年免疫一次。

2. 治疗方案

方案1：一般对急性猪丹毒的治疗均采用青霉素类抗生素。若早在发病后24～36小时内治疗，拜力多也可获得良好的效果，疗程一般为2~3天。

方案2：首选青霉素类药物，并且加大剂量，每千克体重可使用4万单位，进行肌内注射或静脉注射，每天2次。

方案3：对病猪进行隔离治疗，对尸体进行化制或深埋处理。对用具和场地进行认真消毒，对粪便做发酵处理。对同群未发病猪，可用青霉素类进行预防（每千克体重1万单位），连用3～4天，停药后进行全群带猪消毒，待药效消失后接种菌苗。青霉素类虽然是首选药，但如无效果，可改用四环素或金霉素类抗生素药物进行治疗。

七、猪口蹄疫

口蹄疫是一种由口蹄疫病毒引起的急性、热性和极易接触性传播的多种动物共患传染病，该病毒可感染所有的偶蹄动物，也可感染人和其他动物。

猪被感染发病后，以高热、口腔黏膜、鼻镜、蹄部和乳房皮肤发生水疱和溃烂为特征。本病的传染性极强，且传播迅速，流行地域广泛，感染和发病率均很高，可引起仔猪大批死亡，造成严重的经济损失，被划分为动物一类烈性传染病。

▶ 病原概述

口蹄疫的病原体是口蹄疫病毒，属微核糖核酸病毒科口蹄疫病毒属的病毒。血清型主型有A、O、C、SAT1、SAT2、SAT3（即南非1、2、3型）以及Asia1（亚洲1型）等7个型，65个亚型，各型之间的免疫原性不尽相同，这给控制和预防本病带来困难。在我国目前主要以O型及亚洲1型为主。

类症病的病原：猪水泡病、猪水泡疹、水泡性口炎的临床症状、病理特征与猪口蹄疫基本相同，防治方法也基本一致，但其病原不同，是由4种不同的病毒所引起。猪传染性水泡病的病原：猪水泡病病毒，为微核糖核酸病毒科肠道病毒属的病毒。水泡性口炎的病原：水泡性口炎病毒，属弹状病毒科水泡性病毒属。猪水泡疹的病原：杯状病毒科杯状病毒属。该病料接种乳鼠皮下不发病，其他三种病毒接种乳鼠均发病，以此可以区别猪水泡病、口蹄疫和水泡性口炎。

▶ **流行特点**

传染源为患病动物，如带菌的牛、猪和羊等。牛是本病的"指示器"；羊是本病的"储存器"；猪是本病的"放大器"。该病主要为接触性传染，也能通过空气传播。可通过呼吸道、消化道、损伤的皮肤黏膜等门户传播。本病在集约化养猪场的发生与流行已无明显的季节性，一年四季都可发生。

▶ **临床表现**

猪口蹄疫、猪水泡病、猪水泡疹、水泡性口炎这四种病的临床症状特征基本相同：

1. **一般症状**　本病的潜伏期很短，2天左右，很快蔓延至全群，体温升高至40～41℃，病猪精神不振，食欲减少或废绝。

2. **特征性症状**

（1）口腔黏膜、舌、唇、齿龈及颊黏膜等形成小水疱或糜烂。

（2）蹄冠、蹄叉等部红肿、疼痛、跛行，不久便形成米粒大或蚕豆大的水疱，水疱破溃后表面出血，形成糜烂，最后形成痂皮，硬痂脱落后愈合。

（3）乳猪常因该病导致的急性胃肠炎和心肌炎而突然死亡，乳猪发病时除发热外基本看不到其他症状。

（4）在乳房上也常见水疱性病变。

（5）本病在大猪多取良性经过，如无继发感染，约经过1周即可痊愈。但继发感染后出现化脓、坏死，严重时蹄匣脱落，见图2-41、图2-42。

图2-41　猪嘴部形成溃疡

图2-42　猪蹄部溃烂

▶ **剖检病变**

剖检病变特征：

（1）除口腔、蹄部水疱和烂斑外，在咽喉、气管、支气管等黏膜处有时可发生圆形烂斑和溃疡，其上覆盖有黑棕色痂皮。

（2）在胃肠黏膜可见出血性炎症。

（3）在心包膜上可见点状出血，典型病例在心肌横切面呈现灰白或淡黄色斑点或条纹，称为"虎斑心"，该病变具有诊断意义。

▶ **诊断要点**

根据临床症状可以作出初步诊断：

（1）偶蹄动物发病，呈流行性发生，传播速度快，发病率高。

（2）仔猪高热不退，死亡率高，或出现急性胃肠炎和肌肉震颤症状。

（3）成年猪口腔黏膜、鼻部及蹄部皮肤发生水疱并形成溃烂。

（4）典型病例剖检时可见"虎斑心"和胃肠炎病变。

确诊方法：采集水疱液和水疱皮，迅速送上级检验机构进行实验室检查、确诊。根据流行病学、临床症状、病理学特征无法准确区分口蹄疫、猪水泡病、猪水泡疹及水泡性口炎等四种疾病，只能做动物接种或病原的分离鉴定才能鉴别、确诊。

▶ **防治方案**

1. 预防措施

（1）不从疫区购进动物及其产品、饲料和生物制品。

（2）在猪场内实行严格封闭式生产，制定和执行各项防疫制度，严格控制外来人员和外来车辆入场，定期进行灭鼠、灭蝇及灭虫工作，加强场内环境的消毒和净化工作，防止外源性病原侵入本场。

（3）在常发本病的地区，应定期用当地流行的口蹄疫病毒型、亚型的弱毒苗进行预防接种。

根据本场的实际情况，依据定期的血清学监测结果，制定口蹄疫科学、合理的免疫程序，确保猪群免疫效果。使用O型口蹄疫灭活苗进行肌内注射，安全可靠，但抗病力不强，常规疫苗只能耐受10～20个最小发病量的人工感染。据有关资料介绍，使用O型口蹄疫灭活浓缩苗经过多次加强免疫，免疫效果较好。加强免疫效果的监测工作，按免疫程序接种疫苗，对抗病性水平低的猪群应加强免疫。

牛的弱毒苗对猪有致病性，不安全。故牛口蹄疫疫苗不能用于猪。猪常用灭活口蹄疫苗进行免疫，效果较好。

2. 扑灭措施

（1）发病后及时上报疫情，尽早确诊，划定疫点、疫区和受威胁区，分别进行封锁隔离和监管。

（2）在疫区和封锁区内应禁止人畜及物品的流动。

（3）对疫点进行严格消毒。在全场范围内采取紧急措施，加强猪群、环境的消毒工作，对猪群、猪体可用过氧乙酸、氯制剂（消特灵）等消毒药物消毒；对场地、环境可选用烧碱、生石灰等消毒药物进行彻底消毒；对粪便做发酵处理；对畜舍和场地用1%～2%火碱或10%石灰乳或1%～2%福尔马林消毒；对毛皮用环氧乙烷或甲醛熏蒸消毒；对肉类进行自然熟化产酸处理。常规消毒防疫工作要纳入生产的日常管理程序中。

要特别注意：用火碱消毒时一定不能做带猪消毒，因为火碱对猪蹄等有严重的腐蚀性！

（4）在疫区用口蹄疫弱毒苗或灭活苗进行紧急接种。

（5）对于发病猪群的处理，要遵守"早、快、严、小"的原则，在严格封锁、隔离的基础上，采取综合性防治措施，扑杀病猪，严格控制病原外传，疫区内所有猪只不能移动，对污水、粪便、用具、病死猪要进行严格的无害化处理。

（6）疫情停止后，须经有关主管部门批准，并对猪舍、周围环境及所有工具进行严格彻底的终末消毒和空栏后才可解除封锁，恢复生产。

（7）猪水泡病、猪水泡疹和水泡性口炎的防疫措施与此病大同小异。

3.治疗措施　对有价值者可进行治疗（在发达国家，为了扑灭本病，将所有病畜就地扑杀焚烧处理）。对口腔用0.1%明矾或碘甘油涂患病处。对蹄部用2%～3%硼酸洗后，用青霉素软膏涂擦患部。或者对蹄部涂以20%的碘甘油。加强护理和对症治疗，防止继发感染。肌内注射抗生素可缩短病程，减少死亡。

4.公共卫生　人可感染口蹄疫。通过饮食病牛乳、挤奶时接触病患处或通过创伤也可感染。

症状：体温高，口腔黏膜和指部、面部皮肤上出现水疱-痂皮-脱落。有的病人表现头痛、头晕、四肢疼痛、胃肠痉挛、呕吐、吞咽困难、腹泻、高度虚弱等症状。儿童发生胃肠卡他，出现似流感样症状，严重者因心肌麻痹而死亡。

防护：在口蹄疫流行期间，非工作人员不得与病畜接触，工作人员要严格注意个人防护措施。

八、大叶性肺炎

大叶性肺炎又称纤维素性肺炎或格鲁布性肺炎，是一个乃至多个肺叶发生的急性炎症，是以支气管和肺泡内充满大量纤维素性蛋白渗出物为特征的急性肺炎。

炎症侵害大片肺叶，临床特点是持续高热，铁锈色鼻液，叩诊肺部有大片浊音区和定型的病程经过。以马属动物发病较多，牛、猪、犬也有发生。

▶ 病因概述

纤维素性肺炎的直接病因迄今尚未完全清楚。目前存在两种不同的认识：一是认为纤维素性肺炎是由传染因素引起的，包括由病毒引起的马传染性胸膜肺炎和巴氏杆菌引起的牛、羊、猪的肺炎，以及近年证明的由肺炎双球菌引起的大叶性肺炎。二是认为纤维素性肺炎是由非传染因素，即由变态反应所致，是一种变态反应性疾病。可因内中毒、自体感染或受寒感冒、过度疲劳、胸部创伤、有毒有害物质的强烈刺激等因素引起。

▶ 临床表现

患病动物体温突然升高至40～41℃，呈稽留热型。精神沉郁，食欲减退或废绝。呼吸困难，呼吸数增多，每分钟可达20～50次。发病后2～3天可流出铁锈色鼻液，以后变为黏液-脓性鼻汁。病初呈干、痛性、短咳，尤其当伴有胸膜炎时更为明显，甚至在叩诊肺部时便会出现连续性的干、痛性咳嗽。到溶解期则出现长而湿性咳嗽。

脉搏在病初充实有力，以后随心机机能衰弱，变为细而快。每分钟脉搏可至140～190次。可视黏膜充血并有黄疸。皮肤干燥，皮温不匀。四肢衰弱无力，不愿活动，喜躺卧，常卧于病肺一侧，站立时前肢向外侧叉开。

血液学检查可见白细胞增多，核左移。严重病例白细胞减少。X线检查可见病变部位出现大片阴影，见图2-43。

图2-43 病猪表现斜卧、精神沉郁及发热

▶ 诊断要点

典型经过，稽留热型。叩诊呈大片浊音区，听诊有各病理阶段的特征性病理音。铁锈色鼻液。白细胞增多。X线检查肺部出现大片阴影。

鉴别诊断要点： 在鉴别诊断上应注意非典型性纤维素性肺炎与传染性胸膜肺炎的区别，主要根据病区的流行病学调查，如果在同一地区出现多个病例时，应按传染性疾病处理（对病猪隔离和消毒等），实际上传染性胸膜肺炎多呈散发状态，成群发病的情况也不多见。

▶ 治疗方案

治疗原则是消除炎症，制止渗出和促进炎性产物排出。

为谨慎起见，应对病猪施行隔离观察与治疗。病的初期应用四环素或土霉素，每千克体重每天10～30毫克，溶于5%葡萄糖生理盐水200～500毫升，分2次静脉注射，隔3～4天再注射1次。并发脓毒血症时，可用10%磺胺嘧啶钠溶液100～150毫升，40%乌洛托品溶液60毫升，5%葡萄糖溶液500毫升，混合后一次静脉注射，每天1次。制止渗出和促进炎性产物吸收，可应用10%氯化钙或葡萄糖酸钙静脉注射，为促进炎性产物排除，可应用利尿剂及对症疗法。

九、猪应激综合征

猪应激综合征是猪遭受到不良因素（应激原）刺激后，产生了一系列非特异性的应激反应。

一般的应激反应在各种动物都有发生，而过强的应激反应是由基因突变所致。猪应激综合征突变型基因最早发现于比利时的皮特兰猪。消费者对瘦肉型猪肉和低脂肪型猪肉的要求，促进了种猪公司对瘦肉型种猪的研究、开发，而以皮特兰为代表的瘦肉型种猪存在这种应激基因（氟烷基因）。因此，在世界范围内一味追求瘦肉型种猪的同时，忽略了对其他性状的考虑。

因应激综合征而死亡或屠宰后的猪肉，出现苍白、柔软及渗出水分等特征性变化，此猪肉俗称"白猪肉"或"水猪肉"，这种猪肉肉质低劣，营养性及适口性均差。猪应激综合征在世界各地均广泛发生，我国各地亦有发生，本病已日益受到重视。

▶ 病因概述

如前所述，严重应激综合征的发生与遗传因素密切相关，杂交猪和某些瘦肉型纯种猪，如皮特兰等品种猪发生本病的情况较多。除了遗传因素之外，严重的应激因素是造成本病的直接原因。应激因素包括驱赶、抓捕、运输、过热、兴奋、交配、惊吓、陌生、混群、拥挤、斗架、外伤和保定等。

有些药物也能诱发本病。如某些麻醉剂（氟烷、甲氧氟烷、氯仿、安氟醚、三氟乙基乙烯醚等），以及某些去极化型肌松剂（如琥珀酰胆碱、氨酰胆碱等），常常成为本病的触发因素。

▶ 临床表现

本病的发生有两个主要因素：有遭受应激的病史和特殊的遗传易感性。

主要表现：肌纤维颤动，特别是尾巴快速颤抖。肌颤可发展为肌僵硬，使动物步履艰难，或卧地不动。白色皮肤的猪皮肤可出现"白一阵红一阵"的潮红现象，之后发展成红紫色。心跳加快。体温迅速升高，临死前可达45℃。休克或虚脱，死亡率可达80%以上。死后几分钟便发生尸僵，肌肉温度很高，见图2-44。

图2-44　皮肤可出现"白一阵红一阵"的潮
红现象，继而发展成红紫色

▶ 剖检病变

在死亡半小时内，多数尸体肌肉呈现苍白、柔软、渗出水分增多，即白猪肉，见图2-45。反复发作而死亡的病猪，可能在腿肌和背肌部出现深色而干硬的变性区。肌肉组织学检查未见特异性变化，有的可见肌纤维横断面直径大小不一和肌肉玻璃样变性。

剖检病变：一般见不到特异性肉眼病变。有时可见急性心力衰竭的病变，包括肺充血、气管和支气管水肿、肝充血、胸腔积液。新鲜胴体迅速僵硬，血液呈暗黑色。肌肉苍白或灰白，多汁，质地松软，并带有酸味。

病理组织学检查：一般可见肌纤维高度收缩，偶然可见肌纤维变性，肌纤维由于水肿而分离，特别是背最长肌和半腱肌变性最为显著。

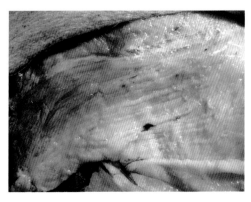

图2-45　肌肉呈现苍白、柔软，渗出水分增
多，即白猪肉

▶ **诊断要点**

1. **临床诊断要点**　病发于纯种瘦肉型猪,该型猪体形略短,有突出的臀部和轮廓分明的肌肉群,整个猪体呈圆桶形。体脂肪层较薄。在兴奋状态下会出现快速的尾巴震颤。

2. **氟烷激发试验**　氟烷激发试验是利用体重18~27千克的猪(7~11周龄),以6%氟烷吸入麻醉3分钟(吸入时每分钟加1升氧气作为载体),若试验猪出现肌肉僵硬,皮肤发红紫,气喘和体温升高等症状,可认为是应激易感猪。亦可结合麻醉前后血清肌酸磷酸激酶活性试验进行判断,本病易感猪的该酶活性较高,且应激时急骤升高。

3. **类症鉴别**　应注意与其他突然死亡的原因加以区别。如:热射病、产后低钙症、维生素E和硒缺乏引起的桑葚心及仔猪恶性口蹄疫等病。

▶ **防治方案**

1. **预防方案**　尽量减少应激因素,注意改善饲养管理,猪舍避免高温、潮湿和拥挤。当然,根本的方法是从遗传育种上剔除氟烷基因,消除易感猪,解决本病的内因问题。当猪群有频发本病倾向时,应测试易感猪,通常用氟烷试验或测定血清肌酸磷酸激酶的方法。

在收购、运输、调拨、贮存生猪的过程中,要尽量减少各种不良刺激,避免惊吓。育肥猪运到屠宰场后,应让其充分休息,散发体温后进行屠宰。屠宰过程要快,最好先用二氧化碳击晕,然后再进行放血。胴体冷却也要快,以防因屠宰的应激而产生劣质的白猪肉。

在可能发生应激前,先给予镇静剂,如安定、静松灵等及补充硒和维生素E等,有助于降低本病的发生率和死亡损失。

2. **治疗方案**　在猪群中如发现本病的早期征候,应立即移出应激环境,消除应激因素,给予充分的安静、休息,用凉水淋洒皮肤,症状不严重者多可自愈。

对皮肤已经发紫、肌肉已僵硬的重症病猪,则必须应用镇静剂、皮质激素、抗应激药以及抗酸中毒药物进行及时治疗。如氯丙嗪,每千克体重1~2毫克,肌内注射,有较好的抗应激作用。也可使用糖皮质激素、巴比妥钠、盐酸苯海拉明以及维生素C等药物。为治疗酸中毒,可用5%碳酸氢钠溶液进行静脉注射。

十、中　暑

中暑是日射病和热射病的总称。本病是由于环境温度高或日光强烈照射,使机体产热增多、散热减少所致的一种以急性体温过高为特征的疾病。

热射病是猪在闷热的环境中,因身体散热困难,体内过热,引起中枢神经系统、呼吸和循环系统的机能障碍。日射病是指猪在烈日下暴晒，使头部血管扩张而引起脑及脑膜急性充血，颅内压升高，从而导致中枢神经系统的机能障碍。

本病常发生在炎热的夏季，常见原因是由于猪舍狭小，猪只多，过分拥挤，环境温度过高，猪圈又无防暑设备等而发生热射病。夏季放牧、车船运输过程中防暑措施不当，强烈日光直接照射等原因是引起日射病的常见原因，尤其在气温高、湿度大、饮水又不足时更易促使中暑的发生。

▶ **临床表现**

病猪精神沉郁，四肢无力，步态不稳。皮肤干燥，常出现呕吐。体温升高，呼吸急促。黏膜潮红或发紫，心跳加快，狂躁不安。严重者体温可升至42℃，昏迷。最后倒地痉挛而死，见图2-46。

图2-46 严重中暑的猪体温升至42℃以上，昏迷

▶ **诊断要点**

凡在气候酷热的盛夏，有上述原因存在，突然发病，应考虑本病。

类症鉴别：临床上应注意与脑膜炎相区别。中暑是由于强烈日光照射或天气闷热而引起大脑中枢神经的急性紊乱，与脑膜炎相似。但将病猪立即移至凉爽通风处，并用凉水淋洒头部和冷却全身，轻症病例很快就能恢复，较重者亦能逐渐好转，且本病只发生在炎热夏季，无传染性。脑膜炎不只发生在夏季，发病原因与天气热无直接关系，由病原体导致的脑膜炎具有传染性。采取上述物理降温措施效果不明显，故不难与之区别。

▶ **防治方案**

1. **预防措施** 在炎热夏季，应注意防暑降温，降低密度，保证充足饮水。

目前市场上有以电解质和以维生素C为主要成分的多种维生素组成的抗应激添加剂，将其放在饮水中饮用，有一定预防效果。

在高温季节运输猪只时，均须有遮阳设备，经常洒水降温，注意通风，不要过分拥挤，防止相互挤压。

2. 治疗方案　将病猪移至阴凉通风的地方，保持安静，并用冷水泼洒头部及全身，或从尾部、耳尖放血。

镇静：用氯丙嗪每千克体重3毫克，肌内注射或混于生理盐水中静脉滴注。强心：用安钠咖5~10毫升，肌内注射。对于严重脱水者的处理：可用5%葡萄糖盐水100~500毫升，作静脉或腹腔注射，同时用大量生理盐水灌肠。防止肺水肿：用地塞米松每千克体重1~2毫克，静脉注射。也可用中草药治疗，如甘草、滑石各30克，绿豆水为引，内服。或西瓜1个捣烂，加白糖100克，灌服。或淡竹叶30克、甘草45克，水煎，一次灌服。

第二节　中度发热疾病

一、猪　瘟

猪瘟是由黄病毒科瘟病毒属的猪瘟病毒引起的一种急性、热性、高度传染性疾病，各种年龄的猪皆可发病，具有高发病率和高死亡率。

该传染病分为急性、亚急性、慢性、非典型性或隐性型猪瘟。急性猪瘟由猪瘟病毒强毒株引发，可导致猪群的高发病率和高死亡率，而弱毒株病毒感染时则疾病表现不明显。

由于猪瘟疫苗的广泛应用，大多数猪对该病能获得不同程度免疫力，因此，目前典型猪瘟已经不多见，常见的是不典型的温和型或隐性型猪瘟。其流行态势缓和，发病率及死亡率较低。症状与病变亦不甚典型。

▶ 病原概述

病原为猪瘟病毒（HCV），是黄病毒科瘟病毒属的一个成员。用原代猪肾细胞培养物或PK15细胞系可分离该病毒，而培养该病毒的细胞无明显病变。

猪瘟病毒的不同毒株间存在显著的抗原性差异，目前已研制出只与猪瘟病毒反应而不与牛病毒性腹泻病毒反应的单克隆抗体；以及只与猪瘟病毒疫苗弱毒株反应而不与猪瘟病毒其他毒株反应的单克隆抗体。

猪瘟病毒野毒株的毒力差异很大，现已分离出强毒株、中等毒力的温和毒株和低毒力毒株三种。强毒株引起急性败血症病理过程；温和毒株引起急性和慢性疾病过程；而低毒力毒株经胎盘感染后引起流产、死产等症状。出生后的乳猪感染了低毒力毒株后，只造成轻微的疾病过程，往往只表现亚临床症状。猪瘟病毒存在于病猪的全身和体液中，其中以淋巴结、脾脏和血液中含毒量最多。

血清学实验：可用上述单克隆抗体作荧光抗体进行病原鉴定，此法可区别猪瘟病毒强毒和弱毒株，猪瘟病毒和牛病毒性腹泻病毒。

病毒对不利因素的抵抗力弱，在干燥环境和一些消毒药作用下易于被杀灭。发病的猪舍及污染的环境在干燥和较高温度条件下，经1~3周即失去传染性。用2%~3%火碱经30分钟可使病毒失去活性，用5%漂白粉经1小时可将病毒杀灭。

发病机制：病毒侵入机体的途径为口、鼻，偶尔通过结膜、生殖道黏膜或皮肤损伤处侵入。扁桃体是病毒复制的最初部位，随后扩散到全身的淋巴网状组织。病毒在局部淋巴结继续复制，然后到达外周血液。病毒在脾脏、骨髓、内脏淋巴结中大量复制，导致出现严重的临床病毒血症症状。

急性猪瘟出现多发性出血的原因：该病毒使血管内皮细胞变性、血小板严重减少、纤维蛋白合成减少，使血液溶血过程强于凝血过程，最后导致广泛性出血现象。患急性猪瘟的病猪最终都以死亡而告终，严重的全身出血导致血液循环衰竭可能是死亡的主要原因。

慢性猪瘟的病毒扩散缓慢，病毒在血液和器官组织中的滴度较低。迟发性猪瘟开始为隐性过程，该型病猪可终生带毒。

▶ 流行特点

传染源为病猪和带毒猪。传播途径为经消化道、呼吸道、结膜、生殖道黏膜传播，也可经胎盘垂直传播。侵入门户是扁桃体，然后进入血液循环。该病的易感动物目前认为只有猪。不同季节和不同年龄的猪均可被感染发病。

流行形式取决于野毒的毒力强弱。强毒株感染呈流行性，温和型毒株（中等毒力）感染呈地方性流行，而被低毒力毒株先天感染（经胎盘感染胎儿）时呈散发性发病状况；本病流行初期只有1~2头猪发病，经1~2周后便可出现大批发病现象。

1. 猪瘟流行的新动向

（1）近些年国内猪瘟的发病率有上升趋势。全国各省都有不同程度的流行报道，每年因猪瘟死亡的病猪占猪总饲养量的3%~5%，占全部病死猪的30%左右。因此，猪瘟仍然是中国养猪生产中的威胁最大的猪病。

（2）当前猪瘟多呈散发性流行态势。常常是一个地区的某些猪场，一个猪场的某些猪群，一个猪群的某些猪发病，而且典型的猪瘟病例很少见。

（3）日龄越小的猪发病率越高。大多数猪瘟发生于3月龄以下的小猪，而育肥猪和种猪发病较少。

（4）猪瘟向非典型化方向发展，混合感染情况严重，临床症状不典型、不明显。

（5）出现了新的猪瘟临床表现形势——繁殖障碍型猪瘟。

2. 猪瘟研究的新观点

（1）无临床症状的带毒种猪是当今引发猪瘟发病的主要根源，是猪瘟难以根除的重要原因之一。

（2）带毒的母猪出现繁殖障碍症状是当今猪瘟的重要表现形式。如流产、死胎、产弱仔及新生与断奶仔猪的大规模死亡等，在临床上有时很难与其他繁殖障碍性猪病相区别。

（3）部分耐过存活下来的仔猪临床症状不明显，表现为隐性感染状态，长期带毒、排毒。对猪瘟病毒疫苗免疫应答微弱（免疫麻痹），注射疫苗后还可以导致猪群猪瘟的发病和流行。

（4）母猪在妊娠期间免疫了猪瘟疫苗后，易引起仔猪先天性免疫耐受，对出生后仔猪再注射猪瘟疫苗不发生免疫反应，这样的猪群被猪瘟野毒感染后会长期带毒、排毒。

（5）在规模化猪场，免疫了猪瘟疫苗的猪群被野毒感染后发病情况相当普遍。

3. 发生猪瘟的常见原因

（1）活猪及猪肉制品流通频繁，防疫密度不够，检疫不严。

（2）疫苗质量问题。我国的猪瘟疫苗毒株是国际上公认的最佳的疫苗株（石门株），许多国家用它消灭或控制了猪瘟的流行，而我国却控制不了。这很可能在疫苗生产、流通及保存过程中出现了问题。

（3）疫苗的质量标准问题。我国疫苗的免疫效果是以控制临床感染为标准的，不能防止亚临床感染。因此造成隐性感染猪在存活期间终生带毒、散毒。而国外是以控制亚临床感染为标准的。

（4）免疫剂量问题。我国的猪瘟细胞苗在出厂检验时，以5万倍稀释能致兔体热反应为合格，即5万RID/毫升，规定的免疫剂量为37PD50、150RID；而欧洲药典规定使用猪瘟C株疫苗时，肌内注射剂量为100PD50、400RID，可见我国标准远远低于国外标准。

（5）在猪瘟细胞苗生产中有可能发生污染情况。在西方国家，牛病毒性腹泻病毒（BVDV）感染猪的概率很高（20%~40%），常造成妊娠母猪繁殖障碍。我们在生产猪瘟疫苗过程中培养猪瘟病毒时，培养基使用了大量的小牛血清，该血清中是否存在牛病毒性腹泻病毒，值得注意。

（6）疫苗的使用不当也影响免疫效果。有关试验证明，早晨刚稀释的疫苗经检验完全符合标准（150RID/头份），而在室温下放到下午再测则只有15RID/头了，效价损失了90%。

（7）母源抗体干扰问题。在配种前接种了猪瘟疫苗的母猪所产的仔猪，血清中母源抗体的中和效价在3~5日龄为1：64~128，母源抗体的半衰期约为10天。吃了初乳的仔猪在20日龄前可以得到母源抗体保护，25日龄时保护率开始下降，40日龄时已完全失去对猪瘟强毒的抵抗力，仔猪45日龄后母源抗体降至1：8~64。因此，猪瘟免疫的最佳时机应该是，选择在母源抗体既不会影响疫苗的免疫效果，又能防御病毒感染的期间。正常情况下，应该在仔猪25日龄和65日龄两次免疫为好。如果首免日龄早于25日龄，可能会出现母源抗体干扰疫苗抗体的情况。

（8）超前免疫问题。超前免疫的利弊得失一直存在着争议。如果进行超前免疫，也有在免疫后什么时候吃初乳的问题。从免疫效果看，2小时后再吃初乳为宜，但从小猪的角度看，出生后0.5小时就该吃初乳，不然会影响小猪的存活率（易发生仔猪低糖血症）。但有研究表明，超前免疫后0.5小时即吃初乳，猪瘟的转阳率为92.9%。

（9）妊娠期间能否免疫问题。以下为实验结果：

①在母猪妊娠0~30天接种疫苗的13窝仔猪中，死胎发生率为59/111（53.2%）；在母猪妊娠1~7天接种的8窝60头仔猪中，仅有1头死胎。因此，母猪接种猪瘟疫苗风险最高的时期为妊娠8~30天。当然，最好避免在妊娠期间接种疫苗。

②母猪在妊娠期间接种猪瘟疫苗可出现仔猪免疫耐受问题。

（10）猪瘟病毒持续感染问题。造成持续感染的原因如下：

①母猪猪瘟的免疫反应低下或呈半免疫状态，虽然不表现临床症状或只表现繁殖障碍症状，但可以不断排毒，形成带毒母猪综合征。

②母猪妊娠期间免疫猪瘟弱毒苗后，造成胎儿的免疫耐受，出生后的仔猪出现免疫反应低下或无免疫反应状态。

③母猪在妊娠期间感染了猪瘟强毒，胎儿产生免疫耐受以及仔猪带毒感染综合征问题。

（11）导致猪瘟免疫抑制的因素。

遗传性因素；营养性因素；毒物及毒素性因素，如霉菌毒素造成免疫抑制等；药物性因素，如地塞米松影响免疫应答等；环境因素及应激因素，如冷、热、挤、捉、混群、断奶、限饲、运输因素等；病原性因素，如猪瘟病毒能使胸腺萎缩及B细胞减少，肺支原体使呼吸道上皮黏膜系统受破坏，蓝耳病病毒和圆环病毒Ⅰ型使免疫力低下等。部分伪狂犬病病毒破坏巨噬细胞系统和细小病毒破坏巨噬细胞系统，肺炎细菌的细胞毒素对肺泡巨噬细胞有毒性，猪附红细胞体导致溶血性免疫抑制等。

▶ 临床表现

根据被感染的猪瘟病毒的毒力不同，分为急性、慢性、迟发性、温和型和繁殖障碍型猪瘟。

1. 急性型猪瘟　是被猪瘟强毒感染所致。临床表现为突然发病，病程1~3周。体温高达40.5~42℃，精神不振，食欲废绝。初期粪便呈干球状，后期便秘和腹泻交替出现。有黏液性、脓性眼屎，结膜炎。有些病猪呕吐，呕吐物含大量胆汁，呈深绿色液体。有些病例表现神经症状，如运动失调、痉挛。病后期步态不稳，常发生后肢麻痹。在腹下、耳和四肢内侧皮肤从病初充血到后期出现紫斑或出血性变化。妊娠母猪发生流产或产下弱小、颤抖的衰弱小猪，见图2-47。

2. 慢性型猪瘟　由中等毒力温和型猪瘟病毒感染引起（分3期）。病程在1个月以上，便秘与腹泻交替出现，病情时好时坏。早期：体温升高，精神委顿，食欲不振，结膜炎，血液中白细胞减少。中期：发病几周后体温下降，食欲和一般状况显著改善。后期：又回到早期症状，生长迟缓，皮肤、黏膜发绀，可能出现抽搐症状。濒死期体温下降，最后死亡。

妊娠母猪感染后可能不出现明显的临床症状，但病毒能通过胎盘垂直传给胎儿，引起流产、死胎、畸形、胎儿木乃伊化，或产下的仔猪体质虚弱，出生后表现震颤，衰弱，最后死亡，见图2-48。

图2-47　急性猪瘟病猪腹下、耳和四肢内侧皮肤从病初充血到后期出现紫斑或出血性变化

图2-48　慢性猪瘟病猪生长迟缓，皮肤黏膜发绀，可能抽搐

3. 迟发性型猪瘟　是先天性弱毒力猪瘟病毒感染的结果。在胚胎期感染了低毒力猪瘟病毒后，如产下正常仔猪，则终生表现高水平的病毒血症状况，而不产生对猪瘟病毒的中和抗体，这是典型的免疫耐受（麻痹）现象。

被感染的小猪在出生后几个月内可能表现正常。随后发生轻度食欲不振、精神沉郁、结膜炎、发育不良、下痢和运动失调症状。病猪体温正常，大多数能存活到6个月以上，但最终还是死亡。

先天性猪瘟病毒感染可导致流产、胎儿木乃伊、畸形、死胎、产出有颤抖症状的弱仔或外表健康的带毒仔猪，子宫内感染的仔猪常见皮肤出血，且初生后死亡率高。

4. 非典型猪瘟　该型猪瘟也称温和型猪瘟。是由毒力较弱的猪瘟病毒株感染引起的，潜伏期可自2~3周至11周，有的病程可能更长。

该型猪瘟发病和死亡率虽然都较低，但仔猪的死亡率较高，成年猪常能耐过。临床上仅表现低热，有呼吸系统和神经系统症状。

该型猪瘟常见的主要症状：

（1）体温升高，持续于40.5~42℃，抗生素及退烧药无效。

（2）有热症候群症状，精神沉郁，食欲减退，先便秘，后腹泻。

（3）病猪有异嗜现象，如喝脏水、吃杂物等。

（4）有后躯软弱、站立不稳、转圈、抵墙等神经症状。

（5）在耳朵、腹下、四肢等处出现紫红色的瘀血斑和结膜炎，有眼屎。

5. 繁殖障碍型猪瘟　该类型猪瘟发病率较高，这是由于妊娠母猪感染了温和型或强毒力毒株，发展成"带毒母猪综合征"所致。带毒母猪综合征是指因疫苗质量问题或免疫力低下等原因，使母猪呈现半免疫状态，这些母猪在妊娠期间感染了猪瘟病毒后呈亚临床经过，无可见或不易察觉的一过性症状。但在病毒血症期间，病毒可通过胎盘屏障感染胎儿，引起流产、死胎、木乃伊胎、畸形胎、弱仔、新生仔猪先天性震颤及仔猪长期带毒等现象，生长发育迟滞、衰弱，最后死亡。

繁殖障碍型猪瘟主要临床表现：

（1）母猪食欲和精神状况往往未见异常，但出现流产、死胎、木乃伊胎、畸形或产弱仔等情况。

（2）新生的仔猪出生后表现为震颤、持续性病毒血症症状。

（3）繁殖障碍型猪瘟在初产和经产母猪均有发生。

（4）产出的木乃伊胎、死胎占每窝仔猪数的1/2~2/3，初生猪的病死率在10%~20%。分娩过程延长，产出的多为死胎，严重时全窝死光。有的木乃伊胎，呈现水肿或皮肤出血等。

（5）有的小猪产后10~24小时发病，表现无神，背毛逆立，怕冷，不愿走动，严重者全身震颤。耳部或腹内侧常有片状红斑或出现皮肤略红等病变，有的排黄色稀粪，有的呕吐，经数小时至48小时死亡。

（6）存活下来的仔猪被毛无光泽，皮肤色淡、发干，发育不良。对猪瘟病毒疫苗（如弱毒疫苗）可形成天然免疫耐受，即接种猪瘟疫苗后不产生免疫应答。

（7）幸存的仔猪存活时间长短不一，但都表现出不同程度的生长障碍，有的甚至出现肌肉震颤或犬坐姿势或很快死亡。这种仔猪向环境中大量排毒，成为本病重要的传染源。在不同妊娠期内感染猪瘟病毒后可能发生的病理变化见表2-1。

表2-1　母猪在妊娠期感染猪瘟病毒时间与感染结果

感染时间	结果
妊娠10天内	胚胎死亡和被吸收，母猪再发情或产出少量仔猪
妊娠15～65天	畸形胎、胎儿水肿、胸水、腹水、肺发育不全、出现斑点肝、小头症、畸形、象鼻猪、小耳、小眼、无毛，前肢关节扭曲，身体末梢坏死
妊娠90天至产前1周	死胎率最高、产出弱仔
产前1周感染	产出弱仔，发病死亡，存活者持续带毒

▶ 剖检病变

1. 急性猪瘟　全身呈败血症变化。全身皮肤、皮下、黏膜和浆膜及内脏有出血点是其特征。泌尿系统的膀胱、输尿管及肾盂黏膜出血具有特征性诊断意义。脾脏不肿大，常见边缘出现出血性梗死，是特征性病变。

全身淋巴结（肩前、颈部、腹股沟及内脏淋巴结等）肿大，切面周边出血，呈大理石样外观。喉头黏膜、会厌软骨、膀胱黏膜，心外膜、肺及肠浆膜、黏膜有斑点状出血。肾颜色变淡，其表面有针尖大小的出血点。胆囊、扁桃体和肺也可发生梗死，见图2-49、图2-50及图2-51。

2. 慢性猪瘟　全身出血变化较轻微。在盲肠、结肠及回盲瓣处黏膜上形成纽扣状溃疡，大肠黏膜有出血和坏死性肠炎是特征病变，见图2-52。

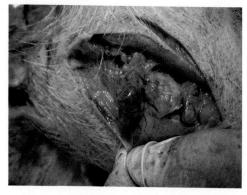

图2-49　患急性猪瘟时病猪全身淋巴结（肩前、颈部、腹股沟及内脏淋巴结等）肿大

图2-50　肾表面点状出血

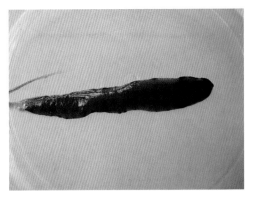

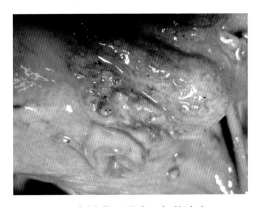

图2-51　脾脏不肿大，常见边缘出现出血性　　图2-52　回盲瓣附近形成纽扣状溃疡
　　　　　梗死，是特征性病变

3. **迟发型猪瘟**　流产胎儿呈现木乃伊化、死产和畸形等情况。死产的胎儿全身性皮下水肿，胸腔和腹腔积液。初生后不久死亡的仔猪，皮肤和内脏器官常有出血点。

4. **非典型猪瘟**　该型猪瘟也称温和型猪瘟。表现为全身性淋巴结肿大、出血。会厌软骨、咽喉部有出血情况。肾及膀胱有时有出血点。胃肠有不同程度的炎症、出血，有时黏膜有溃疡灶。如果继发气喘病时，在肺的尖叶、心叶、膈叶前有肝样变；如果继发副伤寒时，结肠、盲肠黏膜有浅表性溃疡灶（局灶性或弥漫性）。

5. **繁殖障碍型猪瘟**　肾被膜下有成片或小点出血。脾不肿大，常有小点状出血，边缘梗死。淋巴结肿大，切面多汁，呈暗红色，在其切面有出血或呈大理石状，以胸部淋巴结最为明显。肺有出血点或出血斑。心外膜出血。肝不肿大，胆囊有积液。胃底黏膜充血，严重的有溃疡现象。在胸、腹腔有的出现积液，呈红色。脑膜充血，偶有出血点，见图2-53。

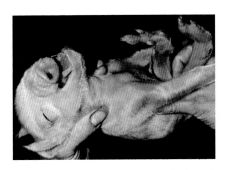

图2-53　这种畸性死胎在母猪感染猪
　　　　　瘟病毒后易出现

▶ **诊断要点**

猪场未按正确的免疫程序接种猪瘟疫苗，以及临床发病特点符合某型的猪瘟特征，再结合死后剖检的病理变化可以做出初步诊断。

实验诊断：可使用猪瘟兔化致弱病毒的兔体交互免疫试验、非免疫猪接种猪瘟病毒的生物学试验、荧光抗体试验等。最好取扁桃体、咽淋巴结或脾脏做荧光抗体试验，检出猪瘟病毒核酸便可得出确切诊断。

临床症状和病理变化上可能相混淆的疫病：猪瘟和非洲猪瘟、猪繁殖呼吸道疾病综合征（PRRS）、败血性沙门氏菌病、巴氏杆菌病、链球菌病、猪丹毒、猪嗜血杆菌感染等，在临床上都容易和猪瘟发生混淆。

除猪瘟外，引起母猪繁殖障碍的主要疫病有：猪繁殖呼吸综合征（PRRS）、伪狂犬病（PR、AD）、细小病毒（PPV）感染、日本乙型脑炎（JEV）、猪流感（SI）、猪衣原体（CP）感染、猪弓形虫（TP）感染、猪副黏病毒病（PPM）感染等。将这些疾病进行病原学诊断都可以和猪瘟相鉴别。

▶ **防治方案**

1. **常用防治方法**　本病无特效治疗药物，主要靠预防。猪瘟病毒是否发生了遗传变异尚无定论，目前认为猪瘟只有一个血清型，但可分为两个（Ⅰ和Ⅱ）基因群，基因Ⅱ群又分为1、2、3、4、5亚群，国内流行的毒株多数为基因Ⅱ群，但用基因Ⅰ型疫苗免疫完全能保护基因Ⅱ群猪病病毒的感染。因此，目前使用的猪瘟疫苗是完全有效的。

（1）平时加强饲养管理，搞好环境卫生和消毒工作。

（2）接种猪瘟疫苗是预防和控制本病的主要方法。通常对仔猪进行20及65日龄的两次接种。在疫区也可实施乳前免疫的接种方法，接种前及接种后2小时内不吃初乳，以免受母源抗体的干扰。每年进行两次种猪的免疫接种。为排除母源抗体（含其他获得性抗体）的干扰，可加大疫苗的接种剂量（2~4头份/头）。

（3）当发生猪瘟疫情时，在猪瘟疫区或受威胁区应用大剂量猪瘟疫苗（10~15头份/头）进行紧急免疫接种。加大疫苗接种剂量是防治非典型猪瘟的有效措施。

（4）当猪群发生猪瘟时，应迅速对病猪进行隔离，实施带猪消毒。紧急注射高免血清，同时应用抗生素、磺胺类药物，防止继发感染。并可以应用0.2%养元百毒消等饲料添加剂，进行一周的恢复性治疗。

2. **温和型猪瘟的防治措施**

（1）当仔猪的母源抗体低于16倍时，可肌内注射10头份的猪瘟疫苗。

（2）当发生猪瘟时，可肌内注射20~30头份/头猪瘟疫苗。

（3）在猪瘟病毒严重污染地区可进行猪瘟疫苗的乳前免疫。

（4）用好利安、杀特灵、水洁益、紫虹速溶粉、喷雾灵或碘等消毒剂，对猪场、猪舍经常进行消毒工作。

3. 繁殖障碍型猪瘟或温和型猪瘟的净化方法

（1）实施新生仔猪猪瘟疫苗的乳前免疫（又称超前免疫、零时免疫），即在仔猪出生后、未吃初乳前立即用猪瘟兔化弱毒冻干疫苗或细胞培养冻干疫苗免疫接种一次，免后2小时方可哺乳。其效果优于常规免疫。因为母源抗体不能穿透胎盘屏障，所以实施乳前免疫能使接种的抗原避开母源抗体的干扰和中和，抗原得以在新生仔猪体内复制，刺激免疫系统产生免疫应答，较早地产生特异性抗猪瘟抗体而发挥主动性免疫作用，获得较坚强的免疫力。

（2）母猪的猪瘟疫苗接种应避开配种和妊娠期，宜在配种前或哺乳后期和断乳时进行。

（3）应定期检查母猪的猪瘟强毒抗体、弱毒抗体效价以及猪群的弱毒抗体效价，实时监控猪群发生猪瘟的风险。

4. 猪瘟免疫失败的常见原因

（1）疫苗问题。如疫苗的保存温度、运输条件，疫苗稀释后长时间储存，无冷藏车、不按规定时间使用等都会影响疫苗的接种质量。也有因注射疫苗时针头污染引起的问题等。有的生产厂家或某批疫苗低于生产质量标准，加之中途运输，到使用时已不符合要求了。有的地方使用二、三联苗，疫苗之间有一定程度的相互干扰，也会使免疫效果受到影响。

（2）注射不确实（打飞针）。甚至有些单位虚报接种率，只收费不打针。

（3）胎盘感染。猪瘟病毒导致母猪繁殖障碍（流产、死胎、木乃伊胎）时，部分存活猪会持续性感染，长期带毒、排毒，具有免疫耐受性。给这种猪接种疫苗后不仅不能产生免疫力，反而会激发猪瘟。

（4）由于病毒毒株时刻都在变化，疫苗株无法及时更新，这或许是免疫失败的根本原因。国内的猪瘟病毒株型已经发生了变化，而各疫苗生产厂家依然使用原来的疫苗株。据报道，猪瘟病毒的株型变化率已达74%之多。

（5）不能有效控制传播途径。目前认为，传播猪瘟的主要途径包括车辆、栏舍、饲料和衣物等，同时苍蝇、鸟和人类活动也在机械性传播上起着重要作用。这些并没有引起人们的足够重视。

5. 猪瘟通常的免疫程序

（1）母猪必须在配种前免疫。如前所述，在妊娠期免疫会出现很多负面影响，难以预测。特别是容易出现仔猪先天免疫耐受等问题。

（2）对于经产母猪，在断奶时免疫接种最方便。

（3）仔猪20、60日龄或25、65日龄两次免疫效果较好。

（4）对于育肥猪，可考虑在断奶和阉割时各免疫一次。

（5）所谓的用猪瘟组织苗免疫母猪、仔猪的免疫程序尚未明确，故不推荐使用。

（6）在有猪瘟流行的猪场，较难彻底控制该病，故可考虑在0、35、60日龄做猪瘟疫苗三次免疫。

6.防治猪瘟过程中常见的问题

（1）使用生理盐水稀释猪瘟疫苗不影响免疫效果。

（2）规模化猪场慎用三联苗（猪瘟、猪丹毒、猪肺疫三联苗）。

（3）蓝耳病病毒及二型圆环病毒都能直接损伤单核/巨噬细胞系统，影响免疫功能，造成免疫抑制，进而影响猪瘟免疫效果。

（4）感染猪瘟病毒后易发生其他病原的继发感染或混合感染情况。

（5）蓝耳病的免疫与猪瘟的免疫不宜同时进行。

（6）各种疫苗的免疫时间要有间隔，至少间隔1周，否则抗体相互干扰，影响免疫效果。

（7）牛病毒性腹泻病毒可引起猪的亚临床感染，甚至造成死亡。

二、仔猪副伤寒

仔猪副伤寒是由沙门氏菌感染引起的猪的传染病，临床上分为急性、亚急性和慢性型，主要表现为败血症和肠炎症状。该病的病原主要有猪霍乱沙门氏菌、猪伤寒沙门氏菌和鼠伤寒沙门氏菌。

本病常发生于2~4月龄仔猪。发病与否与诱因密切相关。饲养管理较好而又无不良应激因素刺激的猪群很少发病，即使发病，也多呈散发状态。在卫生条件不好、饲料和饮水供应不足、长途运输、气候恶劣、饥饿缺奶等不良诱因作用下，多呈地方流行性发病。

猪场常发生的沙门氏菌病分为两种：一种为败血型沙门氏菌病，表现为发病严重，死亡率高。另一种是肠炎型沙门氏菌病，主要以下痢症状为主。

▶ 病原概述

本病的病原为沙门氏菌。该菌主要有猪霍乱沙门氏菌、猪伤寒沙门氏菌、鼠伤寒沙门氏菌及其变种。该菌的存活力较强，在粪便中能存活数年，水中115天，土壤中120天。主要的传染源为带菌猪、带菌动物、动物蛋白原料以及污水等。

▶ 流行特点

仔猪副伤寒一年四季均可发生，但在多雨、潮湿季节发病率较高。6月龄以下的猪都能发病，但以1~4月龄的小猪发病较多，故本病称为仔猪副伤寒。

该病可由猪霍乱沙门氏菌、猪伤寒沙门氏菌经口感染引起，有时还可能继发于猪瘟等疾病。仔猪受到应激因素刺激后容易发生本病，长途运输的断奶仔猪最容易发生的传染病就是副伤寒。沙门氏菌病的发病率与饲养密度有关，密度越大，越容易发生本病。

沙门氏菌病的主要传染源是带菌猪。带菌猪排菌后感染其他健康猪，猪场内的老鼠也可以传播本病。被污染的鱼粉也能导致发病。本病一般病程2～3周，在单独感染本病的情况下死亡率不高。

▶ **临床表现**

1. **急性败血型** 病猪体温高达41～42℃。精神不振，食欲废绝。后期有下痢症状。呼吸困难。耳根、胸前和腹下皮肤呈瘀血性紫斑。病程多为2～4天，病死率很高，见图2-54。

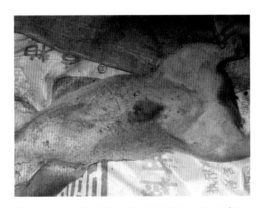

图2-54 病猪耳根、胸前和腹下皮肤呈瘀血
性紫斑

2. **急性型** 患猪体温升高至41～42℃，皮肤有紫斑。临床上以下痢为主要症状。排出腥臭粪便，粪中有时带血。有时发展成急性败血症而突然死亡。

3. **慢性型** 体温40.5～41℃，食欲不振，喜钻草窝，日渐消瘦，经发病数天后病猪可因严重脱水造成死亡。一般发病过程为，初期症状为水样黄色稀便，下痢持续3～7天后自动停止，数天后复发。持续性的顽固性下痢持续数周，粪便呈灰白或灰绿色，恶臭，水样。下痢便偶尔含血液及黏液。病程2～3周，病愈后一些猪从此开始发育不良，皮肤出现成痂的湿疹、紫斑，耐过者变成僵猪。

▶ **剖检病变**

1. **急性（败血症型）型** 全身黏膜、浆膜均出现不同程度的出血斑、点。脾肿大，呈暗蓝色，切面呈蓝红色（多数中毒的猪脾脏也呈暗蓝色，但切面不是蓝红色）

是特征性病变，见图2-55。

　　肝实质有糠麸样坏死灶。淋巴结肿大，尤其是肠系膜淋巴结呈索状肿大。肾也有不同程度的肿大。

　　2. 慢性型　猪体消瘦、常被粪便污染。皮肤出现弥漫性湿疹。下腹及腿内侧皮肤上可见痘状湿疹。消化道特征性病变在大肠。以大肠（盲肠、回盲瓣附近）发生弥漫性纤维素性坏死性肠炎为特征。大肠在肠壁淋巴组织坏死的基础上形成多个圆形及椭圆形溃疡灶，溃疡中心下陷，呈污灰或黄绿色。肠壁增厚、变硬，形成局灶性坏死，周围呈堤状、轮状，结构模糊不清，见图2-56、图2-57。

　　肠系膜淋巴结呈索状肿大，干酪样坏死。肝、脾、肾肿大，有坏死点。肝有灰白色坏死小病灶。

图2-55　脾肿、暗蓝色，切面蓝红色是特征
　　　　　性病变

图2-56　肠系膜淋巴结呈索状肿大，干酪样
　　　　　坏死

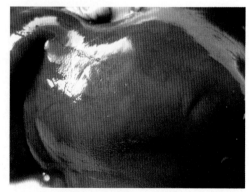

图2-57　肝有灰白色坏死小病灶

▶ **诊断要点**

　　根据临床症状及病理变化特点可以做出初步的临床诊断。确诊需进行病原的分离与鉴定。

▶ 防治方案

1. 预防方案　加强饲养管理，消除发病诱因（如前述）。保证饲料、饮水卫生。在本病易发时期，在仔猪下痢之前使用药物添加剂可有效预防此病。

在常发本病的猪场可考虑给1月龄以上的哺乳仔猪和断奶仔猪注射猪副伤寒弱毒菌苗。对25～30日龄仔猪肌内注射副伤寒菌苗，1～2头份/头，免疫期为3个月。

2. 治疗方案

方案1：常用的抗生素治疗发病的猪只效果不佳。治疗前最好先分离细菌进行药物敏感试验，以选用敏感的抗生素。治疗应与改善饲养管理同时进行。

方案2：隔离病猪，封锁疫区，严格消毒。具体方法如下：

①可用拜有利（注射液、口服液）、百病消、拜利多、海达注射液、乳酸诺氟沙星、北方止痢神、重泻康以及558消炎退热灵等药物进行治疗。

②使用磺胺-5-甲氧嘧啶或磺胺-6-甲氧嘧啶与磺胺甲氧苄胺嘧啶，按5∶1配合，每千克体重25～30毫克投服，1～2次/天，连服5天。

三、猪伪狂犬病

伪狂犬病（PR）是由疱疹病毒科的伪狂犬病毒引起的，多种家畜和野生动物共患的一种急性传染病。最早发生于1813年美国的牛群中。

猪伪狂犬病的临床特征为体温升高，新生仔猪表现为神经症状，也可侵害猪的消化系统。大猪多为隐性感染，妊娠母猪感染后可出现流产、死胎及呼吸道症状，无奇痒表现。

病毒侵害呼吸和神经系统。因此，大多数临床症状与这两个系统的功能障碍有关。哺乳仔猪出现脑脊髓炎、败血症症状，死亡率很高。呼吸道症状偶见于育成猪和成年猪。妊娠母猪感染本病后母猪发生流产、死胎情况。

近年来由于对该病认识的深入，加之加强免疫预防，故大多数猪群已转为隐性带毒感染状态。已形成潜伏或隐形感染状态的猪场很难根除本病。

▶ 病原概述

该病病原为伪狂犬病病毒（PRV），属于疱疹病毒，核酸型为DNA。该病毒是由一层封闭的核衣壳及145kb的线性DNA组成，直径为150～180纳米。该病毒能在猪、牛、羊、兔原代细胞和PK15细胞系上传代、生长，并能形成细胞病变（CPE）、核内包涵体和蚀斑。

该病毒对干燥，尤其在阳光直射的环境中具有很高的敏感性，在凉爽而稳定的环境中很稳定。

用病猪的脑组织接种家兔后，出现奇痒症状后死亡。以此可进行临床诊断和区别狂犬病病毒。用已知的病毒血清作中和试验能鉴定该病毒。

发病机制： 所有病毒株都侵嗜上呼吸道和中枢神经系统。病毒可通过原发感染位置的神经扩散至中枢神经系统。自然发病时，病毒复制的主要部位是鼻咽上皮和扁桃体。

▶ 流行特点

本病呈散发或地方性流行。鼠类是本病毒的主要带毒者与传染媒介。猪感染本病多由于采食被鼠污染的饲料所致。

一年四季都可发生此病，但以冬、春和产仔旺盛时节多发。病毒可经胎盘、阴道黏膜、精液和乳汁传播。空气、水、饲养密度以及环境卫生会直接影响发病程度和临床进程。

在首次暴发本病的猪场，因缺乏免疫保护会造成巨大的灾难，可导致90％以上的哺乳仔猪死亡。

▶ 临床表现

1. 临床特征

（1）4周龄以内的仔猪感染本病时病情非常严重，常可发生大批死亡。仔猪主要表现神经症状，病初精神极度委顿，随后表现共济失调、痉挛、呕吐及腹泻等症状。

（2）成年猪多为隐性感染，有症状者只是发热、精神沉郁、呕吐、咳嗽，数天后即可自行康复。

（3）妊娠母猪被感染后出现流产、死胎和木乃伊胎等症状。

2. 一般临床表现 本病往往先以妊娠母猪流产和死胎为先兆。接着出现2周龄内的仔猪大批发病和死亡。死者多呈现脑脊髓炎和败血症症状。断奶后的仔猪发病和死亡率明显降低；成年猪发病较少。在本病流行后期（约发病后的第4周）猪场病势逐渐趋于缓和，妊娠母猪的死胎、流产情况呈散发性发生，新生仔猪的发病和死亡率大幅度降低。

3. 成年猪发病的临床表现 多数呈隐性感染状态，偶有呼吸道症状。主要表现为体温升高、精神不振、食欲下降。一般经过6～10天后可自然康复。

4. 妊娠母猪发病的临床表现 妊娠早期母猪被感染该病毒后，多在病后1周内出现流产情况。如在妊娠中、后期被感染，可产出死胎、木乃伊胎。产出的弱仔多在出生2～3天后死亡。

5. 哺乳母猪发病的临床表现 可能出现不吃食、咳嗽、发热、泌乳减少或停止等症状。

6. 2周龄内小猪发病的临床表现 突然发病，体温升高至41℃以上，呼吸困难，咳嗽，出现呕吐、腹泻、厌食和倦怠等症状。随后可见神经症状，出现摇晃、犬坐姿势、流涎、转圈、惊跳、癫痫、强直性痉挛等症状。后期出现四肢麻痹、吐沫流涎、倒地侧卧、头向后仰、四肢乱动症状，1～2天内迅速死亡。死亡率可高达100%。

猪的伪狂犬病不出现奇痒症状。

7. 断奶猪（3～9周龄）发病的临床表现　病情较轻，有时可见食欲、精神不振、发热（41～42℃）、咳嗽及呼吸困难，多在3～5天后恢复。少数会出现神经症状，导致休克和死亡，死亡率15%左右。

▶ 剖检病变

1. 有神经症状的4周龄以内仔猪的主要病变

（1）脑膜充血、水肿，脑实质呈小点状出血。

（2）全身淋巴结肿胀、出血。

（3）肾上腺、淋巴结、扁桃体、肝、脾、肾和心脏上有灰白色小坏死灶；肾脏有出血点。

（4）肺充血、水肿，上呼吸道常见卡他性、卡他化脓性和出血性炎症，内有大量泡沫样液体。见图2-58。

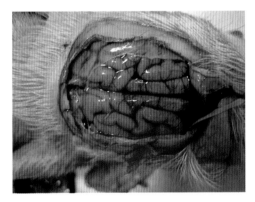

图2-58　伪狂犬病病猪大脑严重充血、出血
（非化脓性急性脑膜炎）

2. 成年猪的主要病变　眼观病变不明显。流产不久的母猪有时出现轻微的子宫内膜炎病变。有时出现子宫壁增厚、水肿，坏死性胎盘炎病变。公猪有时出现睾丸肿大、萎缩或丧失配种能力。

▶ 诊断要点

对于仔猪，根据典型的临床症状可进行初步诊断；对育成、育肥、成年猪，本病诊断较困难，易被误诊为猪流感。

1. 临床诊断要点

（1）在寒冷季节多发，尤其在冬末、初春季节发病较多。

（2）初生仔猪大量死亡或整窝死光，有神经症状。

（3）死猪肝脾有坏死灶、肾有小出血点、扁桃体坏死、肺水肿、脑膜充血、出血。

（4）母猪出现流产、死胎、木乃伊胎情况，其中以死胎为主。

（5）初产、经产母猪都发病。

（6）腹泻，发热，有呼吸道症状。

（7）公猪睾丸肿大、萎缩或丧失配种能力。

2. 动物接种试验　用病猪的脑组织混悬液皮下接种家兔或小鼠，局部出现剧痒症状，并于接种后2~5天内死亡。

具体方法：用无菌手术刀采取病料（患本病猪的脑、脾），制成1∶10生理盐水悬液，每毫升各加青霉素、链霉素500~1 000单位，置4℃冰箱过夜，然后离心沉淀，给每只家兔皮下接种上清液1.0毫升。接种2~3天后在注射部出现奇痒，家兔出现舐咬情况，局部脱毛，破损的皮肤出血。同时兔子表现不安，并有角弓反张等神经症状。这时兔子极度衰弱、呼吸困难、流涎、四肢麻痹、最后衰竭死亡，病程多为2~3天。

3. 血清学检验　用免疫荧光法检查病猪的脑、扁桃体压片或冰冻切片，可见细胞核内荧光。也可以用中和试验、间接血凝抑制试验、琼脂扩散试验、补体结合反应、ELISA等方法检查本病。

4. 鉴别诊断要点　主要与细小病毒病、猪瘟、乙型脑炎、蓝耳病、猪衣原体病、猪布鲁氏菌病、猪链球菌病以及猪弓形虫病等进行鉴别诊断。可参考以下要点：伪狂犬病以死胎为主，流产后母猪难以妊娠，初生仔猪有大量死亡，有神经症状。上述症状在其他猪病一般不会同时出现。

▶ **防治方案**

本病无特效药物治疗，加强饲养管理和做好疫苗接种对预防本病非常重要。

1. 预防措施

（1）禁止从疫区引种，引进种猪后要实施严格隔离制度，经检疫无该病原后才能转入生产群使用。

（2）猪场内不准饲养犬、猫，加强灭鼠、灭蝇工作。

（3）对于疫区和周围受威胁区的猪场，可选用猪伪狂犬病死、活疫苗、基因缺失灭活疫苗（适用于原种、父母代种猪场），或者用伪狂犬病病毒K61弱毒疫苗进行预防接种。

（4）对正在暴发伪狂犬病的猪场，应对全群进行紧急预防接种，此时应选用弱毒苗，以期迅速而全面地建立免疫保护；同时结合实施消毒、灭鼠、驱杀蚊蝇等全面的兽医卫生措施，可很快控制本病。在疫情稳定后，以接种水包油乳剂基因缺失灭活苗为主要措施，以期获得稳定而较持久的抗体水平，并降低因使用弱毒疫苗带来的散毒可能性。

（5）坚持猪群的日常消毒工作，发现有可疑的猪只及时封锁猪舍、隔离病猪，消毒猪舍和周围环境。在发病猪舍用2%～3%烧碱与20%石灰混合消毒，粪便、污水经消毒液严格处理后才可排出，防止病原扩散。

（6）对猪群坚持进行本病的血清学监测检查工作，如果出现阳性情况，可送有关部门鉴定是否是疫苗毒株，并以此为依据有针对性地开展防治工作。

2. 关于猪伪狂犬病的免疫疫苗 目前有灭活油疫苗和双基因缺失疫苗。双基因缺失苗的优点是毒力低，免疫原性强，能抵御潜伏感染，预防野毒感染并能大大减少野毒排出，返强可能性极小。

3. 关于猪伪狂犬双基因缺失弱毒苗的建议免疫程序

（1）对于后备母猪在配种前免疫。

（2）对于妊娠母猪在分娩前4周进行接种，可使所产仔猪在4周龄前获得保护。

（3）如果未给母猪接种疫苗，应该对其所产仔猪在1周龄时进行免疫接种，断奶时再免疫一次。

（4）在发病地区，可对仔猪进行紧急预防接种，可进行肌内注射或滴鼻接种疫苗，24小时即可产生良好的保护作用。对于母猪可试用灭活油苗进行免疫接种。

（5）对于后备母猪应该在配种前免疫，于4～6周再加强免疫一次，以后每6个月免疫一次。

（6）对于母猪在产前1个月时加强免疫一次，这样可使哺乳仔猪在断奶前获得保护。

4. 其他方案

方案一： 在伪狂犬病流行地区，对于母猪每年接种二次伪狂犬病弱毒疫苗；对于仔猪在25～30日龄免疫一次。

方案二：

（1）暴发本病时，应选用弱毒苗对猪群进行紧急免疫接种。

（2）对母猪、种公猪等进行第一次免疫后，在4～6周再加强免疫一次，以后每6个月免疫一次；对于断奶猪在断奶时注射一次，间隔4～6周后再加强免疫一次。

（3）对于发病猪场，应严格执行隔离和淘汰制度。饲养管理人员不得串猪舍，采取综合防治措施，定期做血清学检测。

四、猪流行性感冒

流行性感冒是一种严重的人兽共患传染病。猪流行性感冒是由A型流感病毒

（H1N1、H1N2、H3N2、H4N6等流感病毒）引起的一种急性、传染性的呼吸道疾病。多发生于天气骤变的晚秋、早春及寒冷冬季，气温突变是本病的诱因，通常发病率很高。其特征为突然发病，咳嗽，呼吸困难，发热，衰竭及迅速康复。若无继发或并发感染，一般取良性经过。但妊娠母猪因高热可发生流产。

猪群出现猪流感疫情通常与猪场引进新猪有关。本病的病程、病性及严重程度随病毒毒株、猪的年龄和免疫状态以及并发感染的不同而异。

▶ 病原概述

猪流感由正黏病毒科中的A型流感病毒引起。猪流感病毒（SIV）呈多形态，中等大小，有囊膜。在猪中广泛流行的流感病毒有三个亚型："古典"的H1N1；类禽源的H1N1和类人源的H3N2。

发病机制概要： 流感病毒感染后一般局限在呼吸系统，极少出现毒血症症状。病毒能在鼻黏膜、扁桃体、气管、支气管淋巴结及肺中增殖。肺脏是该病毒的主要靶器官。

▶ 流行特点

本病的发生与气候骤变、长途运输、拥挤、营养不良等诱因密切相关。发病不分年龄、性别，均可发病，多发生于秋末至早春寒冷季节。通常呈暴发，猪群中所有猪同时发病。发病率高，病死率低。如果出现多次暴发猪流感情况，多数是由于将感染猪移到易感猪群中引起的。主要的传播方式是通过鼻咽途径实施猪与猪的直接传播。

▶ 临床表现

猪群中多数猪同时发病，病后6～7天康复者居多。发病后出现阵发性咳嗽，其声音似犬叫，呼吸困难，流鼻汁，完全拒食。触摸肌肉猪有疼痛表现。体温可升高到40～41.7℃。粪便干硬。发病率高（100%），死亡率低（通常不到1%），见图2-59。

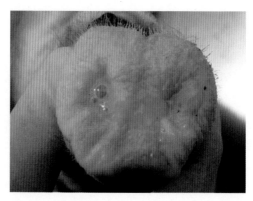

图2-59　病猪流鼻汁

▶ **剖检病变**

1. **肉眼病变**　鼻、喉、气管和支气管黏膜充血，表面有大量泡沫状黏液，有时混杂有血液。肺充血、水肿，肺的前下部呈紫红色实变，如鲜牛肉状。相连的支气管淋巴结和纵隔淋巴结肿大，见图2-60、图2-61。

2. **显微病变**　在单纯的猪流感病例，显微病变主要表现为肺炎变化。支气管和细支气管上皮广泛变性、坏死。支气管、细支气管、管腔和肺泡内充满渗出物，夹杂着脱落的细胞。肺泡中有淋巴细胞、组织细胞及浆细胞浸润现象，出现各种充血情况。有间质性肺炎及肺气肿变化。

图2-60　肺充血、水肿

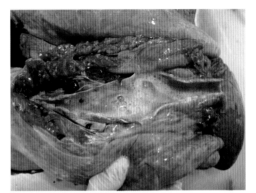

图2-61　气管和支气管黏膜充血，表面有大量泡沫状黏液

▶ **诊断要点**

1. **临床诊断要点**　在寒冷季节发病，猪群大部分或全部暴发性出现急性呼吸道症状，可怀疑猪流感。猪流感的特异性诊断方法是病毒分离和特异性抗体的检测。应注意以下情况：

（1）典型猪流感　突然暴发，传播迅速。病猪高热（40～41℃）、流泪、鼻液增多、咳嗽、呼吸困难，继而发生支气管炎、支气管肺炎，病程短。

（2）有些毒株的单纯感染，没有典型猪流感的呼吸道症状，或呼吸道症状轻微，表现为非典型性增生性肺炎情况。

（3）有时继发或并发猪蓝耳病、胸膜肺炎、萎缩性鼻炎以及链球菌病等疾病时，病情加重。

2. **实验室诊断方法**　分离流感病毒，进行血清学诊断。检测病毒、病毒抗原或特异性抗体的其他方法有：在肺组织直接用免疫荧光技术检测；在鼻腔上皮使用细胞间接免疫荧光技术检测；将细支气管肺泡冲洗物用免疫荧光显微镜技术进行检测。或应用固定组织的免疫组化检测技术、酶联免疫吸附试验（ELISA）、多聚酶链式反应（PCR）、免疫过氧化物酶染色定型、定亚型的快速细胞培养技术、快速检测临床样品中A型流感抗原的酶联免疫分析膜技术等进行检测。常用的检测方法是采用双份血清进行血凝抑制试验。

▶ **防治方案**

1. **预防方案**   目前尚无成熟的疫苗可用。平时需要加强饲养管理，严格执行消毒、灭鼠、杀虫及灭蝇制度，严格控制犬、猫、鸟类及其他禽类进入猪场。

2. **治疗方案**

方案1：对于本病尚无治疗的特效药。可参考以下治疗方法：

（1）病猪发热时用解热镇痛药。肌内注射30%安乃近3～5毫升，或注射治感佳。

（2）控制继发感染。应用抗生素或磺胺类药物，防止继发感染。

（3）内服中草药。方剂：金银花、连翘、黄芩、柴胡、牛蒡、陈皮、甘草各10～15克，水煎内服。采用以上方法连用3天猪群可康复。

方案2：可以采取对症疗法，如使用特效感冒灵、百病消炎灵、病快好、558消炎退热灵等药物治疗。

方案3：使用解热镇痛剂+广谱抗生素治疗。

第三章

猪腹泻症候群

第一节　乳猪腹泻疾病

一、仔猪黄痢

大肠杆菌病是多种动物和人的共患传染病。仔猪黄痢是大肠杆菌病的一种，也称为新生仔猪腹泻，是由致病性大肠杆菌引起的初生仔猪的一种急性、高度致死性传染病。

临床上以剧烈水泻、迅速死亡为特征。剖检时常有肠炎和败血症等病理变化，有的则见不到明显的病理变化。

本病多发生于1周龄内的新生乳猪，以1~3日龄乳猪最为多见。多数情况为全窝发病，发病率及病死率均很高。

▶ **病原概述**

病原为致病性大肠杆菌。该菌为革兰氏阴性，在普通培养基和麦康凯鉴别培养基上均能生长。该菌依靠一种或多种菌毛黏附素吸附在新生乳猪的小肠黏膜上皮，进行定殖，发挥致病作用。吸附后产生一种或几种肠毒素，该毒素在发病过程中发挥重要作用。

致病性大肠杆菌具有多种毒力因子，能引起不同的病理过程。已知的有定殖因子，引起猪腹泻的定殖因子有F4（K-88）、F5（K-99）、F8（987P）、F41。此外，还有内毒素、外毒素、大肠杆菌素和红细胞毒素等导致各种病理过程。

▶ **流行特点**

本病多发生于1周内的乳猪，以1~3日龄发病最多见。常见全窝发病。发病率高，死亡率也高。以炎夏和寒冬以及潮湿多雨季节发病率较高，春、秋温暖季节发病率较低。头胎母猪所产的乳猪发病情况比较严重。该病在新建猪场危害很大。

▶ **临床表现**

仔猪出生时尚健康，然后突然出现重剧腹泻症状。常表现为窝发，第一头猪出现腹泻症状后，一两天内便传至全窝。粪便呈黄色水样，顺着肛门流淌，严重污染小猪的后躯及全身。病猪表现严重口渴、脱水。但无呕吐现象，此点区别于传染性胃肠炎和流行性腹泻。病猪最后昏迷、死亡。死亡率很高，见图3-1。

▶ **剖检病变**

以十二指肠病变最严重，其次为空肠、回肠。肠腔膨胀，腔内充满黄色液体及气体。在肝、肾常见小环状死灶，见图3-2。

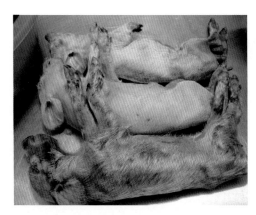 

图3-1   全身沾满黄色水样稀便   图3-2   肠腔膨胀，腔内充满黄色液体及气体

▶ **诊断要点**

1. **临床诊断**   根据发病年龄、临床症状以及发病率和死亡率可以初步诊断该病。

2. **实验室诊断**   用病变部位的小肠做涂片可发现致病性的大肠杆菌，经培养后可进行分离、鉴定。也可以将大肠杆菌的纯培养物给初生仔猪接种，出现典型的下痢症状，以此来确诊该病。

3. **类症鉴别**   须注意与传染性胃肠炎、流行性腹泻、仔猪白痢、仔猪红痢、仔猪球虫病及轮状病毒性腹泻等疾病鉴别。鉴别主要依据为病原学诊断结果。

▶ **防治方案**

给产前的母猪接种大肠杆菌菌苗，或给初生乳猪使用拜有利等抗生素进行预防投药，可以预防本病。该病原对抗菌药物敏感，但易产生抗药性或耐药性，临床上应进行轮换用药或交叉用药。如条件允许可先进行药敏试验，然后决定用药的种类。一旦发生该病后，多来不及治疗便死亡。

二、脂肪性腹泻

仔猪的脂肪性腹泻是指哺乳母猪的营养供给不能满足其泌乳需要，须动用母猪的身体储备来维持泌乳，导致母猪的体重损失很大。因此，母猪乳汁中长链饱和脂肪酸含量增加，而乳猪此时只能吸收短链不饱和脂肪酸，无法吸收和消化乳中长链饱和脂肪酸，从而导致仔猪腹泻、断奶体重低和健康状况差等一系列健康问题。

▶ 病因概述

主要原因是母猪在临产前采食量过大，而产仔后采食量又太少，母猪为保障泌乳而动用体脂，使母猪体脂分解过多，造成乳汁中饱和性乳糜颗粒过多，仔猪采食了这种奶水后因无法消化而发生脂肪性腹泻。

如果哺乳仔猪喝不到清洁的饮水，必然喝脏水或尿液，更加剧此病的发生和发展。脂肪性腹泻是一种代谢性疾病，大多发生在小猪出生10日龄前后。

▶ 临床表现

本病的主要临床表现有两点：一是采食了初乳的小猪全部出现腹泻症状；二是母猪体况差，有的表现极度消瘦。特征性症状为小猪腹泻的粪便呈黄色、黄白色糊状，在阳光照射下可发出闪闪的荧光，见图3-3。

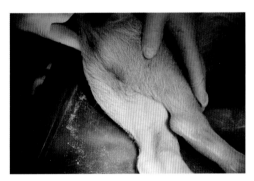

图3-3　腹泻粪便呈黄色、黄白色糊状

由于本病的发病原因不是病原体感染所致，所以使用抗生素治疗无效，此点为鉴别仔猪黄痢的依据之一。

▶ 防治方案

1. 从产前1周开始降低母猪的喂料量。比如，体重180千克的母猪，产前1周每天饲喂2～2.5千克，妊娠后期专用全价配合饲料为宜。

2. 母猪产仔后，立即改用泌乳专用料饲喂母猪。饲喂时采用湿拌料，以便增加适口性，提高母猪的采食量。

3. 在高温季节，必须对母猪舍、母猪体采取降温措施。如喷雾、滴水、水帘、强制通风换气等，避免母猪发生热应激。

4. 从母猪产后7天开始，采取多次投料等饲喂方式，努力增加母猪的日采食量，以保证泌乳所需营养的供给。

5. 必须保证出生3日龄以后的乳猪能喝到足够的饮水，并且一定要保证饮水的清洁。

6. 一旦发生疑似脂肪性腹泻的情况，不要轻易用抗生素进行治疗，特别要注意避免注射磺胺类药物。

7. 给腹泻的乳猪口服多酶片等微生态制剂效果较好，同时给小猪喝含有复合多维的糖盐水能取得较好效果。

三、仔猪白痢

仔猪白痢也是猪大肠杆菌病的一种，是由致病性大肠杆菌引起的、以10～30日龄仔猪多发的一种急性猪肠道传染病。

以排出腥臭的、灰白色黏稠稀粪为特征。本病的发病率较高（约50%），但死亡率较低（约20%）。

▶ **病原概述**

病原为致病性大肠杆菌。该菌呈革兰氏阴性，无芽孢，不形成荚膜，为短杆菌。该菌对外界环境抵抗力不强，常用的消毒药和消毒方法即可杀灭大肠杆菌。

▶ **流行特点**

主要发生于10～30日龄的仔猪。该病原菌是猪的肠道内常在菌，在正常情况下不会引起发病，但在饲养管理较差以及应激状态下，仔猪抵抗力降低，易引发该病，因此，该病也是条件性疾病。

常见的导致仔猪抵抗力降低的因素有：猪舍卫生状况不好，天气骤变，奶水不足，奶汁过稀或过浓等。

此病传染性极高，当一窝中1头小猪出现下痢状况，若不及时治疗就很快传染全窝、全群。同窝仔猪被传染的概率、发病率最高，发病率可达100%。但病死率在20%左右或更低。病死率的高低与小猪的抵抗力、饲养管理水平及防治情况有直接关系。

▶ **临床表现**

病猪排出灰白或灰褐色、腥臭、浆液状或水样稀便。通常发病后食欲无明显改变，饮水量增加。一般病程在1周左右，多数患猪能康复，但病愈后的猪多数成为僵猪。

▶ **剖检病变**

剖检时以胃肠卡他性炎症变化为特征。病猪整体表现贫血、消瘦。小肠臌胀，充满气体，内含黄白色、酸臭稀粪。如无混合感染情况，实质器官一般未见明显病变，见图3-4。

图3-4 小肠臌胀，充满气体，内含黄白酸臭稀粪

▶ **诊断要点**

根据发病日龄、流行情况及临床症状可以做出初步诊断。如有必要确诊可进行实验室诊断。

实验室诊断：将病猪小肠黏膜或肠内容物进行涂片、镜检，可发现大量典型的致病性大肠杆菌。培养病料，进行病原菌的分离、鉴定，可鉴定出病原菌的血清型和种属，便可确诊。但要注意健康带菌现象。

▶ **防治方案**

1. 预防方案

方案1：

（1）对妊娠的后备母猪和经产母猪进行大肠杆菌病菌苗接种，程序按说明书进行。

（2）产房、保育舍的卫生状况、保暖措施和干燥程度对本病预防特别重要。

（3）要使新生仔猪吃到足量的、免疫状态良好的母猪的初乳。

方案2：

（1）在母猪产前2天、产后3天用广谱抗生素拌料饲喂，每天两次，使用治疗剂量。

（2）在妊娠母猪产前30天、15天两次接种大肠杆菌K88-K99-987P-D多价蜂胶苗，2毫升/（头·次）。

（3）在仔猪出生后，即刻口服"仔猪保健口服液"（泻立停2毫升+水8毫升），1毫升/头。

（4）在10日龄至断奶期间，如发现有白痢情况时，以窝为单位全窝再服一次"仔猪保健口服液"，对发病猪可连服2次。

2. 治疗方案

方案1：口服或注射抗生素，尤其可选用对革兰氏阴性菌敏感的抗生素。同时给病猪补充电解质、复合多种维生素和使用高免血清，以便加强抗生素的治疗效果。通常庆大霉素、卡那霉素、三甲氧二苄氨嘧啶（TMP）等药物效果较好。

方案2：

（1）口服仔猪口服液2号或3号，每天1次；初生仔猪1毫升/头，10日龄左右仔猪1~2毫升/头；并注意口服补液，2~3天为一个疗程。

（2）对病重猪可以肌内注射安特、科星、福可得、庆普生、协和、痢立康或痢卡星等药物，2~3天为一个疗程。

（3）鉴于仔猪黄痢、白痢往往是一头感染，全窝发病，所以只要发现一头仔猪发病，须立即进行全窝给药。

方案3：

（1）多数抗菌、收敛及助消化的中、西药物对本病均有治疗效果，但必须同时改善环境及饲养管理，消除发病诱因。

（2）该病原对抗菌药物敏感，但也容易产生抗药性和耐药性。因此，最好用药前做药敏试验。

四、轮状病毒感染

在猪场中，轮状病毒的感染率很高。常使8周龄内的仔猪发生腹泻情况，发病率为50%~80%，死亡率较低。

本病多发生在寒冷季节。寒冷、潮湿、污秽环境和其他应激因素可诱发本病，并且增大本病的严重程度。

10日龄以上的小猪患本病后症状温和，腹泻症状在1~2天后可逐渐恢复，但也有的病愈后变成僵猪。

▶ 病原概述

本病病原为轮状病毒。该病毒的种类很多，极易在引进猪只时给猪群带进新的毒株。此时，因猪群缺乏针对新毒株的母源抗体，因而常导致仔猪发生严重的轮状病毒性腹泻。

轮状病毒可致多种幼龄畜禽及儿童发生腹泻，常和大肠杆菌混合感染，使病情变得复杂且难以防治。本病是人兽共患病。

▶ 流行特点

本病常流行于晚冬至早春季节。该病毒能感染多种动物及人，常见的易感动物是仔猪、犊牛及儿童。8周龄以内的仔猪发病率为50%~80%，致死率为0~10%。

无母源抗体的仔猪，常在生后12～48小时发病，一般发病在5～41日龄。窝发病率为100%，病死率可达20%左右。气候多变可诱发本病。该病在育成及成年猪多呈隐性感染经过。

▶ **临床表现**

患病仔猪精神萎靡、食欲不振，主要表现为呕吐及腹泻，排出白色或灰白色水样或糊状稀粪，见图3-5。持续3～5天。10日龄以上小猪患本病时症状温和，腹泻1～2天后逐渐恢复。

本病表现为流行性发作，突然发病，快速传播。有时也表现为地方性流行态势，发病情况几乎与传染性胃肠炎一样。症状的轻重取决于发病日龄、环境及饲养管理条件。

该病多因酸血症（酸中毒）造成病猪死亡。当发生继发或混合性感染时，症状加重，死亡率也增高。母猪很少发生本病。

▶ **剖检病变**

当解剖发生本病的未断奶小猪时，可见胃内充满凝乳块，小肠壁变薄，呈半透明状，内容为灰黄至灰黑色水样液体，小肠绒毛萎缩。见图3-6。

图3-5　病猪排出糊状稀粪

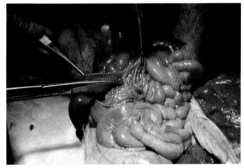

图3-6　小肠壁变薄，呈半透明状，内容物为灰黄至灰黑色水样液体

▶ **诊断要点**

根据临床症状、发病日龄以及病死率可怀疑本病。确诊需要进行以下工作：

剖检可见胃内有奶或凝乳块，肠壁薄，充满灰白色液体，盲、结肠扩张，乳糜管内有数量不等的脂肪。光镜下可见空肠、回肠黏膜有中度的绒毛萎缩情况。

实验室诊断： 用小肠做荧光抗体检查，把肠内容物直接进行电镜观察以及分离病毒等都是本病的确诊方法。取病猪粪样做电镜或免疫电镜检查，可迅速作出准确诊断。

▶ **防治方案**

1. 预防方案　本病目前尚无有效疫苗。消毒分娩猪舍能减少病毒的数量，减少该病的发生率。推荐的消毒剂包括3.7%甲醛、67%氯胺或漂白剂等。

反饲方法：把患病仔猪所排出的粪便喂给妊娠母猪，将会提高乳汁内轮状病毒抗体的含量及效价，因此可减轻所产仔猪的发病情况。

加强饲养管理，搞好产房卫生。最好采取全进全出的生产方式，也能降低本病的发病率。

2. 治疗方案　治疗轮状病毒所致下痢的原则是：防止脱水及酸中毒，防止继发或混合感染。主要是使用电解质溶液来预防脱水，同时使用抗生素防止继发感染，通常易于治愈。

治疗轮状病毒性下痢的输液配方：代血浆500毫升+5%碳酸氢钠25毫升+50%葡萄糖注射液20毫升+维生素C10毫克+复合维生素B注射液10毫升，温热至40℃左右，腹腔注射，50~200毫升/（头·次）。

在本病流行期间可使用自家疫苗进行预防。将疫苗混合均匀后，每头小猪腹腔注射20~40毫升，每天注射1~2次。

五、仔猪红痢

仔猪红痢又名仔猪梭菌性肠炎、仔猪传染性坏死性肠炎。本病是由C型魏氏梭菌（C型产气荚膜梭菌）引起的、对1周龄仔猪引起高度致死性的肠毒血症。以血性下痢、病程不长、致死率较高、空肠和回肠的弥漫性出血和坏死为特征。

本病主要侵害1~3日龄的初生乳猪，1周龄以上小猪发病率较低。以窝为发病单位，但各窝之间的发病率差异很大，病死率为20%~70%。

▶ **病原概述**

病原为C型产气荚膜梭菌，也称魏氏梭菌。革兰氏阳性，有荚膜但不运动，对外界抵抗力较强，对一般消毒药和消毒方法有抵抗力。由于病原的抵抗力强，故猪场一旦发生本病不易根除。

▶ **流行特点**

主要侵害1~3日龄的乳猪，1周龄以上的小猪较少发病。仔猪的窝发病率有时可高达100%，但各窝仔猪发病率差异大。本菌通常存在于母猪的肠道内，随粪便排出体外，污染奶头、饲料和用具等，小猪通过吃奶等途径感染本病原后，在肠道内大量繁殖，产生毒素，侵害肠组织，造成出血和坏死等病变。本病致死率高达100%，往往全窝死亡。

该病原的抵抗力很强，并广泛存在于病猪群、母猪肠道及外界环境中，故本病常常呈地方性流行态势。

▶ **临床表现**

1. **急性病例**　出生不久的乳猪突然排出红褐色血性粪便。发病后死亡很快，往往来不及治疗就已经死亡。病猪多在发病后1～3天死亡，见图3-7。

2. **慢性病例**　病猪排出粥样、颜色深浅不等的稀粪。病程多在1周左右。该型病猪死亡率比急性病例低，耐过不死的病猪表现明显的消瘦及生长停滞，最后变成僵猪，多以死亡告终。见图3-8。

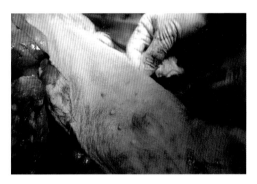

图3-7　产气荚膜梭菌及其毒素所致的患猪
　　　　皮肤出血、瘀血及皮肤青紫情况

图3-8　明显的消瘦及生长停滞，最后变成
　　　　僵猪、死亡

▶ **剖检病变**

以空肠出血性、坏死性炎症为特征，有时病变扩展至回肠。小肠前段呈紫红色，肠内充满血性液体，有气泡。肠黏膜坏死、出血。浆膜下、肠系膜内有小气泡，见图3-9。

图3-9　小肠前段呈紫红色，肠内充满血性
　　　　液体，有气泡，为C型产气荚膜梭
　　　　菌引起的仔猪肠毒血症表现

▶ **诊断要点**

根据流行情况及症状特点，加上尸体剖检时发现小肠前段严重的出血、黏膜坏死及浆膜下有小气泡，可以作出临床诊断。必要时可用细菌分离、鉴定的方法及肠毒素试验的方法进行确诊，见图3-10。

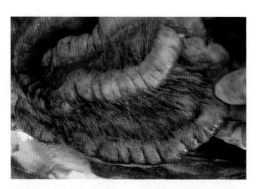

图3-10   出血性肠炎

▶ **防治方案**

1. 预防方案

方案1：本病的预防最为重要。实施环境消毒，特别是对产房进行严格的卫生消毒可减少本病的发生。

用仔猪红痢菌苗给产前1至0.5个月的母猪进行接种，可有效预防本病。对于常发病的猪场可用抗生素给新生乳猪投服，预防本病。

方案2：给产前母猪接种仔猪红痢菌苗，对3日内乳猪投服青霉素、链霉素等抗生素均有预防效果。

方案3：对1~5日龄的乳猪可用益利、吉安克拉先、庆普生、林可霉素或甲硝唑等进行一个疗程的预防投药。

方案4：免疫接种：给妊娠母猪接种C型魏氏梭菌氢氧化铝菌苗或仔猪红痢干粉菌苗。

2. 治疗方案   发病后常来不及治疗。因此治疗本病没有意义。

六、坏死杆菌病

坏死杆菌病是由坏死梭杆菌引起的一种慢性的人兽共患传染病。本病的特征是在受损的皮肤、消化道黏膜发生坏死，也有的在内脏形成坏死灶，严重病例在内脏形成转移性坏死灶。

▶ 病原概述

坏死梭杆菌为多形态性革兰氏阴性菌，呈长丝状，无鞭毛，不形成芽孢和荚膜，专性厌氧菌。其产生的外毒素能引起组织水肿，内毒素可使组织坏死。

本菌广泛存在于自然界，如饲养场、沼泽、土壤等处，也常存在于健康动物的扁桃体和消化道黏膜。

本菌对外界抵抗力不强，常用的消毒药和消毒方法都可将其消灭。但在污染的土壤中和有机物中能存活很长时间。

▶ 流行特点

多种动物对本菌均有易感性。家畜中以羊、牛最易感，马、猪次之，禽类不易感染本病。幼龄动物较成年动物易感，人也易感本病。

病原菌经损伤的皮肤、黏膜侵入后引起局部坏死，并经血流扩散至全身，常因发生脓毒败血症而使患病动物死亡。

患病动物为主要传染源，带菌的健康猪在应激情况下也可发病。很多传播媒介如土壤、污水、吸血昆虫等在本病传播上起着重要作用。

诱因在发病上起着极为重要的作用，如在低湿地带或多雨季节，闷热、潮湿、污秽的环境，圈舍、场地泥泞、拥挤，猪相互撕咬和践踏，饲喂粗而硬的草料，吸血昆虫的叮咬，矿物质和维生素不足、营养不良，以及长途运输等因素均能降低机体抵抗力，诱发本病。本病一般呈散发性发生或呈地方性流行。

▶ 临床表现

1. 一般表现　本病主要发生于仔猪及架子猪，成年猪发病较少见。临床特征是皮肤及皮下组织坏死，坏死大多发生在颈、胸和臀部。

在皮肤上可见覆盖有干痂的结节，不热不痛，形成囊状坏死灶，内有恶臭的脓汁。母猪有时发生乳头或乳房的皮肤坏死，也有出现耳及尾尖坏死的情况，见图3-11、图3-12。

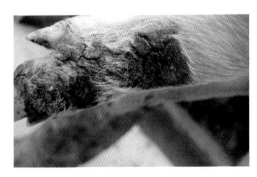

图3-11　指背部坏死

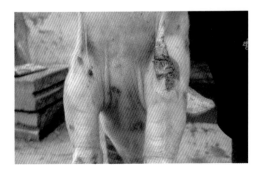

图3-12　肘后方坏死

2. 坏死性口炎 本型病例多见于仔猪。口腔黏膜潮红，增温。在舌、齿龈、上腭、颊及咽等处有粗糙、污秽、灰白色的伪膜，强力撕脱后露出易出血的不规则的溃疡灶。患猪呕吐，不能吞咽，呼吸困难，常因发生败血症而死亡，见图3-13。

3. 坏死性肠炎 本型病例常与猪瘟、仔猪副伤寒等疾病并发或继发出现。临床上表现为腹泻，排出带血、脓样或带有坏死肠黏膜的粪便。剖检时可见肠黏膜有伪膜性坏死和溃疡，见图3-14、图3-15。

4. 坏死性鼻炎 本型病例常继发于萎缩性鼻炎等疾病。主要见于仔猪和小猪。病猪临床表现为咳嗽，流脓性鼻涕，气喘和腹泻。坏死病灶原发于鼻黏膜，可蔓延至鼻甲骨、鼻旁窦、气管和肺等组织器官，见图3-16。

图3-13 齿龈、上腭、颊部有不规则的溃疡灶

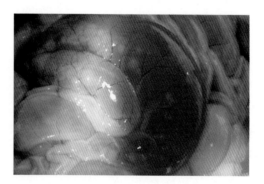

图3-14 肠黏膜脱落，肠壁变薄

图3-15 粪便内混有坏死的肠黏膜

图3-16 检查鼻甲骨可见坏死性鼻炎

▶ **剖检病变**

在多数因患坏死杆菌病而死亡的猪内脏中，均可发现有转移性的坏死灶，多为灰黄色圆形结节，切面干燥，有的形成脓疡，外包以纤维素性结缔组织。

▶ **诊断要点**

根据临床表现和发病特点可以怀疑本病。确诊需要进行实验室诊断。

（1）涂片镜检 取病、健交界处的组织进行涂片，用稀释的石炭酸复红或碱性美蓝进行染色，可见因着色不均匀，犹如串珠状长丝或细长的菌体。

（2）分离培养 若病料尚未被污染，可进行直接分离培养；若已被污染，可先将病料制成乳剂，接种试验动物，待注射部位形成坏死灶时，再从病、健组织交界处或内脏坏死灶中取材进行病菌分离，将材料立即划线于血清琼脂或血液葡萄糖琼脂（最好含有卡那霉素、红霉素作为杂菌抑制剂）培养平板中，置含10%二氧化碳、80%氮气、10%氢气的厌氧培养箱（罐）中进行培养，并进行细菌的种属鉴定。

（3）动物试验 在实验动物中，最易感该菌的是家兔和小鼠。将病料用灭菌生理盐水制成1∶5～10的乳剂，于家兔耳外侧皮下注射0.5～1毫升，或在小鼠的尾根部皮下注射0.2～0.4毫升。一般家兔在接种2～3天后，于接种部位形成有干痂覆盖的坏死区，耳下垂，一般经8～10天死亡。从病死兔的肝、脾、肺等脏器的转移性病灶中很容易分离出坏死杆菌。

在给小鼠注射3天左右，可于注射部位发生脓肿，第5～6天出现坏死，8～10天尾脱落，8～12天出现死亡，从死亡小鼠的肝、肺等化脓性病灶中能分离到坏死杆菌。

▶ **防治方案**

1. 预防方案 目前尚无效果可靠的预防用生物制品进行预防接种。因此，对本病的预防主要依赖于平时的综合性防疫措施。

必须消除发病诱因，改善卫生管理状况。如对圈舍进行经常性的消毒，按时喂料，防止饥饿的猪相互争斗发生咬伤、擦伤等皮肤损伤情况。在运输过程中更要防止擦伤等伤害事故。一旦发生创伤，必须实施及时、彻底的外科处理。

2. 治疗方案 当发生本病时，应尽快将病猪隔离、治疗，以防蔓延扩散。对污染场地应实施铲土消毒。对于被病猪污染的用具、坏死组织、创液等应及时进行消毒或销毁，并注意人员的自身安全。

治疗时先用外科方法彻底清除坏死组织，并以消毒药液冲洗（双氧水等），然后用木焦油福尔马林（5∶1）、5%碘酊、5%硫酸铜、磺胺或高锰酸钾粉等填塞患处。

当发生坏死性口炎时，可用0.1%高锰酸钾冲洗口腔，再涂擦碘甘油或硫酸铜，每天1～2次，连用2～3天。

在进行局部治疗的同时应配合全身治疗，如使用磺胺类药物、土霉素、四环素等抗生素，也可用喹诺酮类药物进行肌内注射，防止发生全身性感染或继发感染等情况。

七、猪传染性胃肠炎

猪传染性胃肠炎（TGE）是由传染性胃肠炎病毒引起的一种急性、高度接触性的猪肠道传染病，临床表现为呕吐、严重腹泻和脱水症状。

虽然不同年龄的猪均可发病，但是哺乳仔猪发病、死亡率可达10%～100%。本病呈现地方性流行，有明显的季节性，以冬、春两季发病最多。本病毒除能使猪发病外，其他的动物和人都不感染本病毒。在养猪业，传染性胃肠炎是仔猪发病和死亡的主要疾病之一。

本病有如下特点：新生仔猪发病率和死亡率高，死亡快、发病后往往来不及治疗就已经死亡，没有切实的治疗方法，商品疫苗的保护率不高。

▶ 病原概述

传染性胃肠炎病毒（TGEV）属于冠状病毒属，有囊膜，形态多样，病毒直径为60～160纳米。病毒在细胞浆中组装、成熟，成熟的病毒从感染的细胞释放出来后，常常排列于宿主细胞膜上。

传染性胃肠炎病毒在冷冻贮存环境里非常稳定，在室温条件下则不稳定。该病毒可被0.03%福尔马林、1%苯酚和醛、0.01%次氯酸钠、氢氧化钠、醚和氯仿等消毒剂灭活。传染性胃肠炎病毒在pH3的酸性条件下稳定，所以能在胃和小肠等酸性环境中存活。

发病机制要点：传染性胃肠炎病毒被猪吞咽后，首先感染小肠黏膜，引起肠绒毛萎缩。该病毒能抵抗酸性环境和蛋白水解酶而保持活性，使小肠内的酶活性明显降低，扰乱消化、吸收和细胞运输营养物质和电解质的功能，引起急性吸收不良综合征。病猪死亡的最终原因是脱水、代谢性酸中毒以及高血钾引起的心功能异常等。

口腔是最常见的病毒入侵门户。经鼻腔和空气传播也是重要的感染和入侵途径。

▶ 流行特点

病毒通过饲料、饮水、空气等途径传播，经消化道或呼吸道感染。发病有明显的季节性，常发于深秋、冬季和早春。本病多发于经常引进外源猪的猪场以及连续产仔的大规模化猪场。

1周龄内的仔猪发病后死亡率接近100%，断奶以后的猪发生本病往往无明显临床症状，死亡率也低。其他猪发病后多呈一过性经过，病程多为7～10天。

猪传染性胃肠炎呈现两种流行态势，即流行性和地方流行性发病，两种流行形式的特点如下：

（1）流行性猪传染性胃肠炎　该病毒侵入猪场后，很快感染所有年龄的猪，尤其在冬天及天气寒冷季节传染更快。几天内多数猪几乎同时出现不同程度的厌食、呕吐和严重腹泻症状。

哺乳仔猪发病严重，上吐下泻，严重脱水，迅速死亡。2～3周龄以下的猪发病后死亡率很高，死亡率随年龄的增长呈逐渐下降趋势。哺乳母猪发病后表现为厌食和无乳，而腹泻及呕吐症状则不明显。

（2）地方流行性猪传染性胃肠炎　　地方流行性是指病毒只存在于一个猪场或一个地区，且持续存在，周期发病。冬天猪群被感染，夏、秋季节停止，到下一个冬天猪群又重新被感染。此类流行方式常发生在不断有仔猪出生的大的规模化猪场。

母猪通常不发病，仔猪可通过吸吮母猪初乳和常乳获得不同程度的被动免疫。断奶后6～14天的猪出现腹泻，死亡率低于10%～20%。哺乳及刚断奶的仔猪发生地方流行性猪传染性胃肠炎时，通常难以确诊。需要鉴别的其他类型的仔猪地方流行性腹泻病有：轮状病毒腹泻和大肠杆菌病。

猪传染性胃肠炎病毒的特性：本病的主要流行特点之一是季节性，即在冬、春季节以及天气较冷的时候发病，从每年的11月到翌年的4月份发病率最高。因为此病毒在冷冻环境下相当稳定，置于较高温度或阳光下容易被灭活。

一般猪传染性胃肠炎病毒的传染源有三种：病毒已经扩散的呈亚临床症状的猪场；携带该病毒的猪；除猪以外的其他宿主，如猫、犬等动物。

▶ 临床表现

该病是以突然暴发下痢、开始就出现呕吐症状，数日内可蔓延至全群为特征。乳猪下痢通常呈水样稀便，经常含有未消化的凝乳块，3周龄以下的小猪会出现呕吐情况。

发病的仔猪迅速脱水，一周龄内的小猪发病2～4天后几乎全部因脱水死亡。越小的猪病情越严重，死亡率几乎100%。3周龄以上的猪发病后少有死亡，成年猪发病的临床症状只限于下痢、减食，偶尔会呕吐，通常在1周内可自行恢复，见图3-17。

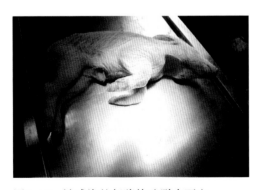

图3-17　被感染的仔猪快速脱水死亡

流行性猪传染性胃肠炎的临床症状：不足7日龄的仔猪出现症状2~7天后大部分死亡；2周龄以下的猪发病率和死亡率都较高；3周龄以上的哺乳猪发病后大部分能存活，但在一段时间内由于腹泻导致身体虚弱，生长发育迟滞。

（1）仔猪　体温升高，呕吐、严重的水样腹泻。粪便内含有未消化的凝乳块，粪便恶臭，呈黄白色或浅绿色。死亡率可达100%。

（2）中猪　水样下痢症状约持续1周，之后大部分病猪可自然恢复。

（3）母猪　发生粥样至水样的下痢便，体温升高，泌乳能力降低，呕吐。可自然康复。

地方流行性猪传染性胃肠炎的临床症状：出现症状的年龄为6日龄或更大一些的仔猪，主要发生于断奶猪，中等程度发病率，为10%~50%；死亡率低，低于20%。各个季节都可能发病。

哺乳仔猪的临床症状与"仔猪白痢"相似。表现为呕吐，脱水。粪便外观呈糊状至水样，黄灰色，恶臭。有些猪可能排"绵羊屎粒"样便。整窝散发性感染、发病，慢性经过，母猪通常不发病。本病易与大肠杆菌病、球虫病或轮状病毒感染混淆。

▶ 剖检病变

（1）肉眼病变　仔猪除脱水症状明显、尸体消瘦外，肉眼变化常局限于胃肠道。胃内充满凝乳块，有时可见黏膜充血情况。小肠内充满黄色、常呈泡沫状的液体，内含未消化的凝乳块。肠壁很薄，几乎透明（是绒毛萎缩、脱落引起的），见图3-18。

（2）显微病变　重要的显微病变是空肠和回肠黏膜绒毛明显变短。对于量化绒毛萎缩的程度，可通过肠组织切片来判断。

▶ 诊断要点

综合临床症状、病理剖检变化和病毒在组织中的分布资料可进行初步诊断。

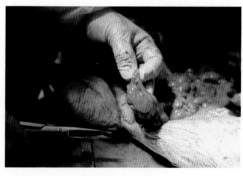

图3-18　淡黄色的糊状内容物

关于传染性胃肠炎的实验室诊断，通常要进行下列一种或几种病毒抗原的检测：如病毒核酸的检测，病毒的显微镜检测，病毒的分离、鉴定，有效的抗体应答检测等。

除了传染性胃肠炎之外，导致肠黏膜绒毛萎缩的疾病还有：轮状病毒感染、猪流行性腹泻、球虫病、大肠杆菌病等。应注意根据以下特点进行鉴别：

猪传染性胃肠炎（TGE）的症状与流行性腹泻（PED）相似，两者皆是具有高度传染性的病毒性肠胃炎。主要症状是严重下痢，偶尔有呕吐以及2周龄内乳猪的高死亡率。两种病均多见于冬、春寒冷季节。通常将其称为冬季下痢或秋季腹泻。但猪传染性胃肠炎的流行期很少超过2个月，而流行性腹泻可长达6个月。

轮状病毒感染亦可造成小肠黏膜绒毛萎缩，但是传染性胃肠炎或流行性腹泻萎缩程度比较严重，且范围广泛。

实验室诊断方法：将小肠组织进行涂片或冰冻切片，用荧光抗体法测定本病毒抗原。将病猪的小肠内容物或粪便处理后，用免疫电子显微镜方法检查病毒颗粒。此外，还可以用血清学诊断法如酶联免疫吸附试验等方法，检测病愈后猪只体内的抗体情况。

▶ **防治方案**

1. **预防方案**　不从疫区或曾经发生过本病的猪场引种。坚持自繁自养，以免传入该病。

实施免疫接种。国内有哈尔滨兽医研究所生产的传染性胃肠炎和轮状病毒二联苗，使用效果尚好。妊娠母猪在产前免疫2次，可使仔猪获得良好的母源抗体。对流行过该病的猪场，在冬、春季节之前应对保育期仔猪进行免疫接种。

采用"全进全出"的养猪生产模式，避免不同年龄的猪因免疫程度及保护力的差异而发病。

加强饲养管理和消毒工作，临产母猪转入分娩舍前，应将乳房用温水擦洗干净，并进行全身彻底消毒。应使初生乳猪尽早吃足初乳。对各阶段猪的栏舍应坚持"空栏彻底消毒，空栏1周以上"的原则。

此外，在本病流行的猪场可采用反饲方法，即用病猪粪便或将小肠捣碎后喂给产前1个月左右的妊娠母猪，以便刺激母猪产生本病的母源抗体，通过初乳使新生仔猪获得免疫力，这种作法也是该病的一种比较原始的免疫方法。

2. **治疗方案**　猪群发病后，应立即封锁疫区，固定饲养人员，对病猪加强饮水、禁食或减食管理，在饮水中添加有收敛作用的消毒药（如高锰酸钾、复合酚等）。加强栏舍的卫生消毒工作，并在饲料中添加土霉素或痢菌净散，同时肌内注射抗生素，预防继发感染，有一定疗效。

仔猪发病后重点是防止脱水，减轻酸中毒，维持体内酸碱平衡，改善体液循环，缓解症状和注射抗生素防止继发感染，补足适量的电解质溶液是降低死亡率的关键，具体方法如下：

口服药物：克毒2号+硫酸新霉素。

对病重者可注射安特、科星、福倍清或协和等药物。同时注意口服补液（参见下列配方），防止脱水和酸中毒。

病毒性下痢输液配方：代血浆500毫升+5%碳酸氢钠25毫升+50%葡萄糖注射液20毫升+维生素C10毫克+复合维生素B注射液10毫升，静脉或腹腔注射。

八、猪流行性腹泻

本病是由猪流行性腹泻病毒引起的猪的急性接触性肠道传染病。临床表现与猪传染性胃肠炎（TGE）相似。

1978年发现了一种类冠状病毒与此病的发病有关。由于发现1型和2型腹泻的暴发均由此冠状病毒引起，故统称为"猪流行性腹泻病毒"，目前关于1型和2型腹泻之间的临床差异仍未见到确切研究报道。但现在认为流行性病毒性腹泻1型病毒通常不能导致4～5周龄以内的小猪发病。

▶ 病原概述

本病病原为猪流行性腹泻病毒（PEDV），该病毒粒子多为球形，大小为95～190纳米。猪流行性腹泻病毒对乙醚和氯仿敏感，经60℃或以上高温处理30秒后便失去感染力。

在猪流行性腹泻病毒自然或实验感染猪的血清中均可检测到特异性抗体。目前尚未发现猪流行性腹泻病毒存在不同的血清型。

猪流行性腹泻病毒在整段小肠和结肠的肠黏膜上皮细胞的胞浆中复制，受侵害的小肠上皮细胞变性，绒毛变短。该病毒在较大猪的致病机理尚不十分清楚。

▶ 流行特点

猪流行性腹泻病毒主要通过发病猪的粪便传播，经口摄入后发病。本病的发生常常表现为"易感猪场"现象，即常于销售或购进猪只4～5天内的猪场暴发此病。种猪场暴发该病后可自然恢复，也可能发展成为地方性流行状态。

猪流行性腹泻病毒可使母源抗体消失，或使仔猪丧失母源抗体的免疫保护，这可能是持续发生断奶性腹泻的原因之一。

各阶段的猪均能被感染发病，发病率可达100%。以乳猪受害最严重，死亡率平均为50%，最高可达100%。而2周龄以上的仔猪发病后死亡率很低。

本病毒主要是通过猪和人的流动而侵入猪场。发病无季节性，冬、夏都能发病，经2～4周后自然平息。

▶ 临床表现

本病最明显的症状是水样腹泻。发病时的体温正常或偏高。1周龄内的仔猪发病时经常同时发生呕吐、腹泻的情况，3～4天后因脱水而死。断奶仔猪及育成猪发病后症状较轻，可见精神沉郁，食欲不佳，腹泻持续4～7天后逐渐恢复。中猪发病时往往没有症状或只见轻度下痢症状，多可自然痊愈。在育肥后期的猪发病时，被猪流行性腹泻病毒感染的猪通常在7～10天后康复，病死率仅为1%～3%。

猪场的发病情况有以下特点：育肥猪对该病毒易感性更高，一旦发病，发病率常可高达100%。在暴发过急性腹泻的猪场，断奶后2～3周的小猪可能会出现持续性腹泻情况。

▶ 剖检病变

主要病变在小肠。表现为臌胀，内充满大量黄色液体，肠壁变薄，小肠绒毛变短，见图3-19、图3-20。

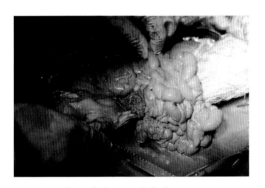

图3-19　小肠臌胀，肠壁变薄　　　　　图3-20　小肠内充满黄色液体

▶ 诊断要点

仅凭临床症状难以对本病做出准确诊断，尤其难以区别猪传染性胃肠炎和猪流行性腹泻。

当哺乳仔猪不发病，只有断奶猪和较大猪暴发水样腹泻时，且传播迅速，则可疑为猪流行性腹泻。

在实验室内，通过直接进行猪流行性腹泻病毒分离或对其抗原或抗体的检测，可对本病做出准确的病原学诊断。

目前已有的实验室诊断方法有：直接免疫荧光和免疫组化技术，用于哺乳仔猪小肠切片中猪流行性腹泻病毒的检测；对腹泻仔猪粪样进行直接电镜观察可发现猪流行性腹泻病毒粒子；ELISA方法用于检测粪中的猪流行性腹泻病毒抗原和血样中的特异性抗体；根据猪流行性腹泻病毒抗体的检测也可做出血清学诊断；采用阻断ELISA和阻断免疫荧光技术检测血样中的猪流行性腹泻病毒抗体等。但细胞培养法不能用于猪流行性腹泻诊断。

特殊诊断方法：用小肠黏膜涂片或小肠切片，进行荧光抗体染色镜检等。

▶ **防治方案**

1. 预防方案　加强猪场卫生管理，防止病毒侵入猪场，保持猪舍温度及干燥，加强环境卫生管理。

在欧洲，因为由猪流行性腹泻病毒引起的腹泻未导致严重损失，因而未研制该病疫苗。在亚洲由于腹泻严重，因而进行了弱毒疫苗的研制。

在本病的流行期可使用自家疫苗，混合均匀后给每头猪腹腔注射20～40毫升，每天1～2次。

因猪流行性腹泻病毒传播相对较慢，应预防发生病毒进入分娩舍而联合侵害新生乳猪的情况。

2. 治疗方案

方案1：在暴发猪流行性腹泻时无特别有效的治疗措施，抗菌药物治疗无效。

对于发生腹泻的猪只应让其自由饮水，以减少脱水情况的发生。发病后停止喂料，尤其对于育肥猪禁饲可缩短下痢的持续时间。

人为地将猪流行性腹泻病毒扩散到妊娠母猪舍，激发母猪乳汁中产生免疫抗体，可缩短本病的流行时间。人为感染的方法是将腹泻仔猪的粪样或死亡猪只的肠内容物暴露于妊娠母猪舍内。

种猪场若暴发此病，可将断奶仔猪移至别处饲养4周以上，同时暂停引进新猪。

方案2：输液疗法可减轻损失。

治疗病毒性下痢的输液配方：代血浆500毫升+5%碳酸氢钠25毫升+50%葡萄糖注射液20毫升+维生素C10毫克+复合维生素B注射液10毫升，腹腔或静脉注射。根据脱水情况酌情确定注射剂量。

方案3：

（1）口服克毒2号+硫酸新霉素，用法及剂量见说明。

（2）对病重者注射安特、科星、福倍清或协和，使用治疗剂量的上限。

（3）口服补液，防止脱水和酸中毒。

九、磷化锌中毒

磷化锌是养猪业经常使用的灭鼠药和熏蒸杀虫剂。多数情况是由于猪误食了灭鼠毒饵，或被磷化锌污染了的饲料造成磷化锌中毒。

▶ 病因概述

磷化锌为暗灰色带光泽的粉末，不溶于水和酒精而溶于酸和有机溶剂。在空气中易吸收水分释放出带有蒜臭味的磷化氢气体。

磷化锌在胃酸的作用下，即释放出剧毒的磷化氢气体，并被消化道吸收，进而侵害于肝、心、肾以及横纹肌等器官、组织，引起所在器官、组织的细胞发生变性、坏死等病变，并在肝脏和血管遭受损伤的基础上，发展成全身泛发性出血，直至陷于休克或昏迷状态。磷化锌对猪的致死量为每千克体重20~40毫克。

▶ 临床表现

猪采食了磷化锌后引起中毒，病初精神委顿，食欲消失，寒战，呕吐，腹泻，腹痛。呕吐物和粪便有大蒜味，于黑暗处可见有磷光。

患猪心动徐缓，较重者可出现意识障碍，抽搐，呼吸困难。严重者可出现昏迷，惊厥，肺水肿，黄疸，血尿，呼吸衰竭及明显的心肌损伤等症状和病理变化。

▶ 剖检病变

切开胃后，即散发出带有蒜臭味的特殊臭气，将胃内容物移置于暗处时可见有磷光，此为诊断该病的重要依据。

尸体静脉扩张，出现广泛性微血管损伤。胃肠道表现充血、出血，肠黏膜有脱落现象。肝、肾瘀血，混浊肿胀。肺间质水肿，气管内充满泡沫状液体，见图3-21、图3-22。

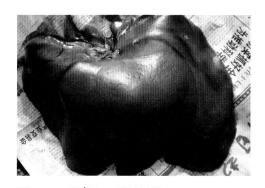

图3-21　肝瘀血，混浊肿胀

图3-22　肾瘀血，混浊肿胀

▶ 诊断要点

在本病诊断上，仅从症状和病理剖检方面较难与其他毒物中毒相区分，确诊以进行毒物化验的结果为可靠的诊断依据。

1. 磷化锌的检验

（1）检材　猪呕吐物、胃内容物、剩余饲料。

（2）磷化氢检验原理　磷化锌能被分解产生磷化氢，磷化氢与溴化汞（氯化汞亦可）作用变成黄色，遇硝酸银变成黑色。

（3）操作方法　取检材适量放入三角烧瓶中加水拌成粥状，瓶口塞木塞，塞上装玻璃管，在管下部塞入很松的碱性醋酸铅棉花，在管上口置有溴化汞、硝酸银试纸（将1%硝酸银滴在滤纸上），于瓶中注入10%盐酸5毫升，在37℃水浴箱中加热30分钟以上。若有磷化氢存在，硝酸银试纸变成黑色，溴化汞试纸变成黄色。阴性反应的判断为两种试纸均不变色。

（4）注意　磷化锌在猪胃中与胃酸作用，很容易分解产生磷化氢气体，逐渐放出的磷化氢有可能使检验结果变为假阴性，故应对病料进行及时检验。

2. 锌的检验　将检验磷化氢的溶液进行过滤，完全蒸干滤液，加水5毫升溶解，过滤液可做锌的检验。如检查材料为饲料、淀粉或脂肪等含有多量有机质的物质时，必须先将有机质破坏掉。取磷化氢试验后的三角烧瓶中残留物，将其全部置于蒸发皿中，在干电炉上加热炭化（有条件的再放至高温炉或喷灯上烧至600℃灰化）、冷却，加5%醋酸5毫升加热溶解、过滤，滤液作锌的检验。

（1）微量结晶法原理　锌在微酸性溶液中与硫氰汞铵作用，生成硫氰汞锌，呈十字形羽毛状结晶。

试剂：硫氰汞铵试剂（氯化汞8克、硫氰酸铵9克加水100毫升）。

操作：取检液1滴置于载玻片上，加硫氰汞铵试剂1滴进行显微镜检查。如有锌存在，可见十字形羽毛状的硫氰汞锌结晶。

（2）亚铁氰化钾反应原理　锌在微酸性溶液中与亚铁氰化钾作用生成白色亚铁氰化锌沉淀。此沉淀不溶于稀酸，溶于碱液。

操作：取检液2毫升置于小试管内，加5%亚铁氰化钾溶液。如有锌存在，则产生白色沉淀，再加10%氢氧化钠溶液，沉淀将消失。

（3）打萨宗试验原理　在碱性溶液中，锌与打萨宗反应产生红色，为锌的特异性反应。

操作：取检液1毫升置于试管内，加10%氢氧化钠1～2滴；如有锌存在可产生沉淀；再加10%氢氧化钠，使产生的沉淀溶解，取上清液加打萨宗试剂猛力振摇，如有锌存在，试液上层呈现红色。

▶ 防治方案

1. 预防方案　在猪场使用毒饵进行杀鼠时，应指定专人负责管理，毒饵放置于老鼠常出入、活动处，必须防止被猪误食。同时做好饲料的保管和加工调制工作，防止将毒药混（掺）入饲料中。

2. 治疗方案　对于磷化锌中毒目前尚无特效的解毒方法，一般的治疗措施是对症治疗。为了尽早期排出毒物，可灌服1%～2%硫酸铜溶液20～50毫升，此溶液在催吐的同时，可与磷化锌形成不溶性的磷化铜，从而阻滞磷化锌吸收而降低毒性。也可以使用0.1%高锰酸钾溶液20毫升，隔4～5小时灌服1次。同时应用硫酸镁、芒硝等缓泻剂。但是忌用油类泻剂。

静脉注射葡萄糖生理盐水300～500毫升，同时注射10%安钠咖5～10毫升，进行解毒、强心。还可注射复合维生素B来缓解毒性。为防止血液中碱储量降低，可静脉注射5%碳酸氢钠溶液30～50毫升。

十、猪类圆线虫病

猪类圆线虫病是由小杆科类圆属的兰氏类圆线虫寄生于猪小肠黏膜内引起的一种寄生虫病。该线虫为世界性分布的杆状线虫，故本病又称杆虫病。在温暖多雨的季节常发此病，主要侵害1～3月龄的仔猪。

病猪的主要症状是小肠黏膜糜烂、溃疡，腹泻，生长发育不良，甚至死亡。该病分布于热带和亚热带地区，在温带也常见，我国流行该病情况比较普遍。

▶ 病原概述

病原是兰氏类圆线虫，成虫体形较小，长3.3～4.5毫米，在体视显微镜下易被观察到。在病猪体内只有孤雌生殖的雌虫寄生。从粪便可排出幼虫。该虫寄生于小肠内。本病在温、热带地区流行更为严重，是哺乳仔猪的重要寄生虫病。

类圆线虫的生活史：孤雌生殖的雌虫在小肠内产出含幼虫的虫卵，虫卵随粪便排至外界，在数小时内发育成杆虫形幼虫。杆虫形幼虫可直接发育成感染型幼虫，或发育成为雌虫和雄虫并再次排卵，再发育成为感染性幼虫，此方式为间接发育。在直接发育中，1天以上即可形成感染性幼虫；在间接发育中，2.5天可形成感染性幼虫。

幼虫经皮感染猪后，经6～10天发育为成虫。经皮肤感染的幼虫进入血液，到达肺脏，然后经气管到咽，被吞咽进入消化道，在小肠内发育成雌性成虫。如果经口感染，摄入的幼虫穿过胃黏膜入血，然后过程与上述相同。在初乳中存在幼虫并具有活力，仔猪可在吃初乳过程被感染，在产后4天发育成为成虫。

本病也可经胎盘感染，小猪在出生2～3天后即可出现严重的被感染情况。在母猪体内的幼虫，可在妊娠后期于胎儿的各种组织中聚集，在仔猪出生后迅速移行至新生仔猪的小肠中。

▶ 流行特点

发病年龄：哺乳猪、架子猪、成年猪。

寄生部位：猪小肠内。

感染途径：通过皮肤钻入、经口和初乳或胎盘感染。猪圈舍不清洁且潮湿可导致该病的普遍流行。春产仔猪较秋产的感染情况严重。

▶ 临床表现

病猪消瘦、贫血、腹痛。最后因极度衰弱而死亡。死亡率可达50％左右。病程一般为15～30天。未见母猪发病情况。

病猪偶见呕吐。严重贫血、迅速消瘦。仔猪呼吸困难并有神经症状。患病仔猪出现顽固性腹泻，最初粪便呈黑色，逐渐呈乳白色。以3～4周龄的仔猪病情较为严重。最早在4日龄便可出现症状，10～14日龄前后的仔猪可出现死亡。更常见的症状为生长停滞和发育不良。

▶ 剖检病变

本病主要病变集中在胃肠系统。如小肠充血、出血和溃疡。在未断奶猪腹泻的病例，剖检时可见肠黏膜点状出血，偶见肺出血。

▶ 诊断要点

通过粪便查出虫卵，或剖检时在小肠内发现成虫，并具有腹泻和生长发育不良的病史，即可确诊。要注意与大肠杆菌病和球虫病的鉴别诊断。

检查虫卵的方法：常采集新鲜粪，用直接涂片镜检法或饱和盐水浮集法检查虫卵。虫卵无色透明，壳薄，椭圆形，大小（42～53）微米×（24～32）微米，内含幼虫。也可用幼虫分离法检查已放置5～15小时的粪便，发现幼虫。剖检时刮取小肠黏膜压片，或置于温水中孵育后镜检，可查获大量雌虫，虫体细小呈发丝状，乳白色，长3.1～4.6毫米，食管简单，阴门位于虫体中、后1/3交界处。

▶ 防治方案

1. 预防方案　猪随着年龄的增长对本病的免疫力也随之加强，成年猪对本病有较强的免疫力。对于预防本病目前还没有可用的疫苗。因此，预防本病要采取综合性预防措施，如及时清除圈舍、食槽内的粪便和剩余饲料；经常进行猪舍消毒，保持圈舍干燥；定期检查妊娠、哺乳母猪和仔猪粪便；将病猪与健康猪隔离开来等。

2. 治疗方案　可使用丙硫苯咪唑、左咪唑或依维菌素治疗本病。也可使用噻苯咪唑，每千克体重50～100毫克，喂服。或丁苯咪唑，每千克体重20毫克，口服。

十一、猪球虫病

猪球虫病是由猪等孢球虫和某些艾美耳属球虫，寄生于哺乳期及新近断奶的仔猪小肠上皮细胞所引起的，以腹泻为主要临床症状的一种原虫病。

在自然的情况下，球虫病通常感染7～14日龄仔猪。成年猪只是带虫者。猪球虫病可导致出栏仔猪整齐度下降，饲料报酬降低，严重则导致死亡。该病在我国的感染率较高，是造成仔猪腹泻的主要原因之一。

▶ 病原概述

猪球虫是一种在细胞内的寄生性原虫，属顶复动物门的原虫。导致猪发病的主要是艾美耳球虫和等孢球虫。下面概要介绍这两种球虫。

1. 艾美耳球虫

（1）生活史　该球虫的卵囊为椭圆形或卵圆形，孢子化卵囊大小为（17~24）微米×（14~18）微米；生长发育是在距回盲口50~300厘米处的中后段空肠绒毛上皮细胞内进行；排卵囊的持续期为6~8天，排卵囊的高峰期为感染后的第10天和第11天；临床症状明显期为8~11天。

（2）致病性　潜隐期10~14天。排卵囊的持续期也长达6~10天。一般发生在断奶前后的仔猪。该虫引起乳猪和断奶后仔猪发热、腹泻、体重降低等症状。在感染后第8~11天间出现严重的腹泻症状，粪便呈带泡沫的黏液状，黄褐色或绿色，常黏附于猪的会阴部，在感染12天时呈糊状，并在13~14天后逐渐恢复。

（3）病理剖检的肉眼病变　在空肠中后段呈卡他性或局灶伪膜性炎症，黏膜表面有斑点状出血和纤维素性坏死斑块，肠系膜淋巴结水肿、增大。

在显微镜下可见肠绒毛萎缩，肠上皮细胞灶性坏死，在绒毛顶端有纤维素性坏死物，并可在上皮细胞内见到大量成熟的裂殖体、裂殖子等内生性阶段的虫体。

2. 等孢球虫

（1）生活史　该球虫的生活史分为在宿主动物体内和体外二个发育阶段。小肠是该虫寄生的靶器官，球虫在小肠的黏膜组织中发育，最后产生卵囊，卵囊随粪便排出体外，在适宜的温度、湿度和氧气等条件下，卵囊会在1~3天内发育成孢子化卵囊。卵囊对外界环境的抵抗力很强，在土壤中能存活5~6个月。

孢子化卵囊能够感染猪。在这一阶段卵囊内含有2个孢子，每个孢子又含4个孢子体。

卵囊被猪吃下后，其中的孢子体释放进入肠腔，每个孢子体都能进入猪的肠上皮细胞。孢子体进入细胞后就会多次分裂，产生许多后代。每个后代又都能进入其他肠上皮细胞。这一循环可重复2次。产生了分化性细胞。雄性可使雌性受精，从而产生卵囊，而卵囊则从肠细胞内破壁而出，随粪排出至外界环境中。

（2）致病性　潜隐期为4~6天，明显期为3~13天，卵囊的体外孢子化时间为3~5天。常为原发性疾病，发生于产房内7~14日龄的哺乳期仔猪。在大型的规模化养猪场，3~4周龄的仔猪感染率最高。该虫主要寄生于猪小肠，偶可寄生于盲肠及结肠，其中以寄生于空肠或回肠尤为常见。

腹泻症状以糊状粪便开始，2~3天后转为水样、常呈黄色或灰白色，但无血便，有强烈的酸奶味。腹泻一直持续10天或11天；4天半后即在粪便中出现卵囊。

显微镜下可见肠绒毛萎缩、融合、肠隐窝增生，并有坏死性肠炎的病理表现，在肠上皮细胞内可见到双核形并以内出芽生殖分裂的 I 型裂殖体和多核的 II 型裂殖体。

▶ 流行特点

产房污染是仔猪被感染的主要根源。仔猪在初生的几天内，便可通过地板、乳头接触卵囊而被感染。

本病主要侵害幼猪，常在8～15日龄发生腹泻，最早为6日龄，最迟至3周龄。俗称"10日龄下痢"。仔猪球虫病一旦发病，就会持续性地存在于该猪群中，很难净化。常与致病性大肠杆菌和兰氏类圆线虫等混合感染，使疾病变得复杂化。夏季、秋季的发生率明显高于冬季和春季。

仔猪能对球虫感染产生免疫力，对再感染有很强的抵抗性，不但无临床症状，且很少甚至无卵囊排出。

▶ 临床表现

水样腹泻，在糊状下痢便中混有黄色凝乳样物质，呈黄色或白色稀粪，无血便。病程持续4～6天，一般能自行恢复。本病传播缓慢，逐渐增加病例数量。病猪身体虚弱，消瘦，生长迟缓。母猪未见发病情况。

▶ 剖检病变

病灶主要存在空肠和回肠，呈局灶性溃疡，纤维素性坏死。在大肠未见病变，见图3-23、图3-24、图3-25。

显微镜下可见轻度至重度的绒毛萎缩，纤维素性坏死性膜状变化。

▶ 诊断要点

2～3周龄的小猪腹泻，粪便黏稠至水样，颜色为白色至黄色。绒毛萎缩，隐窝融合并出现炎症征象。抗生素治疗无效。

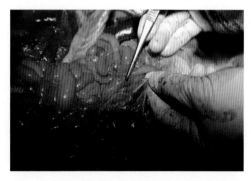

图3-23　螺旋状结肠中淡黄色无定形内容物全部黏附于肠黏膜上

图3-24　肠壁轻度增厚

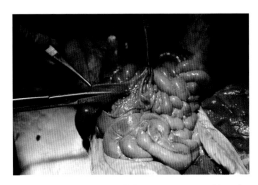

图3-25　肠管水样内容物以及无毛细血管现象

实验室诊断：将空肠或回肠黏膜涂片，用瑞氏、姬姆萨或新甲基蓝染色，检查裂殖子。

▶ **防治方案**

1. **预防方案**　在养猪生产过程中乳猪及断奶仔猪要离开地面饲养，采用高床分娩栏、保育栏进行生产，可大大减少球虫病的感染率。保持仔猪舍清洁干燥，猪舍消毒药剂可选用拜安等。

若发现母猪已经感染了球虫，应在产仔前用抗球虫药进行治疗，以防新生仔猪被感染。可以将莎磺片以每1 000千克饲料125克的浓度混于饲料中，连喂2周。小猪出生后第3天，口服百球清1毫升可以达到预防本病的目的。

2. **治疗方案**　磺胺类药物可用于治疗或预防猪球虫病，可使用莎磺片每千克饲料拌料0.15克。百球清对猪球虫病有明显防治效果。

5%的三嗪酮悬液（百球清）对仔猪球虫病有很好的治疗预防效果。按每千克体重20毫克或1毫升/头仔猪的剂量，给3～5日龄小猪一次性口服，可完全预防球虫病的发生。

百球清对猪球虫内生性发育各阶段虫体均有效，该药安全性好，5倍剂量给仔猪投服也能完全耐受，且可与补铁剂（口服或非肠道给药）、恩诺沙星、庆大霉素、硫酸抗敌素、增效磺胺等联合应用。

暴发球虫病时的紧急处理措施：

（1）百球清：每1毫升兑1毫升生理盐水，口服。

（2）抗生素与抗球虫药一起使用：可将百球清与拜有利一起使用。

（3）拜固舒：饮水或拌料。

对各种抗球虫药物的评价：

预防球虫病药物：主要包括盐霉素、莫能菌素、马杜拉霉素等抗生素类药物，这些药物杀球虫效果较差，而且容易引起免疫抑制，但不容易产生耐药性。

治疗球虫病药物：主要包括氨丙啉、三字球虫粉、磺胺喹噁啉，其特点是控制暴发性球虫病效果较好，但容易使球虫产生耐药性。

第二节　保育猪及育肥猪腹泻疾病

一、猪痢疾

猪痢疾是由致病性蛇形螺旋体引起的猪的肠道传染病，又叫猪血痢。本病引起猪大肠黏膜发生卡他性、出血性病变，有的发展成为坏死性肠炎。一般表现为精神萎靡、食欲减退，下痢或排出水样带血的粪便，体温稍高。

在疾病暴发初期，可能有突发死亡的情况。以后粪便中黏液及坏死组织增多，有恶臭。一般病程为1~3周。慢性病例表现为进行性消瘦，发育不良，病程更长。死亡率为5%~25%。康复猪带菌时间可长达数月，随粪便排菌，污染环境，致使本病较难净化，使该病常常表现为缓慢持续性流行状态。

本病常发生于7~12周龄的猪群，仔猪及成年猪也可发病。

▶ 病原概述

猪痢疾蛇形螺旋体为革兰氏阴性菌，为耐氧性的厌氧螺旋体，菌体具有4~6个弯曲，两端尖锐，生存状态时菌体以长轴为中心旋转运动。菌体长6~8.5微米。

本菌对外界环境抵抗力较强。在5℃的粪便中能存活61天，在4℃的土壤中能存活102天。但本菌对消毒药抵抗力不强。一般消毒药如过氧乙酸、来苏儿以及氢氧化钠都可迅速将其杀死。

发病机制：典型的猪痢疾对全身的主要影响是由肠炎所引起的体液丢失和电解质失衡，体液的丢失是结肠吸收功能失调的结果，它导致了肠上皮从肠腔向血液主动转运Na^+和Cl^-的机制被破坏。

▶ 流行特点

猪痢疾常发生于7~12周龄的猪，哺乳猪和成年猪发病较少。潜伏期一般为3~21天。整窝散发，致死率为5%~25%。

本病虽然无明显的季节性，但在夏末和秋季病例稍多。病原传播缓慢，因此该病流行期很长。在慢性感染的猪群临床症状不明显。由于康复的猪带菌率高，故很难彻底清除本病。哺乳仔猪在断奶之前，由于获得了母源抗体，可能不会出现明显的临床症状。临床症状有时会呈周期性变化，每隔3~4周出现一次明显的临床症状。

该病主要通过摄入带菌猪的粪便而传播。在野外情况下，断奶仔猪的猪痢疾发病率可达90%，死亡率为30%左右。

▶ **临床表现**

腹泻是本病最常见的症状，外观为带血的水样下痢和黏液，呈黄色或灰色。该病常常逐渐传播到整个猪群，且每天都可能有新的感染病例出现。病程长短差异较大，表现为急性、亚急性和慢性经过。极少数病例呈最急性感染情况，在感染几小时后死亡，且几乎见不到腹泻症状。

大多数猪发病的最初症状是出现黄到灰色的软粪。部分病猪厌食，拱背，偶尔有踢腹现象，表示腹痛。直肠温度升至40~40.5℃。粪便为含有大量血液的黏液状稀便。严重时可见含有血液、白色黏液以及纤维素性渗出物碎片的水样粪便。由于长期腹泻导致脱水，病猪饮欲增加。

被感染的猪逐渐消瘦、虚弱，运动失调和衰竭。慢性型病猪的粪便常含有暗黑色血液，俗称黑粪，有些是混有血液的黏液样粪便。多数病猪的死亡最终原因是脱水、酸中毒和血钾过多。一般病程为1~2周。

母猪被感染后几乎没有临床症状，较大猪被感染后可能发生腹泻。乳猪一般不被感染，即使被感染也没有典型症状，见图3-26。

▶ **剖检病变**

（1）眼观病变　死猪明显消瘦、被毛粗乱并粘有粪便，常有明显的脱水情况。特征性变化为大肠发生病变而小肠没有变化，常在回肠、盲肠结合处有一条明显的分界线。急性期典型的病变是大肠壁和肠系膜的充血和水肿，见图3-27。

肠道的其他病变还包括：肠系膜淋巴结肿大，腹腔内有少量清亮的积液，结肠黏膜下腺体常常比正常的突起更为明显，在浆膜上出现白色的、稍凸起的病灶。黏膜呈明显肿胀，已无典型的皱褶。黏膜常常被黏液和带有血斑的纤维蛋白覆盖。结肠内容物质软或水样，并含有渗出物，见图3-28。

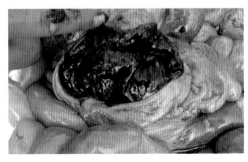

图3-26　含大量血液的黏稠的大肠内容物

图3-27　大肠壁和肠系膜的充血和水肿

图3-28　肠腔内充满血液

（2）显微病变　仅在盲肠、结肠和直肠见到明显的显微病变，表现为血管充血和体液与白细胞外渗，造成黏膜及黏膜下明显增厚。杯状细胞增生，腺窝底部的上皮细胞可能被拉长，呈浓染性。在肠腔周围的毛细血管里及其周围可见中性粒细胞过度聚集。在急性阶段，结肠内容物产生典型的血斑外观。

晚期的显微病变：在黏膜腺窝中和大肠肠腔表面有大量的纤维蛋白、黏液和细胞碎片。黏膜表面有广泛性的浅表性坏死，深部的溃疡病变不典型。在整个固有层可见到大量中性粒细胞。在整个发病期都可在肠腔中和腺窝内见到大的猪痢疾螺旋体。

在慢性病例通常见不到很典型的病变，大肠黏膜充血和水肿不明显。黏膜比较明显的病变为浅表性坏死，上面通常覆盖一层厚的纤维蛋白性假膜。肠上皮细胞的病变还包括微绒毛结构被破坏、线粒体和内质网肿胀等。

▶ **诊断要点**

主要诊断依据包括：发病史、临床症状、眼观病变、显微病变和病原体的分离与鉴定。

病程时长时短，病情时重时轻。发病情况常表现为一个猪群引入新猪（可能为带菌猪）后，常暴发该病。突然的应激也可使原来接触过病原的猪群突然暴发本病。临床症状为精神萎靡不振，脱水，出现非常明显的带血或黏液性腹泻。

尸检可获得进一步诊断的证据。包括病变主要限于大肠，肠壁充血、出血及水肿，滤泡增大为白色颗粒。肠腔中有黏液-纤维蛋白性渗出物和游离血液，是剖检病变的特征。

典型的显微病变是黏膜水肿和浅表性糜烂的纤维素性肠炎，可作为初诊的依据。其他器官未见明显变化。猪痢疾的确诊需要从结肠黏膜或粪便中分离和鉴定出病原体。

特殊诊断方法：将急性病例的粪便涂片、染色，或进行暗视野镜检，可见蛇形螺旋体，每视野有3~5条。

▶ 防治方案

1. 预防方案 阻止人脚、猪场器械、车辆等把感染源带入猪场、猪群。当引入新的外来猪时需要特别注意的是，引进猪种有很大的危险，要严格隔离、检疫引进的猪，对猪场用过氧乙酸消毒，加强清洁卫生等是防止本病的重要措施。

在饲养管理过程中，努力减少各种应激因素，减少拥挤，提供一个清洁、干燥的环境，可以取得显著的预防效果。可轮换使用各种有效的预防药物。

对本病有效的预防、治疗用药：治疗首选痢菌净。新霉素、洁霉素亦有预防和治疗效果。

目前预防本病尚无有效的菌苗。扑杀是消灭慢性猪痢疾的一种极端措施，但非常有效。

2. 治疗方案 发病后可连续使用痢菌净等敏感药物。在发病的猪场可将药物添加于饲料中，此法兼有治疗和预防效果。对早期断奶仔猪可进行药物治疗，能成功地治愈猪痢疾。

对急性感染猪痢疾的病猪，通过饮水途径给药效果较好。对有些垂危的病猪需要注射敏感药物进行治疗。治疗或预防猪痢疾有效的抗生素有：链霉素、杆菌肽、新霉素、泰乐菌素、庆大霉素、金霉素、维吉尼霉素和林可霉素等。

净化猪痢疾的一般原则：建立环境温度高于15℃的温暖猪舍；尽可能减少猪群内带菌猪的数量；如果一批刚出生的小猪发病，则应在断奶之后消灭本病；制定并实施有效的控制鼠类的措施，包括建筑物的修缮等；猪舍内不应有坑洼积水现象；对任何没有养猪的房屋都应定期清扫、消毒；定期给所有的猪连续用药1周预防本病，有效地消灭猪肠道中的该病原；给药1周后，对所有猪接触过的饲料和粪便的设备、工具均应进行清洁消毒；在投药期内，对建筑物的地面也应经常清扫和消毒。

用于治疗和预防（控制）猪痢疾的各种药物的剂量、给药期限和停药时间，见表3-1、表3-2。

表3-1 常用的治疗药物

药物名称	饮水剂量	拌料剂量	给药期（天）	停药期（天）
杆菌肽	264毫克/升		7~14	无
庆大霉素	13.2毫克/升		3	3
林可霉素	8.4毫克/（千克·天）		5~10	无
泰妙灵	7.7毫克/（千克·天）		5	3
泰乐菌素	60毫克/升	200克/吨	14	7
维吉尼霉素	66毫克/千克	100克/吨	14	无

表3-2　常用的预防药物

药物	拌料剂量	给药期（天）	停药期（天）
杆菌肽	250克/吨		无
卡巴多司	50克/吨		42
林可霉素	40克/吨		无
泰妙灵	35克/吨		2
泰乐霉素	100克/吨	≥3周	无
维吉尼霉素	25~50克/吨	体重不超过54千克	无

二、猪胃肠炎

猪胃肠炎是猪胃黏膜、肠黏膜及黏膜下深层组织的卡他性、纤维素性及出血性炎症的总称。表现为严重的胃肠机能障碍，同时伴发不同程度的自体中毒症状。

▶ 病因概述

发病原因主要是由于饲养管理粗放，给猪饲喂了腐败变质、发霉、不清洁或冰冻饲料，或误食有毒植物以及酸、碱、砷和汞等化学药物，或暴饮暴食等严重的胃肠应激所致。

当猪群发生猪瘟、猪传染性胃肠炎、猪副伤寒和肠结核等传染病时也能继发导致胃肠炎。

▶ 临床表现

病猪精神沉郁，食欲废绝，鼻盘干燥。初期可视黏膜暗红带黄色，以后则变为青紫色。口腔干燥，气味恶臭，舌面皱缩，在舌表面被覆多量黄腻或白色舌苔。

体温通常升高至40℃以上。脉搏加快，呼吸频数。常发生呕吐，呕吐物中可能带有血液或胆汁。

病猪出现持续剧烈的腹泻症状。粪便稀软，呈粥状、糊状以至水样。粪便有恶臭或腥臭味，混杂着数量不等的黏液、血液或坏死组织碎片。严重者肛门失禁。

▶ 诊断要点

根据下列临床症状不难做出诊断：食欲紊乱，舌苔变化，呕吐，腹泻，粪便中混有病理性产物。

▶ 防治方案

1. 预防方案　消除前述所列发病因素，减少应激。

2. 治疗方案

方案1：

（1）抑菌消炎　使用黄连素每天每千克体重0.005~0.01克，分2~3次服用；或氨苄青霉素0.5~1克，加于5%葡萄糖液250~500毫升中，静脉注射，每天1~2次。

（2）缓泻止泻　先采用缓泻措施，该法用于病猪排粪迟滞，肠内有大量内容物积滞的情况。缓泻药物：早期可用硫酸钠、人工盐、鱼石脂适量混合内服；后期灌服植物油。

采取止泻措施，此法用于肠内容物基本排尽，仍下痢不止的情况。止泻用药：鞣酸蛋白、次硝酸铋各5~6克，日服2次。

（3）强心补液、解毒　将5%的葡萄糖生理盐水300~500毫升，一次静脉注射。

方案2：

抑菌消炎：可用黄连素、链霉素、庆大霉素等药物口服。缓泻：用人工盐、石蜡油。止泻：用木炭末或硅炭银片等药物。

施行补液、解毒、强心是抢救危重胃肠炎的三项关键措施，方法如下：静脉注射5%葡萄糖生理盐水、复方氯化钠和碳酸氢钠（后两者不能混合应用）是比较常用的方法。当静脉输液有困难时，用口服补液盐溶于饮水中让病猪足量饮用也有较好的临床效果。

三、马铃薯中毒

马铃薯中毒是猪常发生的中毒病。马铃薯中含有一种有毒的生物碱——马铃薯素（龙葵素）。完好、成熟的马铃薯含有马铃薯素的量甚微，一般不会引起中毒。

▶ 病因概述

马铃薯的根茎、外皮，特别是胚芽中含有多量的马铃薯素，它是一种弱碱性的糖苷，溶于水，具有腐蚀性和溶血性。高温可破坏马铃薯素的毒性。

当贮存马铃薯时间过长时，马铃薯素的含量会明显增多，特别是保存不当引起发芽、变质或腐烂时，马铃薯素含量会显著增加。因此，当使用大量贮存过久、特别是发芽或腐烂的马铃薯喂猪时，极易引起中毒。

对马铃薯处理不当还能引起亚硝酸盐中毒。

▶ 临床表现

通常猪采食了发芽或腐烂的马铃薯后4~7天出现如下症状：兴奋不安，向前冲撞，狂躁，痉挛。经过短期兴奋后精神转向沉郁。此时出现呕吐、腹痛症状。后肢软弱，四肢麻痹。呼吸微弱，气喘。可视黏膜发绀。瞳孔散大。心脏衰弱。常在发病3天左右死亡。

轻微者主要表现胃肠炎症状：体温升高，食欲减退，呕吐，腹泻，腹痛，腹部皮下发生湿疹，头、颈和眼睑部发生水肿。

当妊娠母猪发生马铃薯中毒后还可造成流产。

▶ 剖检病变

胃肠黏膜充血、潮红、出血，上皮细胞脱落。在心腔内充满凝固不全的暗黑色血液。肝、脾肿大、瘀血。有时可见肾炎变化，见图3-29。

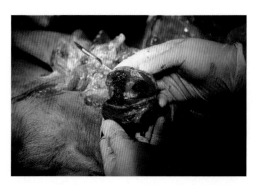

图3-29　在心腔内充满凝固不全的暗黑色血液

▶ 诊断要点

诊断主要依据：病史证据，即有大量采食发芽或腐烂马铃薯的病史。临床症状资料，有明显的神经功能紊乱，胃肠炎以及皮肤湿疹症状。

▶ 防治方案

1. 预防方案　严禁使用发霉变质的马铃薯喂猪。采用马铃薯作饲料时，饲喂量宜逐渐增加，不可过量饲喂。禁用发芽马铃薯喂猪。如必须饲喂时，应预先进行无害化处理：充分煮熟后并与其他饲料搭配饲喂；将发芽的马铃薯去除幼芽；煮熟后应将水弃掉。用马铃薯茎叶喂猪时，用量不宜过多，腐烂发霉的茎叶不能用作饲料。

2. 治疗方法　立即改换饲料，停止饲喂马铃薯，采取催吐、缓泻或饥饿疗法排出胃肠内容物。催吐方法：用1%硫酸铜液20～50毫升灌服，或应用阿扑吗啡0.01～0.02克，皮下注射；亦可应用盐类或油类泻剂。

可应用镇静剂用于狂暴不安的病猪。如灌服溴化钠5～15克，或用其10%注射液静脉注射，每天2次；亦可应用2.5%盐酸氯丙嗪注射液1～2毫升进行肌内注射；使用硫酸镁注射液10～20毫升，进行静脉或肌内注射。

对患有胃肠炎的病猪可灌服1%鞣酸液100～400毫升，或使用黏浆剂、吸附剂灌服，以保护胃肠黏膜。其他治疗措施可参照胃肠炎的治疗措施。

解毒或补液：对中毒严重的病猪，可应用5%～10%葡萄糖溶液、5%葡萄糖盐水或复方氯化钠注射液。

对皮肤湿疹患猪可采取对患部应用消毒药液清洗或涂擦软膏等方法进行治疗。

四、猪结节虫病

猪结节虫病又称猪食道口线虫病。该病是由食道口线虫寄生于猪的盲肠和大肠内引发的一种寄生虫病。

12周龄以上的猪只最易被感染。主要病变为在盲肠形成结节，因此称为结节虫病。本病的主要临床症状是下痢。严重感染时，除重剧的腹泻症状外，病猪严重消瘦，发育受阻。

▶ **病原概述**

病原体为毛线科的多种食道口线虫。在猪体内寄生的食道口线虫有三种：有齿食道口线虫、长尾食道口线虫和短尾食道口线虫。成虫虫体粗大，白色，虫体稍弯曲。

食道口线虫的生活史：寄生1周内，幼虫从卵中孵出，发育成为带鞘的幼虫。幼虫在猪场可存活12个月左右。猪采食了被幼虫污染的物品后发生感染。幼虫进入盲肠和结肠黏膜后蜕皮，在此停留2周，并形成小结节。然后重返肠腔，3周内发育为成虫。

▶ **流行特点**

大于12周龄的猪最易被感染。猪场间的传播媒介为苍蝇、老鼠等。虫卵随猪粪便排出体外，在适宜条件下孵化、发育成感染性幼虫。此虫对外界环境抵抗力很强，并可越冬。猪通常经口感染。仔猪和母猪的寄生率较高。

▶ **临床表现**

病猪表现轻微下痢、腹泻、腹痛、贫血、消瘦等症状。仔猪被感染的情况比较普遍，严重者可引起死亡。

▶ **剖检病变**

本病的主要病变为在盲肠形成结节。肠黏膜溃疡，局部淋巴结肿大。肠壁增厚，并覆盖有褐色假膜，中段结肠水肿，见图3-30。

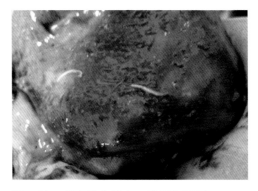

图3-30　在盲肠内线虫、溃疡和坏死

▶ 诊断要点

通过粪检发现该虫卵便可诊断本病。虫卵为椭圆形，易与猪的其他圆线虫卵混淆。如剖检时能找到虫体是最可靠的诊断依据。

虫卵和虫体的检查方法：用饱和盐水浮集法检查粪便虫卵，虫卵呈椭圆形，内含10多个卵细胞，但虫卵不具特征，易与红色猪胃圆线虫卵相混淆。采用粪便幼虫培养法培养至第3期幼虫时就可进行鉴别，食道口线虫幼虫短而粗，尾鞘长、呈细丝状，红色猪胃圆线虫的幼虫长而细，尾鞘短。

注意察看粪便中是否有自然排出的虫体，或剖检时在大肠发现虫体。有齿食道口线虫呈乳白色，雄虫长8～9毫米，雌虫8～11.3毫米，口囊浅，头泡膨大。长尾食道口线虫呈暗灰色，雄虫长6.5～8.5毫米，雌虫长8.2～9.4毫米，口领膨大，食道前部膨大，后端更膨大，形似花瓶状，无侧翼膜，口囊较深宽。短尾食道口线虫虫体小，雄虫长6.2～6.8毫米，雌虫长6.4～8.5毫米，尾部向上弯曲。

▶ 防治方案

1. 预防方案　对母猪进行例行驱虫，以减少对环境的污染，是防止仔猪被感染的有效措施。搞好猪舍和运动场的清洁卫生，保持干燥，及时清理粪便，保持饲料和饮水清洁。

2. 治疗方案　感染严重时可使用驱虫药：左旋咪唑，每千克体重10毫克，口服。或丙硫咪唑，每千克体重15～20毫克，口服。或噻苯咪唑，每千克体重50～100毫克，口服。或丁苯咪唑，每千克体重20～30毫克，口服。或康苯咪唑，每千克体重5～40毫克，口服。或硫苯咪唑，每千克体重3～6毫克，口服。或依维菌素，每千克体重0.3毫克，皮下注射。多数驱虫药物对成虫有效，但对组织内幼虫有效的药物较少。

对于仔猪应在产后1个月内进行驱虫，对母猪在分娩前1周使用依维菌素等药物，可有效防止仔猪被感染。

五、猪鞭虫病

猪鞭虫亦称毛首线虫，常寄生于2～6月龄小猪的大肠黏膜。大量寄生时，常引起患猪血性下痢。

本虫分布广泛，长期以来一直是影响养猪业的一个普遍问题。有时本病与猪痢疾并发，使病情加重。

▶ 病原概述

病原为毛首科的猪毛首线虫。寄生于猪盲肠、结肠黏膜。

猪鞭虫的生活史：猪毛首线虫的虫卵随猪粪便排出体外，发育成为感染性虫卵，猪在采食饲料、饮水或掘土时吞食此种虫卵而经口感染。虫卵在猪体内经41～51天发育成为成虫，以头部刺入肠黏膜深部固着寄生，发挥致病作用。

▶ 流行特点

猪和野猪是猪鞭虫的自然宿主，灵长类动物也可感染猪鞭虫。一般2～6月龄的小猪易被该虫感染，4～6月龄感染率最高，可达85%。

本病多发生于放牧或与草地、土壤有接触机会的猪。常与其他蠕虫，特别是猪蛔虫混合感染。一年四季均可发病，以夏季感染率高。

▶ 临床表现

食欲减退，腹泻，粪便带有黏液和血液。消瘦，贫血，死亡。

▶ 剖检病变

鞭虫感染可导致肠细胞的破坏，黏膜层溃疡，毛细血管出血。剖检时可见大肠黏膜坏死、水肿和出血，产生大量黏液。盲肠和结肠溃疡，并形成肉芽肿样结节。大肠黏膜出血，并可能发现大量虫体，见图3-31。

图3-31　大肠黏膜坏死、水肿和出血，产生大量黏液

▶ 诊断要点

当发现使用抗生素治疗无效的猪痢疾时，应考虑猪鞭虫感染。另外当临床症状有严重血便时则可考虑鞭虫病的可能。

虽然虫卵检查及屠宰时发现虫体则可以确诊本病，但因鞭虫产卵较少，因而进行粪便虫卵计数检查本病的意义不大。剖检时如发现大肠黏膜出血及出现大量虫体可确诊本病。

（1）粪便检查　用饱和盐水浮集法检出特征性虫卵，以检出6 000个作为判定发生该病的指标。虫卵呈腰鼓状，两端有塞状构造，壳厚，光滑，黄褐色，虫卵大小为（52～61）微米×（27～30）微米，内含未发育的卵细胞。

（2）尸体剖检　从盲肠和结肠处可见虫体，乳白色，前部细长呈丝状，为食管部，约占虫体长的2／3，后部短粗为体部。雄虫长20～52毫米，尾端蜷曲，交合刺隐藏在有刺的交合刺鞘内，雌虫长39～53毫米，尾端直，阴门位于虫体粗细交界处。

（3）免疫学检查　以200倍虫体抗原接种于耳壳皮内作皮内反应，该法有93％的敏感性。

▶ **防治方法**

1. 预防方案　可参照蛔虫病的预防方法。

2. 治疗方案　丙硫苯咪唑、敌百虫、左旋咪唑对本病有良好的疗效。

六、旋毛虫病

猪的旋毛虫病是由旋毛虫幼虫寄生于猪的横纹肌内引起的一种寄生线虫病。

旋毛虫成虫寄生于肠管，幼虫寄生于横纹肌。人、猪、犬、猫、鼠类及狼、狐等动物均能被感染而发病。

该虫常呈现人猪相互循环感染的情况，人的旋毛虫病可致人死亡，感染主要来源于摄食了生的或未煮熟的含旋毛虫包囊的猪肉。肉品卫生检验是防治旋毛虫病的首要方法。该虫对猪致病力微弱，但对人的致病力很强，因此本病在公共卫生方面极为重要。我国各城市屠宰场都建立了旋毛虫的检验制度，对屠宰猪只的胴体进行检查时，该虫是必检项目。

▶ **病原概述**

本病病原体为旋毛虫，成虫寄生于肠管，幼虫寄生于横纹肌。最常观察到的是骨骼肌纤维中的包囊形幼虫。

成年雌虫的食管呈棒状，位于猪小肠的固有层内。很少能发现雄虫，其大小为雌虫的一半。

旋毛虫的生活史：旋毛虫的发育史比较特殊，成虫与幼虫同时寄生于一个宿主内，但完成发育史必须更换宿主。成虫在小肠内交配，交配后雄虫死亡，雌虫钻入肠黏膜淋巴间隙产出幼虫，幼虫随血液循环到全身肌肉组织，进入肌纤维内，幼虫逐渐蜷曲并形成包囊，猪吃了含有旋毛虫包囊的鼠类或病、死猪肉屑后，包囊被消化，幼虫逸出，在小肠内经40小时后发育成为成虫。

▶ **流行特点**

在温带地区，本虫的常见自然宿主为猪和熊。在热带地区旋毛虫病较少发生。人被感染的途径是食用了含有旋毛虫幼虫的肉类，猪被感染的途径是采食了未经煮沸的废弃碎肉渣、鼠尸、昆虫、动物粪便等。

旋毛虫病的流行有很强的地域性，往往在疫源区域内形成恶性循环。

▶ **临床表现**

猪对本病有很大的耐受力，只有在被重度感染时才表现出症状。

病猪体温升高，腹泻，腹痛，有时呕吐，食欲减退。后肢麻痹。呼吸减弱。叫声嘶哑。有的在眼睑和四肢发生水肿。肌肉发痒、疼痛。有的发生强烈的肌肉痉挛症状。猪患本病后很少出现死亡情况，多于发病4～6周后自然康复。

▶ **剖检病变**

成虫在胃肠道寄生可引起急性卡他性肠炎，但病变轻微。表现为肠黏膜肿胀，充血，出血，黏液分泌增多。

在幼虫寄生的部位表现为肌纤维肿胀、变粗，肌细胞横纹消失、萎缩。病理组织学检查可见与肌纤维长轴平行的、具有两层囊壁的幼虫包囊，见图3-32。

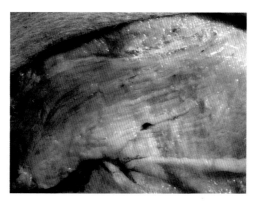

图3-32　肌纤维肿胀、变粗，肌细胞横纹消失，萎缩

▶ **诊断要点**

1. **寄生虫学检查**　从猪膈肌角取小块肉样，压片镜检，发现包囊或尚未形成包囊的幼虫即可确诊本病。

2. **免疫学检查**

（1）间接红细胞凝集试验　在感染6～15天后，试验动物血清抗体呈阳性，阳性检出率可达96%，具有较高的敏感性和特异性，有早期诊断价值，适用于较大规模的流行病学调查。

（2）间接荧光抗体试验　对人工感染旋毛虫猪的血清，阳性符合率达98.7%，与已知阴性血清无假阳性反应，与弓形虫、猪囊虫感染的猪血清无交叉反应，对轻度感染有一定诊断价值，能从感染100条幼虫猪的血清中测出抗体。

（3）酶联免疫吸附试验（ELISA）   已广泛用于商品猪的检测，简便快速，敏感性和特异性均较强，在感染7天后能测出相应的血清抗体。

▶ 防治方案

1. 预防措施

（1）灭鼠，捕杀野犬。对动物的废弃物必须经充分热处理后，方可作为饲料使用。

（2）不要放养猪，管好粪便，保持圈舍清洁，禁用洗肉泔水喂猪。

（3）加强屠宰场及集市肉品的兽医卫生检验工作，严格按照《肉食品卫生检验试行规程》处理带虫肉（如高温，加工，工业用或销毁）。

（4）在旋毛虫病多发地区，要改变生食肉类的习俗，对制作的一些半熟风味食品的肉类要做好检查工作。

2. 治疗方案   各种苯并咪唑类药物对旋毛虫成虫、幼虫均有良好的驱虫作用，且对移行期幼虫的敏感性较成虫更大。具体使用方法如下：

（1）噻苯咪唑，每千克体重50毫克，口服，治疗5天或10天，肌肉幼虫减少率分别为82%和97%。

（2）康苯咪唑，对旋毛虫成虫和各期幼虫效果分别较噻苯咪唑大10倍和2倍。

（3）丙硫咪唑，按0.03%比例加入饲料充分混匀，连喂10天，能收到良好的杀虫效果。

七、棘头虫病

猪棘头虫病是由少棘科的蛭形巨吻棘头虫寄生于猪的小肠，引起局部出血性炎症的一种蠕虫病。

该病呈世界性分布，我国大多数省区普遍流行本病，对养猪业危害很大。该虫主要寄生于猪，但也可以感染人体，是一种人畜共患病。

▶ 病原概述

病原为蛭形巨吻棘头虫，寄生于猪的小肠。

棘头虫的生活史：棘头虫虫卵被金龟子、天牛等昆虫采食后，在其体内发育成为感染性幼虫，猪摄食了此种甲虫后被感染，幼虫在猪小肠内经2~3个月发育为成虫。

▶ 流行特点

本虫的中间宿主为金龟子、天牛等甲虫。一般感染发生在春、夏季节。本病呈地方性流行。1~2岁的猪感染率最高。放养的猪感染率较圈养猪高。

▶ 临床表现

只有猪被严重感染时才有明显的临床症状。表现为消化功能紊乱，食欲减退，腹痛（刨地，相互对咬），腹泻，粪便带血。经1~2个月后病猪日渐消瘦，黏膜苍白。生长发育迟缓，形成僵猪。

有些病猪体温升高至41~41.5℃。有些出现神经症状，如惊叫、肌肉震颤、癫痫等。常出现死亡病例。

▶ **剖检病变**

空肠和回肠浆膜上有灰黄色或暗红色小结节。肠黏膜表面有出血性纤维素性炎症。肠壁增厚，有溃疡病灶或覆盖有假膜。肠管发生粘连，腹膜炎，腹膜弥漫性暗红色并显混浊粗糙，见图3-33。

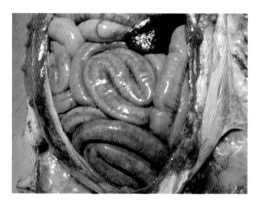

图3-33　肠出血性、坏死性炎症

▶ **诊断要点**

可用虫卵检查法诊断本病，用直接涂片法或水洗沉淀法检查粪便中的虫卵。虫卵呈椭圆形、暗棕色，大小（80~100）微米×（50~56）微米，卵壳厚，卵内含有小钩状的棘头蚴。

剖检时可在小肠内发现虫体，蛭形巨吻棘头虫虫体大，乳白色或淡红色，呈长圆柱形，背腹略扁平，体表有明显的横纹，虫体前端略粗，后端较细，至尾部又稍膨大，头端伸出球形吻突，其上有5~6列向后弯曲的吻钩。雄虫长5~15厘米，常表现为弯曲呈弧形，雌虫长20~68厘米。

▶ **防治方案**

1. **预防措施**　加强猪的饲养及环境卫生管理，严格控制猪粪便对土壤的污染。在本病流行地区，改放养猪为圈养猪，尤其在6、7月份甲虫类活动的季节，不宜放养，同时不捕捉甲虫喂猪。及时治疗病猪，在流行区要定期驱虫。

公共卫生　人食入含棘头蚴的甲虫类的生或半生食品后，于30~70天发病，病人多为儿童和青年，发病季节一般为6~11月份。表现腹痛，消瘦，贫血，腹部有包块等症状。在流行该病区域要教育儿童不捕食甲虫。

2.治疗方案　目前尚无理想的驱虫药，可试用下列药物。

（1）丙硫咪唑，每千克体重80~110毫克，口服，可排出虫体，但用药后12天抽样扑杀仍见虫体。

（2）硝硫氰醚，每千克体重80毫克，口服，每天1次，连喂3天，有一定疗效。

八、泛酸、叶酸、烟酸及维生素B₆缺乏症

泛酸、叶酸、烟酸及维生素B_6为水溶性B族维生素。缺乏时出现以腹泻为代表的严重生长发育不良症状。

B族维生素的主要作用是作为细胞酶的辅酶，催化物质代谢中的各种反应。B族维生素易从水中丧失，很少或几乎不能在体内贮存，因此，短期缺乏或不足就足以降低体内某些酶的活性，阻抑相应的代谢过程，影响动物的健康。

B族维生素的来源很广泛，在青绿饲料、酵母、麸皮、米糠及发芽的种子中含量最高，只有玉米中缺乏烟酸。

▶ 临床表现

泛酸参与脂肪、碳水化合物和蛋白质的合成代谢，缺乏后的主要临床表现为食欲减退，甚至废绝。生长发育不良，腹泻，咳嗽，脱毛。运动失调或步态不稳。母猪的泌乳和繁殖性能降低。

叶酸在红细胞的合成中起着重要作用，缺乏后的临床表现为发育不良，机体衰弱，腹泻。表现巨幼红细胞性贫血。

烟酸缺乏症的临床表现为食欲丧失，消瘦，严重腹泻，皮炎，神经功能紊乱，贫血。

维生素B_6以酶的形式参与蛋白质的合成，缺乏后的主要临床表现为生长发育缓慢，腹泻，贫血，癫痫型抽搐，运动失调，肝脏脂肪浸润。患猪常表现过度兴奋和神经质。在臂神经、坐骨神经及外周神经出现脱髓鞘现象。

维生素B_6缺乏症的亚临床症状表现为小红细胞低色素性贫血，血清铁的水平升高。肝脏脂肪浸润。红细胞、血红蛋白和淋巴细胞计数减少。

▶ 剖检病变

泛酸缺乏症特征性病变在肠道，尤其是结肠出现水肿、充血和发炎等病变。结肠淋巴细胞浸润和固有层充血。外周神经、脊根神经节、背根神经和脊髓神经根发生变性。

烟酸缺乏时结肠和盲肠壁增厚、变脆，呈软木状或果冻状。肠道黏膜变色，结肠

内容物紧密附着在肠壁上，很难用水冲掉。肠系膜淋巴结水肿。

▶ 防治方案

预防维生素缺乏症的关键措施是在日粮中添加足量、高质量的维生素制剂。

泛酸：可口服或注射泛酸制剂，随后在饲料中补充泛酸钙，每千克饲料中泛酸含量应保持在11～16毫克。

叶酸：每千克饲料中添加0.5～1.0毫克可防止缺乏症。

烟酸：口服烟酸100～200毫克。

维生素B_6：日粮中可增喂酵母、糠麸或含植物性蛋白质丰富的饲料，每日口服维生素B_6每千克体重60微克。

第四章

猪咳喘及喷嚏症候群

第一节　小猪咳喘疾病

一、猪呼吸道疾病综合征

猪呼吸道疾病综合征（PRDC）是一种多因子、复合性疾病，是由病毒、细菌、不良的饲养管理条件及易感猪群等综合因素相互作用而引起的疾病综合征。该病于1997年首先在北美发现，传入我国后，该病几乎遍布全国各地。猪呼吸道疾病综合征是我国养猪业中危害最严重的疾病之一，已造成了严重的经济损失。

该病典型的症状包括咳嗽、气喘、饲料转化率降低以及生长缓慢和增重不均匀等。多发于13~15周龄和18~20周龄的育成猪。

▶ **病原概述**

猪呼吸道疾病综合征主要涉及两类病原：

（1）原发病原　包括猪繁殖与呼吸系统综合征病毒（PRRS，蓝耳病）、猪肺支原体（气喘病）、猪流感病毒、伪狂犬病毒、猪圆环病毒、猪呼吸道冠状病毒和支气管败血性波氏杆菌等多种病原体。其中尤以气喘病和蓝耳病病原的作用最大。由于引起气喘病的支原体首先破坏了气管黏膜等的免疫屏障功能，使其他病原体顺利地侵入体内，因此气喘病在猪呼吸道疾病综合征中被称为导火线病或钥匙病。而蓝耳病病毒能破坏机体的免疫系统，使机体对其他病原体的免疫应答处于麻痹状态。故此，气喘病和蓝耳病在猪呼吸道疾病综合征中起着重要作用。如果把猪呼吸道疾病综合征比做"团伙犯罪"的话，气喘病和蓝耳病就是犯罪团伙中的首要分子。

（2）继发病原　主要有猪Ⅱ型链球菌属、副猪嗜血杆菌、引起猪肺疫的巴氏杆菌、引起猪胸膜肺炎的放线杆菌、引起猪附红细胞体病的立克次氏体等。前面说到气喘病和蓝耳病是导致猪呼吸道疾病综合征的首要因素，其作用主要是引起发病，而导致病猪死亡的重要原因是这些继发病原。

不良的饲养管理条件，包括饲养密度过高、通风不良、温差大、湿度高、频繁转群、混群，日龄相差太大的猪只混群饲养、断奶日龄不一致、没有采用全进全出的饲养模式等是该病的诱发因素。

另外，猪群免疫和保健工作不够全面、后备猪免疫计划不合理，导致猪群群体免疫水平不稳定、营养和疫病等因素造成猪群免疫力和抵抗力下降等，都可引起猪呼吸道疾病综合征的暴发和流行。

归纳起来，猪呼吸道疾病综合征的发病因素有三大因素：病原因素、环境管理因素以及应激因素。

1. 主要的病原因素

（1）病毒类　蓝耳病病毒（PRRSV）、伪狂犬病病毒（PRV）、流感病毒（SIV）、圆环病毒2型（PCV2）。

（2）细菌类　猪肺支原体、支气管败血波氏杆菌、多杀性巴氏杆菌、副猪嗜血杆菌、传染性胸膜肺炎放线杆菌、链球菌、沙门氏菌、猪附红细胞体、衣原体。

（3）霉菌及毒素　黄曲霉毒素主要损伤肝、肺脏细胞；镰孢霉毒素主要损伤肝脏，引起肺水肿等。

（4）寄生虫类　弓形虫能引起类似猪瘟症状的猪病；蛔虫幼虫移行损伤肺脏；后圆线虫、猪球虫、肺丝虫等都可以成为发病因素。

2. 主要的饲养管理及环境方面的不良因素　粉尘，有害气体，饲养密度，高、低温或温度不稳定，天气变化剧烈或温差太大等。

3. 主要的应激因素　猪只拥挤，不同窝或不同大小的猪混群，转群，断奶，抓猪等。

4. 遗传因素　有些品种的猪对呼吸道疾病综合征具有遗传的易感性，因此在诊断和控制猪呼吸道疾病综合征时也要考虑遗传方面的因素。

▶ 流行特点

一年四季均可发生此病，故无明显的季节性。但是以晚秋、初春气候剧变、潮湿、闷热时节发病率较高。尤其当饲料营养浓度低或营养元素不平衡、饲养管理不良、运输应激等诱因作用下可激发本病。

该病在新疫区常呈暴发性流行，多取急性经过，症状较重，发病率和死亡率也比较高。

本病多暴发于6～10周龄的保育猪和13～20周龄的生长育肥猪，通常称为18周龄墙，该规律在防治本病过程中具有重要意义。本病发病率一般为25%～60%，发病猪的死亡率为20%～90%，猪龄越小死亡率越高。

▶ 临床表现

病猪精神沉郁，采食量下降或无食欲，生长缓慢，消瘦。眼睛出现结膜炎，两眼分泌物增多，两眼周围皮肤发暗，出现泪斑。有明显的呼吸困难症状，腹部起伏动作明显，呈现典型的腹式呼吸，咳嗽。特别是突然站立起来或运动时，出现连续性咳嗽。

急性发病的猪体温升高，可发生突然死亡。大部分猪由急性变为慢性或在保育舍形成局部流行态势。病猪生长缓慢或停滞，消瘦，死亡率、僵猪的比例均升高。

哺乳仔猪以呼吸困难和神经症状为主，死亡率较高。本病经常发生于13~15周龄和18~20周龄的生长育肥猪，表现为发热，随之出现咳嗽、采食量下降、呼吸负担加重或呼吸困难，病猪在药物的辅助治疗下可逐渐康复，死亡率变低。

上述的临床表现，在不同的猪场症状的严重程度有所不同。现场常见的情况是，未注射过猪繁殖与呼吸系统疾病综合征（蓝耳病）弱毒疫苗的猪群及环境污染严重的猪场，猪呼吸道疾病综合征的发病率与死亡率均比较高，症状表现得也比较严重，尤其是继发感染的情况较为明显，如蓝耳病、猪气喘病、猪传染性胸膜肺炎、猪肺疫、猪链球菌病、猪伪狂犬病、猪流感、猪圆环病毒病、猪萎缩性鼻炎、仔猪副伤寒，甚至还有猪附红细胞体病的混合感染，使症状变得十分复杂，给预防控制该病带来较大的困难。

猪呼吸道疾病综合征的主要群体表现为：程度不同的发热，食欲下降。被毛粗乱，生长不良。咳嗽（干性或湿性）。气喘，腹式呼吸，呼吸困难。有时可见鼻、眼分泌物增多或结膜炎。在不同的饲养环境或管理条件下表现的症状也不一致，见图4-1。

图4-1   病猪精神沉郁，采食量下降或无食
欲，生长缓慢，消瘦

▶ 剖检病变

间质性肺炎，肺肿胀，不塌陷，肺呈花斑状及斑纹外观，是蓝耳病的典型病变。

肺尖叶、心叶及膈叶的腹侧缘呈紫红或灰红色病变。肺浆膜与胸膜或心包形成纤维素性粘连，甚至心脏与心包粘连，主要表现为纤维素或浆液性纤维素性胸膜炎。

　　肺门淋巴结及纵隔淋巴结肿大。有时可见支原体肺炎的分界明显的暗红色固化感染区，或在肺部出现化脓灶，肺呈现斑点状或片状出血病变。

　　多数死亡的猪有胃炎、胃溃疡病变。有的在结肠、盲肠内有水样物，盲肠扩张或肠臌气。

　　部分病猪可见肝肿大、出血，淋巴结、肾、膀胱、喉头有出血点。在1～3周龄发病的哺乳仔猪，剖检可见心、肝、肺出血性病变，见图4-2、图4-3、图4-4、图4-5。

　　实验室病原学诊断：主要进行病原学诊断，常发现病猪感染猪肺支原体、蓝耳病病毒、多杀性巴氏杆菌，其次是猪副猪嗜血杆菌、链球菌、猪流感病毒或伪狂犬病毒。

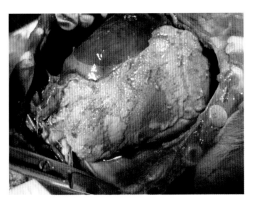

图4-2　肺浆膜与胸膜或心包形成纤维素性
　　　　粘连，甚至心脏与心包也发生粘连

图4-3　间质性肺炎，肺肿胀，不塌陷

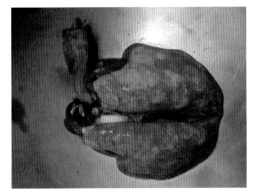

图4-4　肺脏呈花斑状和斑纹状外观

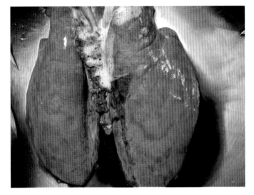

图4-5　慢性间质性支气管肺炎。肺肿大，
　　　　色淡，某些区域变为灰色

▶ 防治方案

1. 预防方案　建立和落实以卫生管理和消毒工作为核心的猪场生物安全体系，将卫生和消毒工作贯穿于养猪生产的各个环节，通过生物安全体系的建立，可以最大限度地控制病原的传入和在猪场内的传播，减少猪场呼吸道疾病发生的概率，把疫病控制在最小范围内，这在控制猪呼吸道疾病综合征上具有十分重要的意义。

严格采取全进全出的饲养方式，实施良好的饲养管理措施，增强猪群体的抗病能力，减少和降低猪呼吸道疾病综合征在猪场的发生率。

避免不同日龄的猪混养在一起，饲喂优质的全价配合饲料，做好产房和保育舍的保温工作，采取良好的通风措施，降低猪群的饲养密度等。

做好猪气喘病、蓝耳病（最好使用灭活苗）、猪瘟、猪伪狂犬病、猪传染性胸膜肺炎、萎缩性鼻炎等疾病的疫苗免疫接种工作。

2. 治疗方案

方案1：

在母猪产前1周，每吨饲料使用酒石酸乙酰异戊酰基泰乐菌素20克+金霉素150克拌料；在产后，每吨饲料用酒石酸乙酰异戊酰基泰乐菌素20克+金霉素150克+氟苯欣（氟苯尼考）30克拌料，使用2周或喂到断奶。

在断奶仔猪，每吨饲料可应用酒石酸乙酰异戊酰基泰乐菌素20克+金霉素150克+氟苯尼考30克拌料，连用30天。

保育猪转到生长舍后，每吨饲料用酒石酸乙酰异戊酰基泰乐菌素50克+金霉素300克+氟苯尼考50克拌料，连续使用7天。

如果在育肥猪群存在猪呼吸道疾病综合征，可在12、17周龄各进行1次每吨饲料酒石酸乙酰异戊酰基泰乐菌素20克+金霉素150克+氟苯尼考30克拌料。每次饲喂7天。

方案2：

母猪：每吨饲料泰妙菌素100克+金霉素300克+阿莫西林200克拌料，在产前、产后各连续使用7天，此法既可以净化母猪体内的细菌，又可以防止细菌性病原体从母猪向仔猪的早期传播。

仔猪：每吨饲料中添加泰妙菌素100克+金霉素300克+阿莫西林250克，于断奶后连续使用14天，或泰妙菌素100克+阿莫西林250克+强力霉素150克，于断奶后连续使用7天。

有些猪场可能在断奶前就已经发病，因此以上药物组合也可在仔猪断奶前7天开始使用。

保育猪转到生长舍后，每吨饲料使用泰妙菌素100克+阿莫西林150克+强力霉素150克拌料，连续使用7~10天。

如果在育肥猪群存在猪呼吸道疾病综合征，应在第12周龄和17周龄每吨饲料分别使用泰妙菌素100克+金霉素300克+阿莫西林200克拌料，各使用1周。

方案3：

生产母猪：每千克饲料中加入泰妙菌素100毫克+强力霉素100毫克（或金霉素300毫克），于产前、产后各喂饲7天。

仔猪：在每千克饲料中加入泰妙菌素50毫克+强力霉素50毫克（或金霉素150毫克），连续饲喂约1个月。

后备母猪：每千克饲料中加入泰妙菌素100毫克+强力霉素100毫克（或金霉素400毫克），每月只用一周，喂至配种。

育肥猪：在13和17周龄，分别进行预防给药1周。

注射药物：10%硫酸丁胺卡那霉素每10千克体重1毫升+1%美蓝注射液每10千克体重1毫升+0.5%～1%异丙阿托品或硫酸阿托品每10千克体重0.5～1毫升，混合肌内注射，1～2次/天，连用3～5天。

对发病的肥猪群可口服给药：为了经济、有效地控制发病率和降低死亡率，每吨饲料可选用氟甲砜霉素150克+磺胺二甲基嘧啶500克+小苏打1 000克+维生素C200克，混匀喂食，连续喂1～2周。

方案4：在发生猪呼吸道疾病综合征的猪场，药物治疗的效果常常不是很好。因此最好使用药物预防本病。

可采用在母猪和仔猪饲料中添加药物的方式，在断奶仔猪每吨饲料可用支原净50克+金霉素或土霉素300克拌料，连续使用1个月。

在母猪产前1周和产后1周每吨饲料使用支原净100克+金霉素400克拌料饲喂。

如果在育肥猪群存在猪呼吸道疾病综合征，可在13和17周龄用上述药物拌料，分别使用1周，对猪呼吸道疾病综合征有良好的预防效果。

二、猪呼吸和繁殖障碍综合征

猪呼吸和繁殖障碍综合征（PRRS），俗称蓝耳病，是由莱利斯塔德病毒引起的，以繁殖障碍和仔猪呼吸道症状为主要临床表现的传染病。

其特征为母猪厌食、发热，在妊娠后期发生流产、死胎、胎儿木乃伊化以及产下弱仔；在断奶仔猪出现呼吸道症状，哺乳仔猪和断奶仔猪出现严重的呼吸道疾病，并因此造成死淘率增高，这是本病的一个很重要的特征。

本病有时表现为地方流行性呼吸系统疾病，有的则表现为散发性急性繁殖障碍疾病，最明显的表现是妊娠后期母猪极高的流产率。

蓝耳病具有如下重要临床特征：

（1）症状表现多样性　从无临床症状（亚临床症状）到严重的临床表现。这与毒株种类、机体抵抗力、环境因素及继发感染等因素密切相关。

（2）初生仔猪、断奶小猪及妊娠母猪最易感染本病，仔猪患病后以呼吸道症状为主。

（3）母猪患本病后表现为体温升高、停食、昏睡、妊娠后期流产，康复母猪虽然可再妊娠，但会长期带毒。

（4）持续感染并长期排毒是本病的又一特点。猪场一旦发生本病可长期发病，成为蓝耳病的阳性猪场。

（5）在被感染猪的肺泡液中，巨噬细胞数量可减少50%左右，白细胞数量也减少，说明该病毒能严重抑制机体的免疫功能。

（6）由于抑制了猪的免疫功能，故发生本病后易激发、继发感染其他疾病。如附红细胞体病（EPE）、猪瘟（HC）、副猪嗜血杆菌病（HP）、传染性胸膜肺炎（APP）和猪流感（SI）等。

▶ 病原概述

蓝耳病病毒（PRRSV）为动脉炎病毒科动脉炎病毒属的病毒，有囊膜，直径50～65纳米，对热和酸碱度变化敏感，在自然环境中不会存活太长时间。

由于蓝耳病病毒对外界的抵抗力差及存活时间短，因此有时不能从流产胎儿和死胎中分离出该病毒。

蓝耳病病毒有不同的毒株或分离株，目前主要分为欧洲株（LV）和美国株（VR-2332）。目前国内流行的蓝耳病主要以美国株为主。蓝耳病病毒有很强的感染性，很低的感染剂量就能使猪发病。

▶ 流行特点

截止到目前，所能见到的研究表明猪是本病的唯一易感动物。各种年龄的猪均能被感染，但1月龄仔猪和妊娠母猪最易被感染，危害性也最大。

本病传播迅速，常呈现地方性流行。主要感染途径为呼吸道，可经空气传播和接触传播。妊娠母猪对仔猪可产生垂直传播。患病公猪可通过精液传播本病。

本病在猪场内的流行过程比较缓慢，可持续10～12周左右，一般发病后不会再发。

国内流行本病的情况：1995年，在从加拿大引进的种猪中检测到了蓝耳病病毒抗体阳性的猪，并分离到了病毒毒株。1995年底华北地区猪场暴发本病。1996—1997年全国各地区猪场发生"流产风暴"，后来被证明是蓝耳病。1998年后零星发生本病，流行态势趋于平缓。

本病在猪场的感染率很高，目前仍然是养猪业的重要传染病。感染猪场（阳性猪场）的血清抗体阳性率为20%～80%。

▶ 临床表现

（1）妊娠母猪　主要危害妊娠100天以后的母猪。主要表现为突然出现厌食，部分母猪可能出现打喷嚏、咳嗽等类似流感的呼吸道症状。

体温稍高（39.5～40℃），呈一过性低烧，部分母猪呼吸急促，出现严重的呼吸困难症状。

2%左右病猪的耳尖、耳边呈现蓝紫色（发绀），四肢末端和腹侧皮肤有红斑，出现大的疹块和梗死病变，阴门肿胀。

通常在急性感染期，妊娠母猪多在妊娠后期（100～112天）发生大批（20%～30%）流产或早产，产下木乃伊胎、死胎和病弱仔猪。死产率可达80%～100%。母猪早产的表现为分娩不顺畅，泌乳减少。

病后恢复的母猪，有一些表现为发情期明显延长，用促性腺激素治疗无效，但是大多可以再配种、妊娠，见图4-6。

图4-6　部分病猪的耳尖、耳边呈现蓝紫色（发绀），四肢末端和腹侧皮肤有红斑

（2）哺乳仔猪　有的早产仔猪在出生后立即死亡或在生后数天死亡，或在生后2～3天发生腹泻，其死亡率可达30%～100%。

有些仔猪出现呼吸困难、气喘或耳朵发绀症状。有表现出血倾向，皮下有斑块。有的表现为关节炎、败血症症状等。

（3）断奶仔猪　在感染本病后大多数出现呼吸困难、咳嗽、肺炎等症状。有些表现为下痢、关节炎、眼睑肿胀、皮肤有斑点等症状。

被感染的断奶仔猪往往在某段时间突然暴发细菌性疾病，死亡率超过20%，未死亡的猪则长期消瘦，生长缓慢，成为僵猪。

（4）育肥猪　临床表现类似轻度流感症状。表现为暂时性厌食和轻度呼吸困难，采食量稍降低，增重缓慢。

（5）公猪　发病后食欲不振、乏力、嗜睡、精液品质下降。

总之，本病的临床表现很复杂，因为本病的病原具有明显的变异性，不同毒株的致病力有很大差异，加之饲养管理条件、机体免疫力不同等因素，故发病的临床表现不尽相同。在有的猪场，临床症状表现为明显的临床感染；在有的猪场，感染本病后几乎不引起呼吸道症状，但却表现出严重的繁殖障碍症状。在有些猪场发病后临床症状不明显，仅表现为亚临床感染状态。

▶ 剖检病变

（1）剖检发病的新生仔猪的大体病变　肺脏表面出现红褐色、不规则、界限明显的几何形状（长方形、菱形等）、花斑状，不塌陷。

全身淋巴结呈中度到重度肿大，呈紫褐色，在腹股沟淋巴结表现最明显，见图4-7。

图4-7　肺脏呈红褐色花斑状，不塌陷

显微镜下病变：在显微镜下肺切片的变化为中度到重度的间质性肺炎，有3种特征性变化：肺泡间隔出现单核细胞浸润；Ⅱ型肺泡细胞肥大和增生；明显聚集的炎性和坏死性肺泡渗出物。

（2）剖检哺乳仔猪的大体病变　肺脏呈不同程度的不规则几何形状、红褐色花斑，不塌陷。哺乳仔猪被蓝耳病病毒感染的标志性病变是淋巴结褐色肿大、眼球结膜水肿及腹腔、胸腔和心包液清亮，增多，见图4-8、图4-9、图4-10。

显微镜下病变：可见间质性肺炎病变。

剖检生长育肥猪的大体和显微病变：与哺乳猪被感染后的病理变化类似，但较轻，见图4-11。

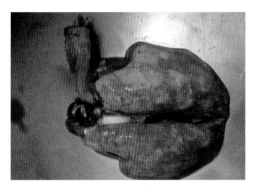

图4-8　肺脏呈现不同程度的不规则几何形
　　　　状红褐色花斑，不塌陷

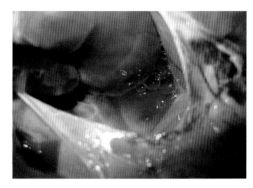

图4-9　心包液清亮，增多

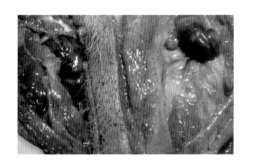

图4-10　哺乳仔猪被蓝耳病病毒感染的标志
　　　　性病变是淋巴结褐色肿大

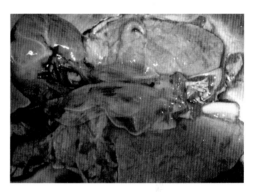

图4-11　慢性间质性支气管肺炎，肺肿大，
　　　　色淡，某些区域变为灰色

　　剖检公猪的大体和显微病变：观察不到蓝耳病病毒引起公猪的一致性或明显的病变。

　　剖检母猪的大体和显微病变：特征为妊娠后期流产、早产、胎儿自溶和木乃伊胎数增加，产死胎和弱仔。

　　在妊娠母猪见不到具诊断意义的大体和显微病变。

　　剖检胎儿的大体和显微病变：出现死胎、流产情况。注意观察不同时期的死胎，从最小的呈木乃伊状的死胎到最大的已成形的胎儿。死胎颜色呈棕色，有胎儿自溶现象，死亡胎儿体表带有一层黏稠的胎粪、血液和羊水。

　　镜下检查可观察到局部性坏死性脐带动脉炎。

▶ **诊断要点**

　　（1）临床诊断　妊娠母猪晚期流产，流产率可达50%以上。哺乳仔猪和断奶仔猪出现呼吸道症状和较高的死亡率（80%～100%）。

猪群的整体生产性能下降和疾病增多。只要母猪出现繁殖障碍症状，同时伴有小猪呼吸道症状，断奶猪群生长发育不理想，就应考虑本病。

（2）血清学诊断　常用的方法有酶联免疫吸附试验（ELISA）、免疫过氧化物酶单层试验、间接荧光抗体试验、血清中和试验等方法。

（3）其他诊断方法　呼吸系统疾病对肺脏、扁桃体和淋巴结进行IFA、IHC、PCR检测和病毒分离；繁殖疾病可利用PCR检测PRRS病毒会获得较好结果。

（4）荷兰提出的特征临床诊断法　妊娠母猪出现20%以上的死胎；8%以上的母猪流产；断奶前仔猪有26%以上的死亡率。以上三项中有两项成立，即可初步断定为蓝耳病。

（5）现场综合诊断要点　妊娠母猪咳嗽，呼吸困难，流产多在妊娠后期（妊娠105～122天以后出现流产情况）、产死胎、木乃伊胎或弱仔，有的母猪产后无奶；部分仔猪体温升高，病猪耳、腹侧及外阴部有青紫或蓝色斑块；表现呼吸道症状的3～5周龄仔猪常有继发感染情况，如继发感染嗜血杆菌、2型链球菌等；淋巴结肿大呈蓝紫色及肺脏出现间质性肺炎。

▶ **预防方案**

1. 疫苗使用　关于蓝耳病疫苗的使用，国内外专家有不同见解。目前尚无完美的免疫程序。应根据实际情况在兽医指导下谨慎免疫。

灭活油苗：主要用于种猪。该苗安全、不散毒、不返强、易贮、易运。不受母源抗体影响。免疫5～7天后便可检出抗体，20天达高峰，持续6个月。后备母猪在配种前免疫2次。母猪在妊娠初期进行两次免疫（间隔20天），对减少死胎率、提高仔猪成活率方面有效；母猪在妊娠后期再免疫两次（间隔20天），此举对促进哺乳仔猪成活率有效。对于种公猪每年免疫2次即可。

弱毒苗：不能用于阴性猪场及种猪场。主要用于仔猪、后备母猪及进行紧急预防注射。弱毒苗在激活细胞免疫方面有明显优势，且弱毒苗免疫效果明显优于灭活苗，免疫期长，特别对发病猪群效果更明显。但弱毒株有突变、返强的可能（丹麦报道），故应根据实情谨慎安排蓝耳病弱毒苗的免疫接种。给母猪使用时应注意持续感染、带毒、水平传播及胎儿先天感染等问题。

在生产实践中科学使用疫苗，仍是国内防治本病的主要手段。

蓝耳病疫苗的推荐免疫程序：后备母猪在配种前免疫2次（间隔3周）灭活苗。妊娠母猪在妊娠期免疫2次灭活苗，对保护仔猪有良好作用。对种公猪每年免疫2次灭活苗，（间隔20天）。对于仔猪可使用弱毒苗进行免疫，应与猪瘟疫苗的20日龄首免有间隔，即提前或移后5～7天。给妊娠70天以前的母猪使用弱毒苗免疫被证明是安全的。

2. 预防措施：

（1）严格落实综合防疫制度。封锁发病猪群，对于死胎、死猪进行严格的无害化处理，对于在疫区内的肥猪进行定点屠宰处理，直到最后一头猪死亡8周后，检不出抗体阳性猪时才能解除封锁。

（2）调整饲料日粮配方，把矿物质（铁、钙、锌、碘、锡、锰等）提高5% ~ 10%，维生素含量提高5% ~ 10%，其中把维生素E提高100%，生物素提高50%，把赖氨酸、蛋氨酸、胱氨酸、色氨酸、苏氨酸平衡好，以便增强猪群的抗病力。

（3）母猪在分娩前20天，每天每头猪给饲阿司匹林8克，对于其他猪可按每千克体重125 ~ 150毫克的阿司匹林添加于饲料中口服，或者按3天给1次方法喂服，喂到产前1周停止，可减少发生流产。

（4）认真搞好各种病的计划免疫工作。防止继发感染，适当给予抗生素配合治疗，以防继发感染。

（5）对病猪实施对症疗法。给早产仔猪和弱猪及时止泻补液，补充维生素E、电解质，减少应激反应，防止继发感染，淘汰无治疗价值、经济价值的病猪。

（6）净化环境，选用高效微生态制剂，净化猪体内外环境，提高猪的免疫机能，减少或清除场内污染源。为提高免疫功能，可使用黄芪、芦荟等免疫增强剂。

三、黑斑病甘薯中毒

甘薯又称红薯，也叫白薯、山芋、地瓜。黑斑病甘薯中毒也称霉烂甘薯中毒，本病是猪吃了有黑斑病的甘薯或黑斑病甘薯制粉后的粉渣引起的中毒性疾病。其主要临床特征为呼吸困难，急性肺水肿及间质性肺气肿。

体重为5 ~ 7.5千克的小猪中毒后病情严重，其次是10 ~ 15千克体重的小猪。在50千克及以上的大猪，常常只是个别猪出现腹痛症状。

▶ 病因概述

甘薯黑斑病菌属于真菌中的囊子菌纲，这种真菌产生的毒素是甘薯酮、甘薯宁，味苦，耐高温，一般的水煮、烘烤几乎不能破坏其毒性。因此，给猪饲喂病变的甘薯或其加工后的残渣均能引起猪中毒。

▶ 临床表现

本病多发生在春末夏初的甘薯出窖时节，亦见于晚冬时甘薯窖潮湿或温度增高的时期。

主要表现以下临床症状：精神萎靡，食欲废绝，呼吸困难，严重气喘，心悸、脉搏节律不整，腹部膨胀，便秘或腹泻。

严重者发生阵发性痉挛，运动障碍，步态不稳。在严重的病例出现明显的神经症状：盲目前进，往往倒地搐搦而死。

一般发病1周左右逐渐康复。中毒较轻者，持续痉挛2～3小时后症状减轻，经过1～2天可恢复食欲。50千克以上的大猪多呈慢性经过，经过3～4天后自愈。

▶ 剖检病变

早期的病变主要在肺部：肺充血及水肿，多数病例为间质性肺气肿，肺间质增宽，灰白色透明而发亮，有时大部间质因充气而呈明显分离与扩大状态，甚至形成中空的大气腔。在严重病例，肺的表面还可见到若干大小不等的球状气囊，肺表面的胸膜脏层透明发亮，呈现类似白色塑料薄膜浸水后的外观。在胸膜壁层有时见到小气泡。

其他变化如胃肠及心脏有出血斑点，胆囊及肝脏肿大，胰腺充血、出血及坏死。在胃内可发现甘薯块等内容物，见图4-12。

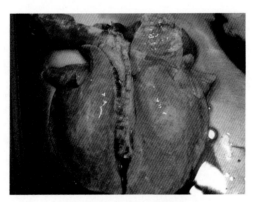

图4-12　肺充血及水肿，多数病例为间质性
肺气肿，肺间质增宽

▶ 诊断要点

查明病猪采食过黑斑病的甘薯，结合临床症状，不难确诊。

此病常以群发，体温不高为特点，如果剖检时在胃内发现有黑斑病的甘薯残渣，则可确诊。注意与出血性败血症及猪肺疫相区别。

▶ 防治方案

1. 预防方案　禁止用霉烂甘薯及其副产品喂猪。

2. 治疗方案　治疗原则为迅速排出毒物，解毒，缓解呼吸困难症状。

排出毒物及解毒：可用洗胃方法或内服氧化剂，如1%高锰酸钾溶液或1%过氧化氢溶液等。

缓解呼吸困难：用5%～20%硫代硫酸钠注射液20～50毫升，静脉注射。亦可同时加入5%维生素C 2～10毫升，3%过氧化氢溶液20～50毫升与3倍以上的生理盐水或5%葡萄糖生理盐水溶液混合后，缓慢进行静脉注射。

当发生肺水肿时，可用50%葡萄糖溶液100毫升、10%氯化钙溶液20毫升、20%安钠咖5毫升，混合均匀，一次静脉注射。

当呈现酸中毒症状时，应用5%碳酸氢钠溶液50～100毫升，一次静脉注射。使用胰岛素注射液30～60单位，一次皮下注射。

四、支气管炎

支气管炎是支气管黏膜表层和深层的炎症。多发于早春、晚秋和气候变化剧烈的时节，各种家畜都可发生此病。临床诊断上以咳嗽、流鼻液、不定热型和呼吸困难为特征。

▶ 病因概述

受寒感冒或各种机械、化学物质等的刺激是导致发病的原发病因。猪舍狭小、潮湿不洁、猪群拥挤、气候剧变或多雨寒冷，仔猪抵抗力下降是本病的主要诱发原因。在本病的发生过程中，往往诱发原因起着重要作用。

▶ 临床表现

本病分为急性和慢性两种类型。急性支气管炎的明显症状为咳嗽和呼吸困难。咳嗽初期为干性，以后逐渐变为湿性。在肺部听诊可听到啰音。

慢性支气管炎除具有上述症状外，病猪还表现为严重的气喘，明显的腹式呼吸，消瘦，流鼻液，行走摇摆等症状。

▶ 诊断要点

主要依据上述特征性临床表现和肺部X线检查进行临床诊断。X线检查：肺部有较粗的肺纹理和支气管阴影。

▶ 防治方案

1. 预防方案　保护猪特别是小猪免受寒冷、风、雨和潮湿等因素的袭击，防止感冒。平时应注意饲养管理，饲喂营养平衡的全价配合饲料，圈舍要通风透光，保持空气新鲜清洁，以增强仔猪的抗病力。

2. 治疗方案

（1）治疗原则　消除致病因素，祛痰、镇咳、消炎，必要时可结合抗过敏药物进行治疗。

（2）口服祛痰剂　用于在炎性渗出物黏稠不易咳出时，可将氯化铵4克，海葱酊8毫升，加蒸馏水100毫升制成溶液，混于少量饲料内喂服，每天2次。

（3）口服止咳剂　用于解除病猪咳嗽的痛苦。如使用复方甘草合剂10～20毫升或杏仁水2～5毫升内服，每天1～2次。

（4）消除炎症　可用青霉素、庆大霉素、环丙沙星等抗生素口服、肌内注射或静脉注射，连用3～5天。

（5）使用抗过敏药物　可在实施上述治疗措施时配合使用如溴樟脑0.5～1克或盐酸异丙嗪等。

此病常继发于某些传染病或寄生虫病，故应进行原发性疾病的诊断和治疗。

五、肺　炎

肺炎是理化因素或生物学因素刺激肺组织而引起的肺部炎症。发生于个别肺小叶或几个肺小叶的炎症称为小叶性肺炎（又称支气管肺炎），发生于整个肺叶的急性炎症称为大叶性肺炎或纤维素性肺炎。

在猪比较常见的是小叶性肺炎，有时也可发生大叶性肺炎。

▶ 病因概述

（1）饲养管理不当　如受寒感冒，物理和化学因素的刺激，长途运输，气候骤变等引发支气管炎，在没有得到很好控制情况下病情继续发展，变为肺炎。

（2）异物性肺炎　误咽或灌药不慎，使异物误入气管、入肺等引起异物性肺炎。

（3）某些传染病因素　如发生猪瘟、猪肺疫、结核、流感、副伤寒，寄生虫病如肺丝虫病、蛔虫病等以及霉菌病等情况下也能继发本病。

▶ 临床表现

体温升高至40℃以上，出现弛张热型。食欲废绝。脉搏、呼吸数随体温变化而发生相同趋势的改变。严重咳嗽，气喘，流出多量鼻汁。

▶ 剖检病变

慢性卡他性支气管肺炎的病变广泛分布于肺脏，大片的病灶集中在中间叶。慢性卡他性支气管肺炎的肺部病变具体情况为，红-灰相间的病变区域常局限于肺小叶部分，见图4-13、图4-14。

▶ 诊断要点

（1）胸部听诊　在病灶部听诊肺泡呼吸音减弱，可听到捻发音，以后由于渗出物堵塞了肺泡和细支气管，肺泡呼吸音消失，可能听到支气管呼吸音，而在其他健康部位听诊时，则肺泡音高亢（此为代偿结果），常可听到各种啰音（湿啰音或干啰音）。

（2）病理解剖　剖检时出现上述典型的肺部病变。

血液学检查见白细胞总数和中性粒细胞增多，并伴有核左移现象。X线检查显示

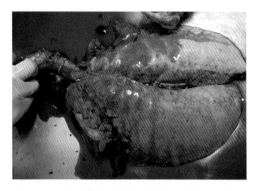

图4-13　慢性卡他性支气管肺炎病变广泛分布于肺脏。大片的病灶集中在中间叶　　图4-14　红-灰相间的区域常局限于肺小叶部分

肺纹理增粗，伴有小片状模糊阴影（小叶性肺炎），或呈现明显而广泛的大片阴影（大叶性肺炎）。

（3）类症鉴别　本病应与支气管炎和胸膜肺炎等相区别。单纯支气管炎，咳嗽明显，全身症状较轻，热型不定，体温正常或升高0.5～1℃，一般持续2～3天即下降，听诊肺泡音高亢并有各种啰音，但无捻发者。在胸膜炎，初期可听到胸膜摩擦音，当有渗出液积聚时，叩诊呈水平浊音。触诊或叩诊肺部时，病猪有明显痛感。

▶ **防治方案**

1. **预防方案**　防止感冒，保护猪免受寒冷、风、雨和潮湿等不良因素的袭击。

平时应注意饲养管理，喂给营养平衡、全价配合饲料，圈舍要通风透光，保持空气新鲜、清洁，以增强仔猪的抵抗力。此外，应加强对能继发本病的一些传染病和寄生虫病的预防和及时根治。

2. **治疗方案**

（1）治疗原则　主要是消炎、止咳，制止渗出物的渗出，促进其吸收与排出以及对症治疗，同时应改进营养，加强护理。

（2）消除炎症　可用抗菌类药物。在条件许可时，可进行药敏试验选择最佳药物。通常可使用20％磺胺嘧啶10～20毫升，肌内注射，每天2次，或青霉素80万～160万单位加链霉素100万单位，肌内注射，每天2次，连用数天。

另外，也可选用四环素、庆大霉素、卡那霉素、先锋霉素和喹诺酮类药物，如环丙沙星、恩诺沙星等抗生素。

（3）祛痰　用于分泌物黏稠不易咳出时。将氯化铵及碳酸氢钠各1～2克，混于饲料中口服，1天2次。

（4）止咳　用于频发痛咳，分泌物不多时。如使用磷酸可待因0.1～0.5克，内服，每天1～2次。也可用盐酸吗啡、咳必清等止咳剂。使用10％氯化钙液10～20毫升进行静脉注射，每天1次，有利于制止渗出和促进吸收。

（5）强心补液　病猪体质衰弱时可静脉输液，补充葡萄糖与电解质；当心脏衰弱时，可皮下注射10％安钠咖2～10毫升，每天3次。

第二节　育成猪咳喘疾病

一、猪气喘病

该病亦称为猪支原体肺炎或猪地方流行性肺炎，是由猪肺支原体引起的猪的慢性、接触性传染病，本病在猪群中可长期存在，形成地方性流行。主要症状为咳嗽和气喘，病变的特征是在患病猪肺的尖叶、心叶、膈叶和中间叶的边缘形成对称性的肉样变，即融合性支气管肺炎。

患猪长期生长发育不良，饲料转化率低。本病在一般情况下表现为感染率高，死亡率低。但在流行的初期以及饲养管理不良时，常引起继发性感染也会造成较高的死亡率。种母猪被感染后也可传给后代，导致后代不能作种用。

▶ **病原概述**

病原为猪肺支原体（霉形体）。本菌无细胞壁，呈多形态，如球状、环状、点状、杆状等。对本菌进行染色时不宜着色。

虽然能够人工培养本菌，但其生长条件要求比较苛刻，在固体培养基上生长缓慢，需3～10天，菌落呈针尖大小的露滴状，在低倍显微镜下观察为荷包蛋样。

本菌对外界抵抗力不强，常用的消毒剂都可杀死该菌。对青霉素和磺胺类药不敏感，但对壮观霉素、土霉素和卡那霉素敏感。

▶ **流行特点**

不同年龄大小的猪均易感本病，但以断奶后仔猪最易发病。一年四季都可发病，但在寒冷、多雨、潮湿或气候骤变时较为多见。不良的饲养管理和卫生条件会降低猪只的抵抗力，易诱发本病。

一般情况下本病发病率高，致死率低。但患本病后易继发其他疾病。如继发多杀性巴氏杆菌感染的猪肺疫，肺炎球菌感染的肺炎和猪鼻支原体感染等，故本病又被称为钥匙病或导火索病。

传染途径：主要通过呼吸道传播。乳猪的感染多数是长时间接触带菌母猪所致，被感染的乳猪在断乳时再传染给其他猪只。在密集饲养情况下可促进本病的传播、发病。

本病的潜伏期较长，有很多的猪群是在不知不觉中被感染的，致使本病长期存在于猪群中。本病一旦传入猪群，如不采取严格与切实的措施，很难彻底将其净化和扑灭。

▶ 临床表现

间歇性咳嗽（干咳）和气喘为本病的主要特征。呼吸增快，呈腹式呼吸，呼吸次数剧增，可达60～120次/分。一般体温、精神、食欲、体态未见明显异常表现。严重时食欲减少或废绝。

患病后生长发育受阻，致使猪群个体大小不均，影响出栏率。病程进展缓慢，常可持续2～3个月以上。

该病通常死亡率不高。但是，当出现继发感染或混合感染时死亡率较高，肺炎是促使气喘病猪死亡率增高的主要原因。

▶ 剖检病变

以小叶性肺炎和肺门淋巴结及纵隔淋巴结显著肿胀等为特征。各个肺叶的前下部两侧出现对称性的、境界分明的虾肉样实变。小叶性肺炎病变以心叶、尖叶、中间叶最为明显，切面呈鲜肉样外观即所谓的"肉样变"。淋巴结的病变表现为肺门和纵隔淋巴结髓样肿大，见图4-15、图4-16、图4-17。

▶ 诊断要点

当一大群生长育肥猪出现阵发性干咳，气喘，生长阻滞或延缓，但死亡率很低时即可怀疑本病。

剖检病变：肺的病灶与正常肺组织之间分界清楚，两侧肺叶病变基本对称，病变区大都局限于肺的尖叶、心叶、中间叶及膈叶前下部及边缘处。触之有胰腺样坚实的感觉。

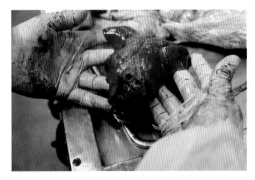

图4-15　病猪肺前下部两侧出现对称性的、境界分明的虾肉样实变区

图4-16　病变集中在病猪肺的尖叶、心叶和膈叶前下方边缘部位

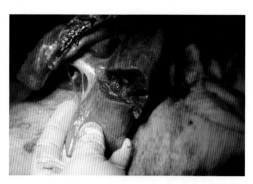

图4-17　在病猪肺切面表现为慢性脓性卡他性支气管肺炎。从被感染区域流出黏、脓性液体

特殊诊断方法：对病原支原体（霉形体）进行分离鉴定；用间接血凝试验方法检测抗体；用X光透视或血清间接血凝法诊断本病。

▶ 防治方案

1. 预防方案　国内生产的猪气喘病弱化冻干苗可用于免疫20～25日龄的健康仔猪，试验条件下的保护率可达80%以上。

（1）消毒措施（包括圈舍和猪体表）　将杀特灵和紫虹速溶粉配套使用效果较好。在控制期间（一般需要约15天），每天消毒一次；在控制后第1个月里，进行隔天消毒一次；在控制后第2个月，每3天消毒一次；以后每周消毒2次。

（2）拌料投药或饮水　可选用除病杀、泰妙菌素、北里霉素、林可霉素或泰乐菌素预混剂等。恩诺沙星、乳酸环丙沙星、吉安呼泰、威力克、强力喘安、酒石酸北里霉素、吉安1号以及双富粉等也有较好的效果。

拌料方法：在母猪产前产后各7天，每吨饲料用泰妙菌素100克+金霉素300克拌料。哺乳仔猪：每吨饲料用泰妙菌素100克+金霉素300克拌料。断奶仔猪：每吨饲料用泰妙菌素100克拌料，使用7天；用泰妙菌素50克拌料，饲喂3～4周。13周龄仔猪：每吨饲料用泰妙菌素100克+金霉素300克拌料，饲喂3～5天。17周龄育肥猪：每吨饲料用泰妙菌素100克+金霉素300克拌料，饲喂1周。

每吨饲料中添加50～200克金霉素喂猪可预防猪气喘病，或在每吨饲料中加入200g林可霉素，连续使用3周也有一定效果。

（3）饮水消毒　在口服投药停药后，用紫虹泡腾片或水易净泡腾片，连续消毒20～30天。

（4）建立无气喘病猪群　预防或消灭本病，主要在于坚持实施综合性防疫措施。

疫区：以健康或康复母猪培育无本病的后代，建立健康猪群，主要措施如下：进行自然分娩或剖腹取胎后，在严格消毒和隔离条件下对乳猪进行人工哺乳。按窝隔离饲养，将断奶猪和育肥猪分舍饲养。

利用X线透视或用间接血凝试验、ELISA等方法进行筛查，清除病猪、可疑病猪及阳性猪。用这种方法逐渐扩大健康猪群。达到以下三条标准时，方可认为培育了无本病的健康猪群。①对培育的无本病健康猪群，连续观察3个月以上无气喘病症状；在此群中放入2头无本病的易感小猪同群饲养1个月，小猪没有出现被感染的情况；②一年内整群猪无气喘症状，抽检宰杀的肥猪无本病的特征性肺部病变；③母猪连续生产两窝仔猪后，在哺乳期、断奶期直到育肥猪，均无气喘病症状，一年内用X线检查全部育肥猪和哺乳猪，并间隔1个月再检查，全部猪肺部无本病的影像出现。

非疫区：坚持自繁自养，需引进种猪时，用X线或血清学等方法隔离检疫3个月，确认无本病后方可引进、混群。加强饲养管理，实施严格的卫生管理措施。

2. 治疗方案　用土霉素碱油剂按每千克体重40毫克剂量注射：即把土霉素碱25克，加入花生油100毫升，鸡蛋清5毫升，均匀混合，在颈、背两侧深部肌肉分点轮流注射。小猪2毫升，中猪5毫升，大猪8毫升。每隔3天一次，5次为一疗程，重病猪可进行2～3疗程，同时并用氨茶碱0.5～1克肌内注射，有较好疗效。

用林可霉素按每千克体重4万单位肌内注射，每天2次，连续5天为一疗程，必要时进行2～3个疗程。也可用泰妙灵（泰乐菌素）每千克体重15毫克，连续注射3天，有良好的效果。

此外，沙星类（环丙沙星等）+大环内酯类（泰乐菌素等），林可霉素类（禽可安等）+氟喹诺酮类（必可生、百服宁等），全群投药3～5天。

还可使用沙星类+β-内酰胺类（必可生+瑞特普利健等）、β-内酰胺类+大环内酯类药物（如氨苄青霉+红霉素，瑞特普利健+梅里米先等），以及拜有利等沙星类、大环类脂类（泰乐菌素等）、土霉素类、氨基糖苷类（庆大霉素、链霉素、卡那或丁胺卡那霉素、壮观霉素）、林可霉素类等抗生素进行肌内注射，对治疗本病亦有效。

用泰妙菌素（复方支原净）拌料给药，3～5天。重症时可用庆普生、喘康、协和、福易得、福可兴、新强米先或呼吸康等肌内注射。

由于蛔虫幼虫经肺移行和肺线虫都会加重本病病情，所以配合药物驱虫对控制本病的发展有一定意义。

二、猪肺线虫病

猪肺线虫病又称猪后圆线虫病，是由后圆科后圆属线虫引起的猪的一种寄生虫病。主要危害仔猪，严重时可引起肺炎，造成大批死亡。耐过的猪生长发育不良。

本病的临床症状与猪气喘病相似，表现咳嗽，呼吸困难，食欲丧失、贫血消瘦、生长受阻。

▶ 病原概述

病原体主要是长刺后圆线虫和短阴后圆线虫，萨氏后圆线虫的感染情况比较少见。

长刺后圆线虫除寄生于猪和野猪外，偶见于牛、羊，人也可被感染，该虫分布广，危害严重。虫体呈乳白线状，成虫寄生于猪的气管内，主要寄生部位是膈叶。猪是后圆线虫的唯一宿主。

后圆线虫的生活史：虫卵随痰液咳出，转至口腔被咽下，再随粪便排到外界，被蚯蚓吞食后孵化为幼虫；幼虫在蚯蚓的心脏发育成为感染性幼虫；猪吞食了含有感染性幼虫的蚯蚓后，在肠内蚯蚓被消化，放出幼虫；感染性幼虫钻入猪小肠黏膜，进入淋巴系统，进行蜕皮发育；幼虫再从右心移行至肺，经再次蜕皮发育为成虫。

▶ 流行特点

本病的中间宿主为蚯蚓，因此感染源为被虫卵污染的有蚯蚓的牧场、运动场、水源等。本病常于夏秋温暖、多雨季节流行、发病。

本病呈地方性流行，不同年龄的猪都会被感染，但多发于断奶后的仔猪。被后圆线虫感染、寄生的猪易继发猪肺疫，而且本病对气喘病的危害有加强作用。本病的幼虫可保存和传播流感病毒和猪瘟病毒。

▶ 临床表现

阵发性咳嗽，流黏稠脓性鼻液，呼吸迫促，消瘦。

▶ 剖检病变

病变主要见于肺脏。在肺膈叶后缘有楔形气肿病灶，内部有灰红色实变，该处支气管内含有大量的丝状虫体，见图4-18。

图4-18　肉芽肿性支气管肺炎，灰色区域弥
散于整个肺脏表面，为后圆线虫幼
虫移行结果

▶ **诊断要点**

在生前诊断可采用粪便检查虫卵的方法。死后在支气管或小支气管内发现虫体即可确诊。

▶ **防治方案**

防治本病首先要杀灭中间宿主蚯蚓，流行本病的猪场应定期进行驱虫工作。左旋咪唑、丙硫苯咪唑或伊维菌素等对驱除本虫有良好效果。

三、猪蛔虫病

猪蛔虫病是由猪蛔虫寄生在猪肠道内引起的一种猪的寄生虫病。猪蛔虫是常见的内寄生虫，据报道，本病给养猪业造成了千万元的严重经济损失。

▶ **病原概述**

猪蛔虫是猪消化道内最大的寄生虫，成虫长达15～40厘米，多寄生于小肠肠内，偶尔钻入胆管中。

猪可通过采食被污染的饲料、饮水、泥土而被感染。本虫卵亦可黏附于母猪的乳房上，导致仔猪哺乳时被感染。

虫卵被猪吞食后在小肠内孵化，然后进入肝脏，再经血流移行至肺脏。最后重新进入小肠发育为成虫。于感染后35～60天成虫开始排卵。自粪中排出的虫卵需要3～4周才会有感染力。

▶ **临床表现**

猪被感染一周后出现咳嗽，呼吸加快及体温升高症状。重症猪可见精神萎靡、食欲不振、异嗜、消瘦、贫血、被毛粗乱及腹泻等症状。

误入胆管的蛔虫成虫能引起胆管阻塞，使病猪出现阻塞性黄疸症状。

▶ **剖检病变**

病变局限于肝、肺及小肠。肝表面可见多数乳白色网状病灶，俗称"乳斑肝"。在肝小叶间及其周围有出血、坏死情况。在肺有萎陷、出血、水肿、气肿区域。肺部在感染移行期可见出血或炎症病变。在小肠内可见多条蛔虫，肠黏膜红肿、发炎。大量寄生时可引起肠阻塞甚至肠破裂。

有时蛔虫钻入胆管引起阻塞性黄疸，见图4-19、图4-20。

▶ **诊断要点**

生前诊断可采用粪便虫卵检查法，如果发现每克粪便中有1 000粒以上虫卵即可诊断为蛔虫病。死后剖检可在小肠中发现大量虫体和相应病变，此为该病的诊断依据。

▶ **防治方案**

由于虫卵的生存期可长达5年之久，故对蛔虫病的控制应打持久战。对于长期受

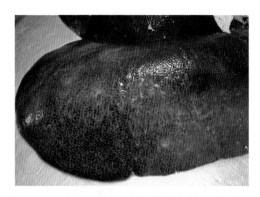

图4-19　肝表面可见多数乳白色网状病灶，
　　　　俗称"乳斑肝"

图4-20　胆囊肿大，内充满黄绿色胆汁

到蛔虫侵扰的猪舍，应经常清除粪便，堆积发酵以杀灭虫卵。保持良好的环境卫生，彻底清洗猪栏，防止饲料饮水被粪便污染。对于2～6周龄猪，应每2个月驱虫一次；对于成年猪应每年定期驱虫2次。

治疗或是预防性驱虫，可采用左旋咪唑、敌百虫等驱虫药。

四、猪棘球蚴病

棘球蚴病又称包虫病，本病原的成虫为寄生于犬、猫、狼等肉食动物小肠内的带科的细粒棘球绦虫，其幼虫——棘球蚴能寄生于猪、羊、牛和人的肝、肺等器官中，可引起棘球蚴病。

本病是一种重要的人兽共患寄生虫病。通常呈慢性经过，危害严重。在我国本病主要流行于西北地区，东北、华北和西南地区也有发生本病的报道。

▶ 病原概述

病原为细粒棘球绦虫的幼虫——棘球蚴，寄生于猪、羊、牛和人的肝、肺等器官中。细粒棘球绦虫很小，寄生于犬、狐、狼等肉食兽的小肠，随犬粪可排出大量孕卵节片和虫卵，污染饲料、水源和牧场，成为家畜被感染的主要原因。

生活史：猪经口感染孕卵节片和虫卵后，六钩蚴逸出，进入血液循环，大部分停留在肝内，一部分到达肺部寄生，少数到达其他脏器，经5～6个月发育为成熟的棘球蚴。此时犬食入棘球蚴后，在其小肠内经7周发育为成虫。

▶ 流行特点

细粒棘球绦虫的中间宿主是猪等家畜。细粒棘球绦虫的终末宿主为犬与犬科动物。此病在牧区感染情况严重，在我国主要流行于西北地区。

▶ **临床表现**

消瘦，咳嗽，病猪的肝、肺高度萎缩，肋下出现肿胀和疼痛，常因恶病质或因窒息而死亡。

▶ **剖检病变**

病变常见于肝，少见于肺和脾。肝、肺体积增大，表面凹凸不平。在肝、肺上可找到棘球蚴、囊泡、囊泡残迹以及化脓病灶等病变。

▶ **诊断要点**

以免疫学检查为主：用透析棘球蚴囊液做抗原，也有用亲和层析法和聚丙烯酰胺凝胶电泳方法来浓集和分离抗原，活的或死的棘球蚴都能作为有效抗原使用。

使用间接红细胞凝集试验方法快速简便，检出率为83％左右。酶联免疫吸附试验方法具有较高的特异性和敏感性。

▶ **防治方案**

1. **预防方案** 严格执行屠宰猪的兽医卫生检验及屠宰场的卫生管理制度，发现有被棘球蚴感染的病猪肉应立即销毁，严禁喂犬。

扑杀野犬，对家犬、牧犬进行定期驱虫工作，用吡喹酮每千克体重5～10毫克，一次口服。用氢溴酸槟榔碱每千克体重1～2毫克，在饥饿12小时后给予。驱虫后要收集犬粪，进行彻底的无害化处理。

加强猪场卫生管理，保护好饲料、水源不被犬粪污染。

2. **治疗方案** 治疗本病可使用吡喹酮、甲苯咪唑及丙硫咪唑等驱虫药物，应多次治疗。

3. **公共卫生** 人被感染主要是通过接触病犬或食入蔬菜及其他食物上的虫卵而发生的，所以要严格注意饮食和个人卫生，尤其是儿童更要注意养成良好的卫生习惯。

第三节 小猪打喷嚏疾病

猪传染性萎缩性鼻炎

猪传染性萎缩性鼻炎（AR）是由支气管败血波氏杆菌和产毒素的多杀性巴氏杆菌（主要D型）共同作用引起的一种猪的慢性呼吸道传染病。该病的特征是慢性鼻炎、颜面部变形、鼻甲骨变形，尤其是鼻甲骨发生卷曲、萎缩，由于经常打喷嚏而造成鼻出血。病猪生长发育迟缓。

该病从感染病原上区分为两种：一种是非进行性萎缩性鼻炎（NPAR），由产毒性的支气管败血波氏杆菌所致；另一种是进行性萎缩性鼻炎（PAR），由多杀性巴氏杆菌感染引起，或与其他因子共同感染引起。

产毒性支气管败血波氏杆菌广泛存在于养猪业，但对猪的致病作用轻微。多杀性巴氏杆菌可在猪群中广泛存在、传播，尤其在饲养管理不良的猪场感染情况十分严重。

本病在猪之间传播，管理与饲养因素可影响萎缩性鼻炎的严重性和临床表现。本病常发生于2~5月龄的猪，对养猪业有重大影响。

▶ 病原概述

本病的病原主要有支气管败血波氏杆菌（Bb）和多杀性巴氏杆菌毒素源性菌株（Pm），其中任何一种单独菌的感染不会引发本病。

支气管败血波氏杆菌为革兰氏阴性菌，在血液琼脂上发生 α 溶血，不发酵糖类。该菌在猪呼吸道黏膜纤毛上附着力很强，在56℃，30秒内能被灭活。在体外可存活3~5天；在土壤中可存活长达6周。

支气管波氏杆菌是一种革兰氏阴性杆状或球状菌，需氧。该菌易从患鼻炎的仔猪或肺炎的仔猪或从无明显临床症状的猪中分离到。该菌只能引起6周龄以下的猪鼻甲骨发育不良。

多杀性巴氏杆菌是革兰氏阴性、不运动的杆状或球状杆菌，需氧。该菌能从很多有或无鼻炎或肺炎症状的猪体中分离出来。该菌在60℃，10秒内灭活，但耐低温，在粪便中可存活1个月。该菌对常用消毒剂敏感，包括氨水、酚类、次氯酸钠、碘酊、戊二醛以及洗必泰等。0.2%以上浓度的福尔马林及0.5%苯酚在37℃，18小时内可灭活本菌。

两菌可对3月龄的猪造成严重的进行性萎缩性鼻炎，并阻碍其生长发育。

环境条件和饲养管理对这两种细菌产生毒素的能力有直接的影响。

▶ 流行特点

易感动物主要是猪，1个月龄以内的仔猪被感染后，经数周便可发生典型的鼻炎症状；在断奶后被感染时只产生轻微的病变。

本病多呈散发状态或地方流行性。母猪是引发哺乳仔猪发生感染的主要因素。哺乳期间被母猪感染，断奶混群时很快传染给其他猪。

仔猪为主要易感猪群，一般2~3周或断奶后是发病的主要日龄，初次感染时，1周龄的猪病势严重，到4周龄时病势趋缓，9周龄后发病轻微，大猪虽不发病，但是本病重要的传染源。

本病可以在公、母猪之间传播。免疫的母猪所产仔猪可延缓到12~16周龄被感染，非免疫母猪产的仔猪可能于2周龄内被感染。如果对发病的仔猪不及时治疗会长期排菌，而且难以净化。鼠类可传播本病。

发病机制：支气管败血波氏杆菌：通过定居、黏附于气管纤毛上皮细胞而存在于猪气管、鼻腔黏膜上。在黏膜表面增殖，产生毒素，导致黏膜上皮细胞的炎症、增生、纤毛脱落。毒素侵入鼻甲骨的骨核部而导致骨质被破坏。多数病例表现为猪鼻甲骨腹侧发生卷曲，程度从轻度萎缩变形到完全失去鼻甲骨。猪随年龄的增长对该病的抵抗力也逐渐增强。

多杀性巴氏杆菌一般不在鼻腔定居，鼻腔不是它唯一产生毒素的部位。该菌毒素的确切致病机理还不十分清楚。

▶ 临床表现

猪传染性萎缩性鼻炎的一般症状：鼻甲骨萎缩、变形。鼻汁中含有黏液、脓性渗出物。由于鼻泪管被阻塞，常流泪，泪水被尘土沾污后在眼角下形成黑色痕迹。

特征性病理变化：鼻腔内有大量黏脓性甚至干酪性渗出物。鼻腔软骨和鼻甲骨软化和萎缩，软甲骨卷曲部分或全部消失，见图4-21、图4-22。

图4-21　萎缩性和慢性卡他性炎症造成的猪　　图4-22　鼻腔软骨和鼻甲骨软化和萎缩
　　　　　嘴变短和畸形

被支气管败血波氏杆菌感染后的症状：多见于3～4周龄或断奶猪出现打喷嚏，鼻塞，鼻炎症状，有时伴有黏液、脓性分泌物。猪群中出现持续的鼻甲骨萎缩情况。大猪被感染后只出现轻微症状或无症状。

波氏杆菌也是引起仔猪支气管肺炎的一个主要病原菌，多发生在冬季，主要危害小猪，病猪多为3～4日龄的乳猪。主要症状是咳嗽，伴有呼吸困难，不发热。该病发病率较高，未经治疗的被感染猪死亡率也很高。但该菌一般在育肥猪中不易被分离到。

被多杀性巴氏杆菌感染后出现的症状：临床症状一般多在4～12周龄的猪才见到。在仔猪起初常见打喷嚏及鼻塞症状。单侧鼻出血，程度不一。在猪圈的墙壁上和猪体背部有血迹。特征病变是鼻软骨的变形，上颌比下颌短。当骨质变化严重时可出现鼻盘歪斜情况。

引起猪打喷嚏和鼻塞的其他病原还有：猪巨细胞病毒、支原体、放线菌、流感病毒、伪狂犬病毒、猪繁殖与呼吸道疾病综合征病毒（PRRSV）等。

▶ 诊断要点

该病临床特征明显，故临床上不难诊断。剖检病变：鼻甲骨萎缩，鼻中隔偏斜。实验室诊断：从鼻腔或分泌物中培养和分离出产毒素性多杀性巴氏杆菌。

▶ 防治方案

1. 预防方案　采用全进全出的饲养制度。在实施全进全出前要对猪舍进行严格消毒，并空舍1个月左右。猪舍应保持清洁、干燥、温暖、通风良好，饲养密度不能过高。对新引进的猪应隔离3～6个月，确认无症状后方可混入大群。

进行高频度的全场带猪消毒（产房除外）：可用杀特灵、好利安或瑞星速溶粉等消毒药交替进行消毒，每天1次，坚持15～20天，要注意对猪的鼻部消毒。因产房仔猪怕潮湿，不能进行带猪消毒，但可以用蘸有消毒剂的湿毛巾擦拭母猪体表，并注意消毒母猪的鼻部。

（1）群体给药　对全场猪用敏感抗生素（拜耳公司除病杀、复方支原净、环丙沙星+林可霉素或瑞特呼毒清等）投药5天，用量为3天治疗量，2天预防量。防止猪被感染，清理隐性带菌猪。

（2）预防接种　现有波氏杆菌、巴氏杆菌二联灭活疫苗，在母猪产前2个月和1个月，分别进行接种，可保护新生仔猪几周内不被本病原感染。也可对1～3周龄仔猪进行免疫，间隔1周进行2免。也可以使用如下免疫程序：仔猪：在5～10日龄用萎鼻二联苗进行双侧滴鼻；在25～35日龄用萎鼻二联苗进行皮下注射。妊娠母猪用萎鼻二联苗：在初产母猪产前6周、产前2周进行2次免疫；经产母猪在产前2周免疫一次。

（3）药物预防　对妊娠母猪在临产前1个月，饲喂磺胺嘧啶每吨饲料100克和土霉素每吨饲料400克。对3周龄内的仔猪用敏感的抗生素进行肌内注射，或鼻内喷雾，每周1～2次，每鼻孔0.5毫升，直到断奶为止。

使用抗生素药物进行早期预防可以降低此病的发生率，一般仔猪在出生第3天、7天和14天分别注射四环素；对于断奶仔猪可在饲料中加抗生素，连喂几周，可以预防此病。

药物预防实例：在母猪进入产房前5～10天，选用拜耳公司生产的除病杀或环丙沙星+林可霉素等拌料或饮水。用量为3天治疗量，2天预防量。在仔猪断奶前3天至断奶后2天，用复方支原净或瑞特普利健拌料或饮水。用量为3天治疗量，2天预防量。在断奶后转群时，用拜耳公司生产的除病杀，连用5天，用量为3天治疗量，2天预防量。对于新引进的猪，用拜耳公司生产的除病杀、复方支原净、环丙沙星+林可霉素或瑞特呼毒清等，连用5天，用量为3天治疗量，2天预防量。仔猪在断奶时和断奶后转群时，连用5天强力拜固舒以抗应激。

（4）扑灭措施　经严格检疫后，对病猪和可疑猪一律进行淘汰处理。对与病猪和可疑病猪接触的猪，应隔离观察3～6个月，如无可疑症状出现可认为是健康猪。如有可疑症状或出现病猪，应视为不安全猪场，对于这样的猪场应严格禁止出售种猪。

2. 治疗方案　可使用拜有利、沙星类及氨基糖苷类等抗生素进行肌内注射（庆大霉素、链霉素、卡那或丁胺卡那霉素、壮观霉素）。也可以使用拜有利、海达注射液、乳酸诺氟沙星、磺胺-5-甲氧嘧啶、磺胺-6-甲氧嘧啶、泰乐菌素、林可霉素、金霉素等药物进行防治。

磺胺是第一个成功地用于控制本病的药物。通过给小猪注射土霉素的长效制剂，可用于控制波氏杆菌病。新的氯喹诺酮类药物也对猪支气管败血波氏杆菌有效。

对有临床症状的猪，应首先进行隔离，用敏感抗生素（磺胺嘧啶、磺胺-5-甲氧嘧啶、磺胺-6-甲氧嘧啶、福易解、恩诺沙星注射液等）进行肌内注射和喷入鼻内，3～5天为一个疗程。停药后再用瑞星泡腾片或瑞星速溶粉等进行7～10天的饮水消毒。

第五章

猪神经症状及皮肤症候群

第一节 静止及行动状态异常、怪叫疾病

一、仔猪水肿病

仔猪水肿病是由大肠杆菌所产生的毒素引起的一种大肠杆菌肠毒血症。其特征为断奶后的健壮仔猪突然发病，共济失调，局部或全身麻痹，面部、胃壁和其他某些部位发生水肿，突然死亡，发病率10%~35%，死亡率可达90%。

▶ **病原概述**

病原为致病性溶血性大肠杆菌。该病原具有某种黏附因子，可使大肠杆菌定殖于小肠黏膜上，并能产生一种或多种毒素，导致病猪发生肠毒血症。由于该病原和仔猪黄痢、仔猪白痢的病原相同，故有关病原情况可参照有关章节。

▶ **流行特点**

传染源为病猪和带菌猪。传染途径为被污染的饲料和饮水，经消化道传播。易感动物主要是断奶仔猪，流行本病时肥猪和母猪也能发病，但症状较轻。发病年龄主要在断奶后1~2周。

本病呈地方性流行。常发生于食欲旺盛的断奶仔猪，体况健壮的仔猪好发此病，小至数日龄大至4月龄的小猪也偶有发生。本病是一种急性、高度致死性神经性疾病。发病率大于15%，死亡率在50%~90%。

该病的诱发原因是应激因素及营养因素等。如营养浓度过高，尤其常见于日粮中豆粕含量过高时。各种应激因素包括气候突变、寒冷刺激、环境改变（转群、长途运输）、防疫注射、饲养管理发生改变以及生长过快等。遗传因素以及硒和维生素E缺乏对本病发生也有重要作用。

▶ **临床表现**

发病年龄多为4~12周龄仔猪，多数发生在断奶后1~2周。少数病猪在发现患病时已经死亡。

本病多发生于体况健壮、生长发育良好的仔猪。病初出现腹泻或便秘，1~2天后

病程突然加快或死亡。脸部、眼睑、结膜等部位出现水肿是本病的特征症状。本病有明显的神经症状，如共济失调、转圈、抽搐以及四肢麻痹等，最后死亡。

多数病猪体温正常，但食欲减退或拒食。病程一般为1～2天，多数病猪在发病24小时内死亡，见图5-1。

图5-1　病猪有明显神经症状，本病多发生
于体况健壮、生长发育良好的仔猪

▶ **剖检病变**

胃壁和肠系膜呈胶冻样水肿是本病的剖检病变特征。胃壁水肿常见于大弯部和贲门部。在胃黏膜层和肌层之间有一层胶冻样水肿物，严重时增厚2～3厘米。大肠系膜水肿。在胆囊和喉头也常有水肿情况。

胃、肠黏膜呈弥漫性出血。心包腔、胸腔和腹腔有大量积液。肠系膜淋巴结有水肿和充血、出血现象，见图5-2、图5-3。

图5-2　肠系膜水肿

图5-3　胃黏膜水肿

▶ **诊断要点**

断奶后1~2周的发育良好的小猪突然死亡。面部、胃壁、大肠系膜水肿。此时可初步怀疑本病。

实验室诊断：从小肠和结肠分离出大肠杆菌，做纯培养进行分离、鉴定，同时分离肠毒素。

▶ **防治方案**

1. 预防方案

方案1：在断奶仔猪的饲养管理上尽量减少应激刺激。断奶时避免突然过多地给仔猪饲喂固体饲料。开始时宜限制小猪的采食量，在2~3周后渐渐加量，直至过渡到自由采食。

用大肠杆菌菌苗接种临产母猪以及给初生仔猪口服该菌苗对本病有良好预防效果。

方案2：

（1）制备当地大肠杆菌菌株的灭活菌苗，小猪0.5毫升/只，在断奶前半个月进行肌内注射或皮下注射。

（2）肌内注射0.1%维生素E亚硒酸钠合剂，每5千克体重1毫升。

（3）用拜有利、庆福、海达注射液、乳酸诺氟沙星、链霉素等药物治疗有效，半量预防。

方案3：不要从疫区购进种猪。仔猪断奶时应加强饲养管理，循序渐进、逐步进行饲料的过渡和饲养方法的改变。在出现过本病的猪群内，应控制饲料中蛋白质的含量，增加饲料中粗纤维含量；保持饲料中有足够的微量元素硒和维生素E的含量。在断乳仔猪饲料内添加适宜的预防药物，如新霉素、土霉素等，按每千克体重5~20毫克添加，在哺乳母猪饲料中添加足量的微量元素锌，浓度为每千克饲料中添加50毫克，可以预防本病的发生。

方案4：

（1）带猪消毒：使用杀特灵、高氯灵或喷雾灵等，交替应用，每周消毒不得少于2次。频率越高，效果越好。

（2）饮水消毒（根据水中微生物指标确定选用紫虹泡腾片等）。

（3）在仔猪断奶后第3天，饮水投服强力拜固舒+口服补液盐，以缓解断奶应激。

（4）在仔猪断奶后5~7天，口服对大肠杆菌敏感的抗生素（如硫酸黏杆菌素+氟喹诺酮类，硫酸新霉素+氟喹诺酮类等），预防致病性溶血性大肠杆菌的感染。

（5）在断奶后8~10天，口服益菌多每千克体重0.05克。

（6）在不可避免出现的应激状况下，于饲料或饮水中添加营养抗应激剂（如强力拜固舒、力生素等）。

（7）在断奶前后，限制采食高蛋白、高碳水化合物饲料，增加日粮中纤维素含量。

（8）在断奶后不要太急于更换饲料。

2. 治疗方案

方案1：

（1）口服　硫酸新霉素+氟喹诺酮类，硫酸黏杆菌素+氟喹诺酮类，阿莫西林/克拉维酸+氟喹诺酮类药物等有较好的防治效果。

（2）注射　农大强力水肿消、庆大霉素+地塞米松、庆大霉素+维E硒酸钠、阿莫西林+地塞米松（或维生素E亚硒酸钠合剂）、安特、福可得、科星、协和、痢立康或痢卡星等。

方案2：

（1）全场用高效消毒剂进行带猪消毒，每日一次直到控制为止。

（2）全群仔猪口服补液盐+敏感抗生素（如硫酸新霉素+氟喹诺酮类，硫酸黏杆菌素+氟喹诺酮类，阿莫西林/克拉维酸+氟喹诺酮类）等。

（3）对发病仔猪用下列方案处理（对有机会治疗的病例）：肌内注射庆大霉素+地塞米松，口服轻泻剂。或肌内注射庆大霉素+维E硒酸钠，口服轻泻剂。或肌内注射阿莫西林+地塞米松（或维生素E亚硒酸钠合剂）。口服镇静剂。

（4）保持仔猪安静。

二、亚硝酸盐中毒

亚硝酸盐是一种氧化剂，主要毒害作用是使血液中正常的血红蛋白氧化成为变性的血红蛋白。各种动物对血红蛋白（高铁血红蛋白）变性剂的亚硝酸盐敏感性不同。虽然猪对硝酸盐具有一定的耐受力，但是，当硝酸盐和亚硝酸盐离子大量存在于植物或饮水时，便可引起猪中毒。

▶ 病因概述

硝酸根离子本身的毒性并不高，多数只对胃肠道产生刺激作用。然而亚硝酸盐的毒性却很大。因为亚硝酸根离子能将血红蛋白中的亚铁离子氧化为铁离子，并形成不能携带和输送氧分子的正铁血红蛋白。结果，由于血液含氧量降低而导致组织缺氧。当血液中血红蛋白总量约20%被转化为亚铁血红蛋白时，猪即表现出明显的临床症状；当亚铁血红蛋白的含量达到80%时，猪会立即死亡。

猪口服亚硝基氮（如亚硝酸钾）时，当一次投药量大于每千克体重10毫克便可引起中毒，但可康复；而亚硝基氮的一次给药量大于每千克体重20毫克时，可在投药后90～150秒内引起死亡。

有些肥料，如硝酸铵或硝酸钾也可成为硝酸盐类毒物的来源。在不同的植物，由于各种气候和土壤的肥沃程度不同，有时可富集硝酸盐。

▶ 临床表现

急性中毒的临床症状：呼吸速率加快，流涎，瞳孔缩小，共济失调，躯体末梢发生缺氧性发绀（紫色），出现惊厥等神经症状，血液和组织呈棕紫色，见图5-4。

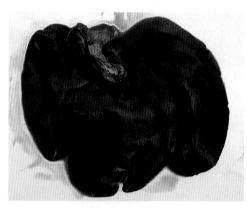

图5-4　肝脏呈棕紫色

▶ 防治方案

1. 预防方案　对于青绿饲料应鲜喂。而且不能单独饲喂硝酸盐含量过高的青绿饲料。青绿饲料一经变质就应立即弃掉。如果熟喂，一定要迅速使之沸腾、煮熟，决不能文火闷在锅里。对于化肥要妥善保存，不能污染饲料。

2. 治疗方案　按每千克体重10毫克的剂量静脉注射4%的亚甲基蓝溶液，是治疗本病的特效方法。对于症状较轻者，服用糖盐水便可解毒，同时应进行对症治疗。

三、食盐中毒

食盐是动物机体不可缺少的营养成分。但过量的食盐可造成中毒，甚至死亡。食盐中毒又称钠离子中毒或缺水症。

▶ 病因概述

常由于采食了大量含盐的泔水、咸菜、咸鱼（水），或配制饲料加盐过量，混合不匀等都可发生本病。

钠离子中毒与饮水量呈逆相关。中毒病例几乎都与缺水有关，而缺水往往是由于供水不足或由管理方式改变引起。钠离子中毒可发生于缺水后数小时，但大多数病例发病时缺水已超过24小时。

中毒的严重性随着日粮中含盐量的升高而加剧，即使日粮中添加的食盐量正常时（如0.25%~1%），也可能发生中毒，这种情况常与饲喂乳清粉或其他乳副产品有关（因这些物质可能含盐量太高）。

▶ 临床表现

此病以神经症状和消化紊乱为特征。病猪表现严重口渴症状，便秘，呕吐，腹泻，眼和口腔黏膜充血、发红。一般体温无变化。

出现中枢神经系统症状，如阵发性强直、痉挛、惊厥。角弓反张。无目的地徘徊。出现昏迷。常侧卧，四肢划动。多数病猪在数日内死亡。

▶ 剖检病变

以消化道炎症和脑组织水肿、变性为本病的病变特征。消化道炎症包括：可能出现胃炎、胃溃疡、便秘或肠炎等消化道变化。脑组织水肿，如软脑膜和大脑皮层充血、水肿。在脑血管周围出现多量的嗜酸性粒细胞和淋巴细胞集聚，见图5-5。

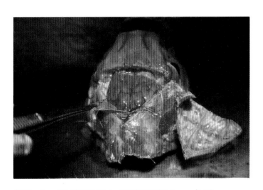

图5-5　软脑膜和大脑皮层充血、水肿

▶ 诊断要点

根据有采食过量食盐的病史，无体温反应，有明显的神经症状等特点，以及对猪尸体剖检时，脑组织中呈现嗜酸性粒细胞浸润现象等可以确定诊断。

确定是否发生过缺水情况或饮水不足。血清和脑脊液化学检测可证实高钠血症，钠离子浓度高于160摩尔/升。检测饲料中的钠含量对于诊断本病的价值有限。

其他检查方法：将胃肠内容物连同黏膜取出，加多量的水使食盐浸出后滤过，将滤液蒸发至干，可残留有强碱味的残渣，其中即可能有立方形的食盐结晶。取食盐结晶放入硝酸银溶液中时，可出现白色沉淀；取残渣或结晶在火焰中燃烧时，可见鲜黄色的钠盐火焰。

需要进行鉴别诊断的疾病包括：伪狂犬病、猪瘟、李氏杆菌病、传染性脑脊髓炎，以及水肿病等有神经症状的疾病。

▶ 防治方案

1. 预防方案　应避免猪采食过量的食盐，控制日粮中盐分的含量。尽量不用厨余、泔水喂猪。保证供给充足的清洁饮水。

2. 治疗方案　立即停止饲喂含盐过高的饲料。在一般情况下，可投服催吐药令病猪呕吐。对于轻度中毒者，可供给充分饮水或灌服大量温水或糖水。但在急性中毒的开始阶段，应严格控制给水（若能进行导胃操作，可用清水反复洗胃），以免促进食盐的吸收和扩散，而加剧症状。洗胃后用植物油剂实施导泻。

补液是必需的，但以补充含少量电解质的液体为宜，可用1 000毫升 5%葡萄糖液+200～300毫升生理盐水，并加入适量的钾和钙离子。因为单纯葡萄糖溶液或含钠过低的溶液补入体内后，会使血钠迅速降低，虽然血钠尚未降至正常浓度以下，但仍可出现类似低血钠的抽搐症状。

出现严重的高血钠时，可用5%～7%的葡萄糖溶液按每千克体重30～40毫升，间歇地分次注入腹腔，1小时后将注入液引出。开始时用7%葡萄糖液，以后如血浆钠的水平开始下降，可改用5%葡萄糖液。

在补液中听诊肺部出现啰音时，表示可能发生了心衰和肺水肿情况，此时应减速或停止补液，以便减轻心脏负担。并采用洋地黄、利尿剂（如双氢克尿噻、速尿）等实施强心、利尿的治疗方案。

在以镇静、解痉为目的进行治疗时，可肌内注射盐酸氯丙嗪、安定；静脉注射硫酸镁或葡萄糖酸钙、溴化钙溶液等。

四、氢氰酸中毒

猪氢氰酸中毒是由于采食了含有氰苷的植物或误食氰化物所致。中毒的特征表现是缺氧性的呼吸困难、震颤、惊厥。

▶ 病因概述

氢氰酸以糖苷形式常与一种酶共存于某些植物中，比如高粱幼苗、亚麻叶、亚麻子、木薯及杏、枇杷叶等，特别是核仁中含量很高。猪采食了这类植物后，糖苷在酶和胃酸的作用下，分解出氢氰酸。

氰酸离子（CN^-）极易与三价铁（Fe^{3+}）结合。当CN^-被吸收入血后，随血液很快被转运到组织、细胞中，很快与细胞色素氧化酶的Fe^{3+}结合，使细胞色素氧化酶失去传递电子的功能，不能正常进行细胞内的生物氧化过程，抑制组织呼吸而发生严重的细胞缺氧情况。

▶ 临床表现

发病很快。当猪采食了含有氰苷的饲料后，很快就会出现中毒症状。

主要表现：腹痛不安。呼吸加快且困难。可视黏膜鲜红。流出白色泡沫状唾液。开始神经兴奋，很快转为抑制。呼出气体带有苦杏仁味。随之全身衰弱，体温下降。后肢麻痹，肌肉痉挛。瞳孔散大，反射减少或消失。心搏动徐缓，最后昏迷而死亡，见图5-6。

▶ 剖检病变

在体腔和心包腔内有浆液性渗出物。胃肠黏膜和浆膜有出血情况。肺水肿。在气管和支气管里有大量泡沫状液体，不易凝固的红色、血性胃内容物有苦杏仁味，见图5-7。

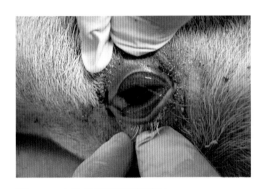

图5-6　皮肤及可视黏膜鲜红

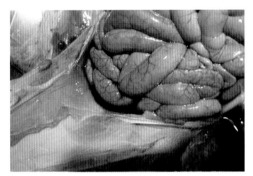

图5-7　腹腔有浆液性渗出物，胃肠黏膜和浆膜有出血情况

▶ 诊断要点

根据饲料组成和临床症状可以做出初步诊断。根据血液颜色为鲜红色可与亚硝酸中毒时血液为酱油色相区别。最后确诊需要进行毒物分析。

检查氢氰酸的方法——快速普鲁士蓝法：取胃内容物5～10克于三角烧瓶中，加水调成粥状，再加10％酒石酸调成酸性，于烧瓶口加盖滤纸，并在滤纸中心滴1滴10％硫酸亚铁及1滴10％氢氧化钠，用小火缓缓加热烧瓶数分钟后，气体上升，再在滤纸上滴加10％稀盐酸。若被检物中有氰化物存在，则滤纸中心呈蓝色，若滤纸中心呈黄色时，判定为阴性。

▶ 防治方案

1. 预防方案　不用高粱苗等植物幼苗喂猪。对于含有氰苷配糖体的饲料，如亚麻子饼，木薯等，最好放于流水中浸泡或漂洗24小时后再进行加工利用。盐酸可抑制亚麻水解酶的活性，故可使用0.12％～0.15％的盐酸，将亚麻子饼煮沸10分钟去毒。

2. 治疗方案　发病后立即用亚硝酸钠0.1～0.2克配成5％的溶液，进行静脉注射。随后再注射5％～10％硫代硫酸钠溶液20～60毫升（硫代硫酸钠2.5克+蒸馏水50毫升，混合），或用亚硝酸钠1.0克配成5％的溶液，进行静脉注射。

上述两种药物的作用机理是：亚硝酸钠的亚硝酸离子具有氧化作用，能使体内血红蛋白氧化为高铁血红蛋白。这种高铁血红蛋白能与体内的氰离子及与细胞色素氧化酶结合的氰离子形成氰化高铁血红蛋白，从而减少了氰离子与组织中细胞色素氧化酶的结合概率，使细胞氧化酶恢复其本身的功能活力。

但是，所生成的氰化高铁血红蛋白又能逐渐解离而放出游离CN^-，此时宜再注射硫代硫酸钠，硫代硫酸钠的硫基再与氰化高铁血红蛋白的氰离子结合成硫氰化合物，变为无毒的硫氰酸盐随尿排出体外，达到解毒的目的。

此外，也可用美蓝治疗，但效果较差。

五、砷 中 毒

砷及其化合物多用作农药（杀虫药）、灭鼠药、兽药和医药之用。砷（As）本身毒性虽然不大，但其化合物的毒性却极其剧烈，尤其三氧化二砷（俗称信石或砒霜）的毒性最烈。

猪因采食被砷制剂污染的饲料后，如甲基砷酸钙（稻宁）、甲基砷酸锌（稻脚青）、甲基砷酸铁铵（田安）、砷-37、退菌特等，或使用了过量的含砷药物（如新胂凡纳明、雄黄、砒霜或亚砷酸钾溶液、卡巴砷等）等，以及在治疗猪痢疾或附红细胞体病时使用砷制剂用药剂量太大，均可引起砷中毒。

▶ 病因概述

砷为细胞原浆毒，对组织有强烈的腐蚀作用，可引起局部组织器官糜烂、溃疡和出血。经吸收后主要作用于机体的酶系统，抑制酶蛋白的巯基，阻止细胞的氧化和呼吸功能，导致细胞死亡。这种代谢障碍首先危害神经细胞，造成广泛性神经系统病变。此外，还能使毛细血管通透性增加，使血压迅速下降，造成广泛性的脏器损伤。

▶ 临床表现

（1）急性中毒　猪误食了砷化物后迅速出现中毒症状，初期表现为流涎（吐沫）。口腔黏膜潮红、肿胀。黏膜出血、脱落或溃烂。齿龈呈黑褐色。有蒜臭样气味（砷化氢）。

中期主要表现胃肠炎症状，如呕吐、腹痛、腹泻等。粪便混有血液和脱落的黏膜，且带有腥臭气味。可视黏膜潮红且污秽不洁。

病后期出现神经症状和重剧的全身症状，如兴奋不安，反应敏感等。随后转为沉郁，低头闭眼，衰弱乏力。肌肉震颤，共济失调，步态蹒跚。有时后躯（肢）麻痹。公猪阴茎脱垂。呼吸迫促。脉搏细数。体温下降。瞳孔散大。一般经数小时至1～2天，由于呼吸或循环衰竭而死亡。

（2）慢性中毒　主要表现为消化机能紊乱和神经功能障碍等症状。病猪流涎，呕吐，食欲减退或废绝，交替进行持续性腹泻或便秘，粪便有潜血。黏膜和皮肤发炎，如结膜炎、呼吸道炎症、皮炎等。

有时因局部脱毛而出现秃斑，进行性消瘦，四肢衰弱乏力或发生麻痹，出现少尿、血尿或蛋白尿，心功能障碍，呼吸困难，最终死亡。

▶ 剖检病变

（1）急性中毒病例　主要病变集中于胃肠道。胃及小肠黏膜充血、出血、肿胀且有糜烂等病变。腹腔内有蒜臭样气味。在实质器官（肝、肾、心脏）出现脂肪变性，脾增大、充血。在胸膜，心内、外膜，肾脏、膀胱有点状或弥漫性出血，见图5-8。

（2）慢性中毒病例　除胃、肠的炎症病变外，尚见有喉及支气管黏膜的炎症以及全身水肿等变化。

图5-8　胃黏膜充血、出血、肿胀且有糜烂
等变化

▶ 诊断要点

主要根据病史资料，场地环境特点（附近有无生产砷化物或有关的工厂），饲喂情况，临床症状以及病理解剖结果进行综合诊断。如仍有可疑而不能确诊时，可进行毒物的实验室分析以资确诊。

▶ 防治方案

1. 急救　对于经消化道吸收的急性中毒病例，应及早用温水、生理盐水或1%～2%碳酸氢钠液洗胃。洗胃后投服活性炭及氧化镁，或投服新配制的氢氧化铁乳剂，使之与砷结合形成不溶性的亚砷酸铁。

氢氧化铁乳剂的制法：12％硫酸亚铁溶液+20％氧化镁混悬液，二者分别配制，用时等量混合。

待胃、肠症状缓解后，再给予硫酸镁导泻。亦可用蛋清30～40个（加凉水）灌服，或用牛奶灌服。

2. 应用解毒药　使用巯基类化合物（如二巯基丙醇、二巯基丙磺酸钠、二巯基丁二酸钠等），此类药应尽快、足量使用。

如砷化物已被吸收，可及时应用二巯基丙醇2～5毫升，进行分点肌内注射，连用6天为一个疗程，在第一天每隔4小时用药1次，以后每天注射1次；或首次剂量按每千克体重5毫克，以后间隔4小时用药1次，剂量减半（按每千克体重2.5毫克），第2天后酌情减量。亦可应用二巯基丙磺酸钠或二巯基丁二酸钠，进行肌内或静脉注射，每千克体重3～5毫升，第一天注射3～4次，以后酌减。

为解除中毒症状，亦可用25％硫代硫酸钠注射液10～20毫升，每隔3～4小时静脉注射1次，如同时皮下注射0.1％盐酸肾上腺素5～10毫升和0.3％核黄素10毫升则疗效更显著。

在应用上述解毒药剂的同时，可根据病情适当地选用对症疗法（如采用强心、补液、保护胃肠黏膜、缓解腹痛、防止麻痹等措施）。

需要注意的是，砷化物中毒时，禁忌应用碱性药剂，以避免形成易溶性亚砷酸盐，而有利于砷的吸收。

当发生慢性中毒时，除可应用上述解毒剂外，还应给予利尿剂，以促进毒物的排出。

六、氟 中 毒

氟中毒常见于动物采食了被工厂等污染源污染的水或饲料，或采食了种植于高氟地区的谷物所致，最常见的是摄食了高氟矿物质后发病。

▶ **病因概述**

有关法律规定，饲料级磷酸盐中氟与磷含量比值不能超过1/100。为了防止氟中毒，建议猪一生饲喂的日粮中累积氟含量不宜超过每千克体重70毫克。

猪正常的骨氟浓度为3 000～4 000毫克/千克，超过此浓度即意味氟中毒。氟化钠用作驱蛔虫药时，使用剂量为每千克体重500毫克，更高的剂量会引起呕吐等中毒症状。

氟化物除了对黏膜、皮肤有刺激或腐蚀作用之外，在体内还能干扰多种酶的活性。如抑制烯醇化酶而干扰糖代谢；抑制琥珀酸脱氢酶而影响细胞呼吸；同时，它与骨组织中的羟磷灰石的羟基交换，并通过抑制骨磷酸化酶或与体液中的钙离子结合成难溶的氟化钙，从而导致钙、磷代谢紊乱，引起低血钙、氟斑牙及氟骨症等一系列疾病。

▶ 临床表现

氟乙酰胺对猪心脏及神经系统有毒害作用。

（1）突然发病型 无明显的前驱症状，采食9～18小时后病猪突然跌倒，剧烈抽搐，惊厥或角弓反张，迅速死亡。有的可暂时恢复，但心跳加快，节律不齐，伴有轻微腹痛，摇尾不安，出汗，步态蹒跚等症状。知觉过敏，鸣叫，突然倒地，全身震颤，四肢划动和心力衰竭。旋即复发，终于死亡。

（2）潜伏发病型 中毒5～7天后，仅表现食欲降低，单独倚墙而立或卧地不起，有的可逐渐康复，有的可能在静卧中死去。还有些病猪在中毒次日表现出精神沉郁，食欲废绝，呕吐，脉搏快而弱，心跳节律不齐等症状，经3～5天后，每因外界刺激或无明显外因而突然发作，惊恐，尖叫，狂奔，全身颤抖，呼吸迫促，持续3～6分钟后症状缓解，但又可重复发作。病猪终于在抽搐中因呼吸抑制和心力衰竭而死亡，见图5-9。

▶ 剖检病变

在氟乙酰胺中毒死亡的病猪，剖检一般见不到特征性的病理变化。常见的病变有：尸僵很快，如果主要是由于心房性纤维颤动而引起的死亡，仅表现由于氟乙酰胺刺激而产生的严重肠炎；如果主要是由于痉挛和呼吸抑制而死，则可见黏膜发绀，血色变暗，心肌松软，心包下及心内膜出血，肝、肾充血、肿胀等病变。组织学检查显示脑水肿和血管周围淋巴细胞浸润，见图5-10。

图5-9 病猪食欲降低，单独倚墙而立

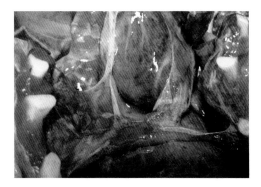
图5-10 心包下及心脏出血

▶ 诊断要点

认真调查和分析病史，结合症状和剖检变化做出初步诊断。实验检查时，取可疑饲料、呕吐物、胃内容物、肝和肾组织进行毒物分析。测定血液中的柠檬酸及血液中的含氟量有助于本病的诊断。

1. 类症鉴别

（1）有机磷中毒　潜伏期短，发病快，中毒症状出现早（肌肉震颤，缩瞳，多汗，流涎，腹痛，粪稀），血液胆碱酯酶活力下降，血氟及血液柠檬酸含量无变化。

（2）氟乙酰胺中毒　症状出现较慢，但发病却很突然，其主要症状为肌群震颤，阵发性强直性痉挛，瞳孔无明显变化。血液胆碱酯酶活性无变化，氟和柠檬酸量增加。

（3）有机氯中毒　呈间歇性癫痫样痉挛，轻度知觉过敏，眼睑痉挛，无呕吐和经常排粪现象，可资鉴别。

氟中毒引起的跛行与佝偻病、支原体病、猪丹毒所发生的跛行相似，因此很难单凭症状与这些疾病进行鉴别确诊。

2. 实验室诊断　正常猪的骨氟浓度为3 000～4 000毫克/千克，超过此浓度即意味氟中毒。正常猪的尿氟浓度为5～15毫克/千克，高于此浓度具有本病的诊断学意义。

▶ **防治方案**

1. 预防方案　加强对有机氟化合物农药的保管、使用和管理，对于中毒死亡动物的尸体进行深埋处理，切勿被猪食入。作为灭鼠的诱饵应妥善放置，严禁被猪误食。

2. 治疗方案

（1）断绝毒物　立即离开可疑场所，更换可疑的饲料和饮水。

（2）洗胃和导泻　在中毒初期，立即用1∶5 000高锰酸钾溶液或石灰水洗胃，然后灌服蛋清或氢氧化铝胶以保护胃肠黏膜，最后用盐类泻剂实施导泻。

（3）使用特效解毒剂　解氟灵（50%乙酰胺），每千克体重0.1克，肌内注射，首次用量要达到日用药量的一半，一般每天注射3～4次，直至抽搐现象消失为止。如再出现抽搐，可重复用药。

也可用乙二醇乙酸酯100毫升，加适量水，每天口服1次。或用5%乙醇和5%醋酸每千克体重2毫升，口服。

（4）对症治疗　因氟乙酰胺中毒常使血钙降低，故可静脉注射葡萄糖酸钙等钙制剂，有利于缓解痉挛症状。为了达到镇静目的，可使用巴比妥、水合氯醛或氯丙嗪等镇静剂。为了解除呼吸抑制，可用山梗菜碱、尼可刹米。控制脑水肿可用20%甘露醇（或25%山梨醇）溶液。亦可静脉注射50%葡萄糖溶液。纠正酸中毒可注射5%碳酸氢钠或11.2%乳酸钠溶液。

有条件时，也可应用辅助解毒剂，如三磷酸腺苷、辅酶A、细胞色素C以及B族维生素制剂，效果更好。

七、破伤风

破伤风又叫强直症、锁口风，是由破伤风梭菌经伤口感染引起的一种中毒性人兽共患传染病。猪破伤风是由破伤风梭菌在深部感染处形成的毒素引起的急性传染病。

临床特征是全身肌肉或某些肌群呈持续性的痉挛性收缩，病猪对外界刺激的反射兴奋性增高。各年龄的猪均易感本病，但多数病例是幼龄猪，常见为阉割伤口感染或脐部感染的一种并发症。

▶ 病原概述

破伤风梭菌又称强直梭菌，为革兰氏阳性的大杆菌，有芽孢，周身鞭毛，无荚膜。该菌为厌氧菌，可产生水溶性毒素，即引起破伤风症候群的痉挛毒素和溶血毒素。痉挛毒素是一种极强的神经毒性蛋白。

本菌繁殖力低，抵抗力不强，但其芽孢具有很强的抵抗力。针对本菌的常用消毒剂有10%碘酊、10%漂白粉及3%的双氧水等。

▶ 流行特点

传染源为被该菌污染的土壤，该病原经较深的创伤感染。传播途径：该菌是土壤菌，当猪发生创口较小，创伤较深的外伤时易发生感染。感染该菌后，在厌氧条件下该菌大量繁殖并产生毒素，使猪发病。猪多见于阉割后感染本菌发病。本菌易感动物包括各种家畜和人。

▶ 临床表现

全身肌肉强直性痉挛是破伤风的特征性症状。病初从头部肌肉开始痉挛、牙关紧闭、流涎、应激性增高。随后四肢发生痉挛、肌肉僵硬。最后全身肌肉痉挛、角弓反张、呼吸困难（肌肉强直痉挛的结果）而死亡。患猪通常呈侧卧姿势，耳朵竖立，头部微仰以及四肢僵直后伸。外界的声音或触摸可引起病猪发生剧烈痉挛，见图5-11。发病后死亡率很高。

图5-11　病猪全身肌肉强直性痉挛

▶ 剖检病变

一般见不到特征性的病理剖检变化。

▶ 诊断要点

该病的流行病学、临床症状特征很明显，不难进行临床诊断。确诊本病要进行病原菌的分离和鉴定。

▶ 防治方案

1. 预防方案　每年定期对易感猪群预防接种破伤风类毒素。防止外伤感染，一旦发生外伤及时进行外科处置：对伤口进行清创和扩创，并用双氧水进行消毒，然后用青霉素、链霉素封闭创周，避免病原菌感染产生毒素。注意在分娩及进行阉割时的消毒及无菌操作。

2. 治疗方案　对有价值的猪需在光线暗、安静处护理、治疗。可用破伤风抗毒素进行治疗，一次大剂量用药效果好。对症疗法可用补液、补碱、镇静、健胃等方法。通常对已有明显临床症状的患猪治疗效果欠佳。

八、李氏杆菌病

李氏杆菌病是由李氏杆菌引起的人兽共患的散发性传染病。猪感染本菌后主要表现败血症、脑膜炎和单核细胞增多症状。本病一般发病率很低，但病死率很高。

▶ 病原概述

病原为单核细胞增多性李氏杆菌，为革兰氏阳性的小杆菌，为微嗜氧菌，生长温度为4～40℃，最适温度为22～37℃。在土壤、粪便中能存活数月至10多个月时间。一般消毒剂易使该菌灭活，对链霉素、四环素和磺胺类药敏感。

该菌耐碱，在pH9.6的碱性环境中能生长。耐食盐，在10%的食盐培养基上能生长，该特性能区别于猪丹毒杆菌。

▶ 流行特点

传染源为病猪和带菌动物。对于传播途径尚不完全了解，一般认为是经消化道、呼吸道、眼结膜以及损伤的皮肤进行传播。易感动物包括绵羊、猪、家兔等家畜和禽类。啮齿类动物是本菌的主携带者。在发病年龄方面，任何年龄的猪均可发病，较小的猪症状更严重。发病规律为散发，小猪的发病、死亡率较高。

▶ 临床表现

本病的神经症状主要见于架子猪。病初主要症状是意识障碍，如盲目行走，转圈运动，阵发性痉挛，口吐白沫，两前肢或是四肢麻痹。

在仔猪多发生败血症，如出现体温升高，精神沉郁，食欲废绝，全身衰竭，咳嗽，呼吸困难，皮肤发绀，腹泻等症状。妊娠母猪发病后常发生流产情况。

▶ **剖检病变**

　　剖检的主要病变是脑膜炎，灶性肝坏死。在有神经症状的架子猪的脑膜和大脑可能出现充血、炎症、水肿等变化。脑脊液增多、混浊，脑干软化，有小化脓灶。在肝脏可能有小的炎性病灶和坏死灶。在脑组织切片观察中可见，在脑血管周围有以单核细胞为主的细胞浸润。在败血症仔猪，有败血症病变和肝坏死灶，见图5-12。

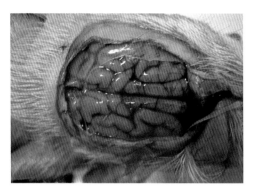

图5-12　大脑出现充血、炎症、水肿病变

▶ **诊断要点**

　　确诊本病需要进行病原的分离和鉴定。从脑、脊髓或肝中分离出单核细胞增多性李氏杆菌。

▶ **防治方案**

　　目前本病尚无有效疫苗。平时做好驱除鼠类和啮齿类动物工作对预防本病有积极意义；避免从疫区引进猪只。发病时做好隔离、消毒工作。

九、猪脑心肌炎

　　猪脑心肌炎是由脑心肌炎病毒（EMCV）引起的猪的病毒性传染病。临床上主要表现为仔猪由于心衰导致突然死亡，其他症状有厌食、精神不振、发抖、震颤、麻痹或呼吸困难。本病的主要传播媒介是啮齿类动物。

　　断奶前仔猪死亡率可高达100%，断奶后仔猪偶有发病，妊娠母猪无明显症状或出现严重繁殖障碍症状。

▶ **病原概述**

　　脑心肌炎病毒属小核糖核酸病毒科心病毒属病毒。该病毒对乙醚有抵抗力，对酸碱环境有较强的抵抗力。

　　脑心肌炎病毒能在啮齿类、猪和人等多种动物的细胞中复制，也能在鼠和鸡胚胎中进行复制传代。

▶ **流行病学**

脑心肌炎病毒的宿主范围很广，包括黑猩猩、猴、大象、狮、松鼠、蒙古鹅、浣熊和猪等动物。在自然感染的病例中，猪是最易感染的家畜。猪的主要传染源是鼠及其他啮齿类动物，或被其尸体污染的饲料和饮水。

该病毒的传播方式目前还不太清楚。到目前为止，除猪以外尚无证据表明脑心肌炎病毒对其他家畜以及人有致病性。

▶ **临床表现**

（1）仔猪　常表现为由于心脏衰竭导致的突然死亡。临床症状表现为厌食、精神不振，发抖、震颤，麻痹，呼吸困难，断奶前仔猪的死亡率常高达100%，见图5-13。

（2）断奶猪到成年猪　常表现为亚临床感染情况，偶尔也有成年猪死亡的现象发生。

（3）种母猪　无明显临床症状或出现严重的繁殖障碍症状。母猪食欲不振和发热是最早表现的临床症状。随后表现出各种形式的繁殖障碍症状：如流产、产木乃伊胎和死胎增多等。

▶ **剖检病变**

死于急性心力衰竭的仔猪：心脏表面有出血或无明显可见病变。在仔猪，剖检有明显的心肌炎病变，通常心脏肿大、变软、苍白。在心脏有微黄或白色的坏死灶或大的不规则的白色病灶，见图5-14。

仔猪最主要的显微病理变化是局灶性或弥漫性的单核细胞浸润，充血、水肿及心

图5-13　常表现为由心脏衰竭导致的突然死亡

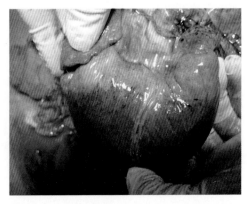

图5-14　心脏表面出血

肌纤维变性、坏死。在脑中可见充血、脑膜炎、血管周围单核细胞浸润和一些神经元的变性等病变。

胎儿被感染后的病变：出现大小不一的木乃伊胎。胎儿可能出血、水肿。有些胎儿被感染后可见心肌病变。在脑心肌炎病毒自然感染的猪胎儿中，也可见非化脓性脑炎和心肌炎病变。

▶ **诊断要点**

繁殖障碍和断奶前仔猪的高死亡率有助于脑心肌炎病毒感染的临床诊断。对本病确诊依赖于病毒的分离和鉴定。

（1）动物接种　取可疑病猪的心肌或脾，研碎后饲喂小鼠，通常小鼠在4～7天内死亡。此法可作为本病粗略的假定性诊断试验。

（2）鸡胚接种　采集可疑病料接种鸡胚尿囊腔或卵黄囊，被感染的鸡胚出现广泛性出血情况。

（3）细胞培养　用鼠胚成纤维细胞和仓鼠肾细胞进行病毒的分离和培养，可观察到细胞的病变。

用中和试验的方法鉴定病毒。也可用血凝抑制试验来检测血清中的特异性抗体。

（4）类症鉴别　脑心肌炎病毒可导致所有经产母猪出现繁殖障碍，同时初生仔猪出现较高的致死率。猪细小病毒感染主要引起初产母猪产死胎、木乃伊胎增多，但不导致初生仔猪死亡。对于其他感染（如呼吸与繁殖障碍综合征病毒、伪狂犬病病毒和密螺旋体）也应考虑进行鉴别。

被脑心肌炎病毒感染的新生仔猪，可见由于心力衰竭引起的腹式呼吸，呼吸困难，剖检时可见心肌有典型的白色坏死灶，然而这种病变也见于维生素E及微量元素硒缺乏症和败血性栓塞引发的心脏梗死的病例中。

该病引起的心肌病变与口蹄疫引起的病变较为相似，但从流行病学和病状上观察分析则不难进行区别。

▶ **防治方案**

1. **预防方案**　控制猪场啮齿类动物，尽量减少它们与猪直接或间接接触的机会，防止污染饲料和饮水，此点在防治该病的传播上具有重要意义。

尽管目前对本病在猪之间的传染方式尚不十分清楚，但应避免从发生过此病的猪场引进猪。认真做好猪场的清洁卫生和消毒工作，对于死于该病的动物必须进行及时、彻底的无害化处理。可用含0.5毫升/升氯的制剂杀灭该病毒，也可用碘制剂或氯化汞等进行消毒。

2. **治疗方案**　对于本病尚无很好的治疗方法。对于病猪，应尽量避免应激和刺激，此法可最大限度地降低死亡率。

十、浆膜丝虫病

猪浆膜丝虫病是由蟠尾丝虫科的猪浆膜丝虫寄生于猪的心脏、肝、胆囊、膈肌、子宫及肺动脉基部的浆膜淋巴管内引起的猪的寄生虫病。

被感染的病猪可因饲养环境的改变而引起猝死。该病在国内很多地区都有报道。

▶ 病原概述

虫体呈乳白色，丝状，头端稍膨大，角质层有横纹，雄虫长12～26.25毫米，尾部呈指状，向腹面蜷曲，雌虫长50～60毫米，尾部呈指状，稍向腹面弯曲。微丝蚴两端钝圆，长118.6～125.4微米，宽6.6微米，有鞘。

▶ 流行特点

通常在安定的环境中病猪的症状不明显，死亡率极低。当遇到长途运输、气候突变等应激时，才表现出症状，表现为心肺功能障碍，引起猝死。但一般死亡率不高，小于2%。

▶ 临床表现

精神委顿，眼结膜充血严重，有黏性分泌物。心区疼痛，心肌收缩节律紊乱。易惊，呈心悸状态。汗液分泌增多，黏膜发绀。有肺炎症状，呼吸极度困难，呈腹式呼吸。突然惊厥倒地，四肢痉挛性抽搐。病程很短，从出现症状到死亡仅需几分钟。

▶ 剖检病变

病变多出现在心脏纵沟和冠状沟血管丰富部位的浆膜内。剖检可见米粒至红豆大小的透明包囊，包囊内可清楚地看到蜷曲的白色虫体。

▶ 诊断要点

检查血液中的微丝蚴：耳静脉采血，以悬滴法、厚涂片法、薄涂片法以及薄膜过滤法检查血中的微丝蚴。

剖检时在心脏等处发现病灶并找到活的虫体，或将病灶压成薄片，镜检发现虫体。

▶ 防治方案

本病的防治可参见蛔虫病的防治方法。当发生败血症时，用大剂量的广谱抗生素或磺胺类药物有效。但是，对已出现神经症状的病猪难以奏效。

十一、仔猪先天性肌阵痉

仔猪先天性肌阵痉，俗称仔猪跳跳病，是以仔猪刚出生后不久出现全身或局部肌肉阵发性震颤为特征的一种疾病。

▶ 病因概述

本病已经发现的病因包括：传染因素（妊娠母猪感染了某种病毒后，经胎盘传染给新生仔猪）、缺乏某种营养成分或圆环病毒感染等。

▶ 流行特点

本病仅发生于新生仔猪。被感染的母猪不表现临床症状，多为隐性感染。本病可垂直传播。

该病有一个流行特点，即母猪若生产过一窝发病仔猪，则以后出生的仔猪不发此病，或只出现少数症状轻微的病猪。

▶ 临床表现

母猪无明显临床症状，繁殖、分娩正常。发病率为全窝仔猪发病或一窝中的部分小猪发病。持续性震颤，表现为头、四肢和尾部震颤，甚至全身性肌肉抖动，出现有节奏的阵发性痉挛。严重时仔猪行动困难，无法吮奶，常因饥饿而死亡。

病程很短，症状轻微者可在数日内恢复。发病1周后，一些仔猪的震颤会逐渐消失。重病者恢复后，可能仍然会出现轻微的震颤症状，见图5-15。

图5-15　持续性震颤，表现为头、四肢和尾部甚至全身性肌肉抖动

▶ 剖检病变

剖检时通常未见肉眼可辨的病变。

病理组织学变化：有明显髓鞘形成不全变化，在小动脉发生轻度的炎症和变性。小脑硬脑膜纵沟窦水肿、增厚和出血。

▶ 诊断要点

实验诊断方法：由于对本病的病原特性还不清楚，故只能采取培养物接种妊娠母猪，其出生仔猪出现本病的典型症状来诊断本病。

▶ 防治方案

药物治疗效果不佳，主要依靠加强饲养管理来防治本病：给发病仔猪提供温暖、清洁和干燥的环境，减少应激因素。

人工辅助，确保仔猪能吃上母乳，或进行人工哺乳，用此方法坚持1周后多可康复（相关内容可参看有关猪的圆环病毒病资料）。

十二、新生仔猪低糖血症

新生仔猪低糖血症是由于新生仔猪血糖含量低于正常水平，引起中枢神经系统机能活动障碍，是猪的一种营养代谢病。

常见出生几天内仔猪由于吮乳不足，加之环境温度低使小猪体温降低，血糖降低而发生本病。病情严重时会发生部分或整窝仔猪死亡的情况。

▶ 病因概述

发生本病常见的原因是母猪妊娠后期饲养管理不当，营养不良，产下的仔猪体重偏小。母猪因产后被感染而发生子宫炎等引起缺奶或无奶，小猪无法采食足量母乳。乳猪患大肠杆菌病或先天性震颤病而无力吮奶，引起仔猪吮奶不足。这些原因都能引发本病。

▶ 流行特点

发病年龄通常见于2～3日龄的仔猪，也见于1～3周龄的仔猪。可呈散发或整窝发病。死亡率高，一般为发病猪的90%～100%。病程一般不超过36小时。

▶ 临床表现

仔猪虚弱，无活力，心率徐缓，体温低。腹泻，外观呈水样。病猪共济失调，肌肉震颤，步态不稳或卧地不起，抽搐，前腿划动，角弓反张，瞳孔散大，最后昏迷而死，见图5-16。

图5-16　仔猪抽搐，前腿划动，角弓反张，
最后昏迷而死

▶ 剖检病变

胃空虚，乳糜管内无脂肪颗粒。肝呈橘黄色，边缘锐利，质地像豆腐，稍碰即破。胆囊肿大，肾脏呈淡土黄色，有散在的红色出血点。

▶ 诊断要点

诊断依据：母猪无乳，食欲差，发生乳房炎及泌乳不足。仔猪血糖低于每100毫升血液50毫克。或病仔猪血糖含量由正常的4.2～8.3摩尔／升，降至2.0摩尔／升以下，都是诊断本病的依据。

▶ 防治方案

给患病乳猪每隔5～6小时腹腔注射20％葡萄糖液15～20毫升，也可口服葡萄糖水。及时消除缺奶或无奶的病因。

十三、维生素A缺乏症

维生素A缺乏症是由于维生素A缺乏所引起的营养代谢病。临床表现为生长发育不良，视觉障碍以及器官黏膜损伤。本病仔猪多发，常于冬末、春初青绿饲料缺乏时发生本病。

▶ 病因概述

原发性维生素A缺乏的主要原因：饲料中维生素A不足。饲料的加工贮存不当，大量维生素A被氧化、破坏。饲料中磷酸盐、亚硝酸盐和硝酸盐含量过多，中性脂肪和蛋白质含量不足，影响维生素A在体内的转化、吸收。机体由于妊娠、泌乳以及生长发育过快等原因对维生素A的需要量增加。

继发性维生素A缺乏症的主要原因：慢性消化不良。肝胆疾病，引起胆汁生成减少和排泄障碍，维生素A的吸收减少。某些热性病、传染病等使维生素A消耗增多。20日龄左右的仔猪发生本病多因母猪乳中缺乏维生素A所致。

▶ 临床表现

皮肤粗糙、皮屑增多，呼吸器官及消化器官黏膜常出现不同程度的炎症，咳嗽，腹泻，生长发育缓慢，病猪常常头偏向一侧。

严重病例的表现：运动失调，步态摇摆，后肢瘫痪，脊柱前凸，痉挛，极度惊恐不安。在后期发生夜盲症，视力减弱和干眼病。

妊娠母猪的表现：流产，死胎，弱仔。

新生仔猪病例表现：瞎眼、畸形（小眼畸形），全身性水肿、体质衰弱，易患病和死亡。

▶ 剖检病变

剖检可见骨骼生长缓慢，脑脊液压力增加，坐骨和坐骨神经退化，出现小的视觉紫斑，生殖道上皮层萎缩。

▶ 诊断要点

根据临床症状和剖检病理变化可做出初步临床诊断。

实验室诊断：血浆维生素A水平低于正常含量，肝中的维生素A水平降低。

▶ 防治方案

增加饲料中维生素A的含量，加喂富含维生素A、胡萝卜素及玉米黄素等的饲料。日粮中维生素A含量应为每千克体重每天30~60国际单位。胡萝卜素含量应为每千克体重每天75.0~155国际单位。

治疗量应比预防量加大10~20倍。但是，过量的维生素A会引起猪的骨骼病变，因此使用时剂量不要过大。

十四、有机磷中毒

当猪采食了含有有机磷农药的蔬菜或其他作物，或用敌百虫给猪驱虫时用量过大，或外用敌百虫治疗疥癣等被猪舔食等，都可能引起中毒。

▶ 病因概述

有机磷农药为有机磷酸酯类化合物，种类很多，对猪的毒性差异也很大。常见的有机磷农药有：对硫磷（1605）、甲基对硫磷（甲基1605）、内吸磷（1059）、甲基内吸磷（甲基1059）、乐果、敌百虫等。

有机磷酸酯类是一种神经毒物，具有高度的脂溶性，可经皮肤、黏膜、消化道及呼吸道进入体内，并通过血液及淋巴系统运送至全身各组织器官。

有机磷酸酯的毒理作用主要是抑制体内的胆碱酯酶，引起神经生理的紊乱，表现出中毒症状。

▶ 临床表现

有机磷中毒的基本特征是，副交感神经系统和骨骼肌受到过度刺激而表现的症状，临床上可归纳为三类症候群。

毒蕈碱样症状：食欲不振，大量流涎，呕吐，腹痛，多汗，尿失禁，瞳孔缩小，可视黏膜苍白，眼球震颤。

烟碱样症状：肌纤维性震颤，血压上升，肌肉紧张度减退（特别是呼吸肌迟缓），脉搏频数。

中枢神经系统症状：兴奋不安，体温升高，搐搦，甚至陷于昏睡状态。

▶ 剖检病变

由于病程短，剖检时一般见不到有特征性的病变。通常可见呼吸道内有大量的液体以及发生肺水肿，胃内容物有大蒜味。

▶ 诊断要点

有与有机磷及氨基甲酸酯类杀虫剂的接触史，以及副交感神经兴奋为特征的临床症状常可作为初步临床诊断依据。在胃内容物、饲料或其他可疑材料中发现有机磷杀虫剂对于确诊本病有重要价值。

应检测可疑动物全血和组织中胆碱酯酶活性被抑制的程度。全血胆碱酯酶活性下降至正常水平的25%左右，可确定动物曾过量接触过此类杀虫剂。为取得更佳的分析结果，应低温而不是冷冻保存全血和脑组织样品，对于胃内容物以及可疑的饲料或材料样品送往实验室进行化学检测。

▶ 防治方案

立即脱离中毒环境，清除体表及胃肠道内毒物，以终止毒物的继续吸收。对体表沾染者，可用清水或冷肥皂水彻底洗刷数遍，但禁用热水或酒精擦洗。对于误食者（除硫特普、二嗪农、八甲磷及敌百虫等外），可用2%～4%碳酸氢钠液、肥皂水或清水反复洗胃。洗胃后给予大量活性炭，并投服硫酸镁等泻剂进行导泻，但对深度昏迷者，则不能用硫酸镁，可改用硫酸钠。对眼部沾染者可用2%碳酸氢钠液或生理盐水进行冲洗。

1. 及时应用特效解毒药物

（1）阿托品　能对抗乙醚胆碱的毒蕈样作用，并对呼吸中枢有兴奋作用，能解除有机磷中毒导致的呼吸中枢抑制，但不能恢复胆碱酯酶的活性。

阿托品的使用原则是早用，用量要以病猪呈现阿托品指标后继续给予维持量。阿托品的指标为：瞳孔较前扩大而不再缩小（但切勿单以瞳孔散大即减量），皮肤干燥，腺体分泌减少，肺部湿性啰音显著减少或消失，意识障碍减轻或从昏迷状态开始苏醒等。但要持续使用，特别对中、重度中毒者更应如此。

对于轻度中毒者，可皮下注射或肌内注射阿托品1～5毫克，每30～60分钟1次，待出现阿托品指标后，可减至每日2～3次，用量减半。

对于中度中毒、特别是经呼吸道或消化道吸收者，阿托品用量可加大2～4倍。实施静脉注射，每隔半小时重复1次，待出现阿托品指标后，可隔3～5小时按维持量继续给药。

对于重度中毒情况，尤其经皮肤吸收中毒者，阿托品的用量、用法基本与经消化道吸收的中度中毒时相同。若有机磷毒物经呼吸道、消化道吸收而发生中毒者，阿托品用量可为轻度中毒的5～10倍，并应实施静脉注射，且每10～30分钟重复应用。待出现阿托品指标后，可进行每1～2小时一次的减量注射。

若使用阿托品后病猪出现骚动厉害、心率加快，体温升高情况时，阿托品的使用可减量或暂停。对伴有体温升高的中毒病猪，则应在物理降温后再使用阿托品。

（2）使用胆碱酯酶复活剂　目前使用较广泛的是氯磷定。此药对解除烟碱样中毒症状和促使中枢神经清醒作用较强，而对缓解毒蕈碱样作用较差。但对中毒已发生3天以上的病猪或因乐果、马拉硫磷（4049）中毒者无效。

复活剂与阿托品同时应用可发挥协同作用。但同时应用复活剂时，阿托品用量宜酌减。对复活剂无效的中毒者，主要是以大剂量使用阿托品治疗为主，且维持时间要长。

快速静脉注射氯磷定时偶尔出现呕吐等副作用，缓慢注射或肌内注射可避免此副作用发生。剂量过大时可抑制神经肌肉兴奋性，抑制胆碱酯酶活性，甚至抑制呼吸中枢。故使用剂量应依病情而定，勿过量。

对于轻度中毒者，以每千克体重给药5～10毫克，重度中毒者可倍量，必要时可加入50～100毫升生理盐水进行静脉推注。当注入30～60分钟后病情尚无好转者，可重复给药。以后可改为静脉滴注，其用量以每小时不超过一次注入量为宜。待病情好转后可酌减或停药。

解磷定为氯磷定的碘化合物，其作用效果与氯磷定相同，但剂量比氯磷定稍大，副作用也大，只能作静脉注射。氯磷定类药物对敌百虫、敌敌畏等解毒效果较差，对乐果、马拉硫磷的疗效可疑，而对谷硫磷、二嗪农等中毒非但无疗效，反而有不良作用。此点在临床使用中应予注意。

其他复活剂还有双解磷、双复磷等。但毒性与副作用均较强，前者对肝脏有明显毒性，后者可影响心脏节律。

2. 对症治疗

（1）清除呼吸道分泌物，维持呼吸道通畅，防治肺水肿（用足量阿托品能较快缓解肺水肿），兴奋呼吸中枢。

（2）对于腹泻、大出汗者应注意补液，以维持机体的水与电解质平衡。但应预防脑水肿。

（3）对于有抽搐症状者，可用水合氯醛灌肠或使用其他镇静剂。对重危病猪还可考虑应用肾上腺皮质激素。但对于强心类药物应慎用，尽量不用如肾上腺素、洋地黄类药物，以免加重心脏负荷。

第二节　皮肤斑疹、水疱及渗出物疾病

一、仔猪渗出性表皮炎

仔猪渗出性表皮炎（EE），又名油皮病，是由表皮（白色）葡萄球菌所引起的，发生于仔猪的高度接触性皮肤传染病。

此病常发生于1~6周龄的小猪。患猪全身性皮炎，严重者可导致腹泻和死亡。该病呈散发性发病，对个别猪群的影响可能很大，特别是对于新建立或重新扩充的群体有时危害严重。

▶ **病原概述**

小猪全身性渗出性皮炎的病原是表皮（白色）葡萄球菌。该病原是一种革兰氏阳性球菌，常呈葡萄串状排列。

该菌对外界抵抗力较强。在灰尘、干燥的脓血中能存活几个月。加热80℃，经30分钟才能杀死本菌。但对龙胆紫、青霉素、红霉素、庆大霉素等药物敏感，但易产生耐药性。

▶ **流行特点**

该病在各窝小猪中呈个别散发发病，发病率低。有时也可引起所有各窝小猪的流行性发作。在无免疫力的猪群中引进带菌猪时，会导致各窝小猪都被感染，死亡率可达70%左右。该菌能在猪舍内和地面存活数周。

发病机制：最重要的因素是病原菌产生表皮脱落毒素。该毒素导致病猪出现渗出性皮炎等所有的皮肤病变。该病致死原因是由于脱水，也可能是由于败血症所致。

▶ **临床表现**

（1）最急性病例　病猪全身皮肤湿润，有大量的血浆及皮脂渗出，有皮屑。在蹄冠、耳后及身体下部的无毛皮肤处形成水疱及溃疡。常在患病3~5天内死亡。

（2）急性病例　发病稍慢，皮肤出现皱缩。厌食，消瘦及脱水。出现表皮层的剥脱现象酷似日晒病。从皮肤裂隙中渗出的皮脂及血清形成痂皮。无疼痛及痒感。体温一般正常。

（3）较轻病例　皮肤呈黄色，被毛较乱。在腋部、肋部、靠近面部或颈部损伤处出现少量有渗出物的斑块。在鼻端、耳朵及四肢部位布满红棕色斑点。体表覆盖着一层头皮屑样物质。皮肤干燥，无水疱及溃疡。

▶ **剖检病变**

（1）早期病变　常出现于口、眼、耳周围及腹部，表现为皮肤变红和出现清亮的渗出物，轻刮腹部的皮肤即可剥离。

（2）较晚的病例　在感染的皮肤上覆盖一层厚的、棕色、油腻并有臭味的痂皮。

（3）剖检病变　猪尸体脱水并消瘦。常见外周淋巴结肿大。在肾切面的髓质中可见尿酸盐结晶。在肾盂中常有黏液或结晶物质聚集，可能出现肾炎的病变情况。

▶ **诊断要点**

通常依据临床症状即可对患猪做出诊断：病猪不发热，无瘙痒，病变全身化，其外观等表现在同窝患病小猪中程度不同，这些都是该病的特征。

年幼或出生仅几天的小猪常发生本病的急性感染病例。病猪年龄的大小可作为和不全角化症鉴别诊断的依据之一。急性病例的输尿管肿大及肾脏囊肿有助于对此病的诊断，但在较轻微的病例中一般见不到这些病变。

此病常见到下面的1个或所有的4个阶段的症状：①干皮屑样痂皮。②耳朵及其他部位出现棕红色斑点。③在耳、唇、四肢及下身无毛皮肤处形成水疱。④水疱及溃疡很快波及全身，出现黏性分泌物，形成痂皮，严重时脱水及死亡。

对皮肤及脏器的细菌培养常可检出各种细菌，但葡萄球菌是主要的细菌。结合膜囊为分离葡萄球菌的合适场所。用显微镜检查可与外寄生虫病及霉菌感染相区别。在较大的猪只，外寄生虫病及霉菌感染可与渗出性表皮炎形成并发症。

容易与此病相混淆的其他皮肤疾病有：①猪痘：局部损伤，很少致死；②疥癣：瘙痒，可找到螨虫；③癣病：扩散性的表层病变，可分离出真菌；④玫瑰糠疹：环状扩散，不致死，病变部位不含脂质；⑤缺锌：常发于断奶猪，对称性的干燥病变；⑥增生性皮肤病：在长白猪中多发，出现致死性肺炎情况；⑦局部创伤：如小猪的面部咬伤和膝部擦伤等。

▶ 防治方案

1. 预防方案

（1）加强卫生与消毒工作　母猪进入产房前应选用杀特灵和好利安等高效消毒剂对产房彻底消毒2次；同时用瑞星泡腾片对饮水每2天消毒1次。母猪进入产房后，对其体表可用杀特灵和好利安等进行消毒，方法为用蘸有消毒水的湿毛巾擦拭乳房部位，对母猪饮水用瑞星泡腾片消毒，每2天消毒1次。在保育舍空舍时，进行彻底的卫生消毒，用杀特灵和好利安等各进行一次彻底消毒。进猪后用杀特灵和好利安等进行带猪消毒，每周进行2次。

（2）防止外伤感染　应尽可能避免猪舍内一切容易导致外伤的危险因素。对母猪和小猪的局部外伤要立即进行外科治疗。在日常饲养管理中进行的剪齿、断尾等工作，应对操作工具进行严格消毒。对出现渗出性皮炎的仔猪尽快进行隔离、治疗和处理。

（3）药物预防　在母猪临产前1～3天口服广谱抗生素，可选的广谱抗生素有瑞特普利健、百乐、克林美以及复方支原净等。在仔猪出生当天口服瑞特普利健、克林美或复方支原净，也可注射福可欣或克林美针剂等。以后以窝为单位，如一窝仔猪中有一头出现本病，立即对全窝给药。

2. 治疗方案　

本病的治疗效果不一，在发病早期，用针剂抗生素治疗可收良效，对于感染的皮肤部位，可采用防腐剂如涂抹龙胆紫、碘酊或碘甘油进行治疗。

（1）群体用药　在哺乳仔猪以窝为单位，在断奶仔猪以栏为单位，发现一头病猪，立即对全窝或全栏给药一个疗程，口服即可。可选用的药物有：瑞特普利健、必可生、克林美、复方支原净和多联磺胺等。

（2）个别用药　对个别发病的小猪，在病灶部位可用好利安进行涂抹消毒。同时肌内注射克林美、福可欣、福易解、氨苄青霉素等抗生素。

（3）饮水消毒　对保育猪来说，停药后的饮水消毒是控制本病复发的重要措施。

二、猪圆环病毒病

猪圆环病毒病是由猪圆环病毒2型（PCV2）感染所致的一种新的病毒性疾病。主要感染8～13周龄的猪。其特征为全群猪体质下降，消瘦，腹泻和呼吸困难。

猪圆环病毒2型是断奶仔猪多系统衰竭综合征（PMWS）的主要病原，同时还与猪皮炎与肾病综合征（PDNS）、增生性坏死性肺炎（PNP）、猪呼吸道疾病综合征（PRDC）、繁殖障碍、先天性颤抖、肠炎等疾病密切相关。

本病是一种具有重要经济意义的疾病。现已被公认为是继猪繁殖与呼吸系统综合征（蓝耳病，PRRS）之后，新发现的引起猪免疫障碍的重要传染病。本病的死亡率为10%～30%，在发病严重的猪场死淘率可达40%左右。

▶ 病原概述

猪圆环病毒（PCV）在分类上属于圆环病毒科，该病毒为二十面体对称形、无囊膜、单股环状DNA病毒。其单股的DNA链形成圆环，故称为圆环病毒。该病毒无囊膜，病毒粒子直径为17纳米，是目前发现的最小的动物病毒。

猪圆环病毒分为1型（PCV1）和2型（PCV2）两种，猪圆环病毒1型对猪未见有致病性，但能产生血清抗体，该病毒在调查的猪群中普遍存在。猪圆环病毒2型可引起断奶仔猪多系统衰竭综合征（PMWS），并与小猪的许多其他疾病有关。

猪圆环病毒对外界环境有较强的抵抗力，在酸性环境和氯仿溶液中可存活较长时间，在高温环境（如在72℃的高温中）也能存活一段时间。

猪圆环病毒2型严重侵害猪的免疫系统，造成免疫抑制。表现为淋巴细胞缺失和淋巴组织的巨噬细胞浸润，是断奶仔猪多系统衰竭综合征病猪的独特性病理损害和基本特征。因此，猪感染本病毒后，低致病性或弱致病性的微生物都可以使猪发病。

▶ 流行特点

断奶仔猪多系统衰竭综合征是最早被认识和确定的由圆环病毒2型感染所致的疾病。常见的断奶仔猪多系统衰竭综合征主要发生在5～16周龄的小猪，最常见的病例是6～8周龄的猪，极少感染乳猪。一般于断奶2～3天或1周后开始发病，在急性发病猪群中，病死率可达10%，耐过后的猪发育明显受阻。

在乳猪体内获得的母源圆环病毒2型抗体，在其出生后8～9周龄时消失，当小猪被转移到育肥圈时再接触了圆环病毒2型后，又可产生圆环病毒2型的抗体。不同年龄的猪对圆环病毒2型都具有较强的易感性。本病的传染源多为病猪的鼻液、粪便、被污染的衣服和设备等。感染途径为口腔、呼吸道、胎盘以及精液等。病猪在不同猪群间的移动是该病毒的主要传播途径。

本病常常由于并发或继发细菌或病毒感染而使死亡率大大增加，病死率可达25%以上。

▶ **临床表现**

断奶仔猪多系统衰竭综合征的临床症状：常见于6～8周龄的仔猪，也可发生于5～16周龄的仔猪。多见且必有的症状是病猪表现渐进性消瘦或生长迟缓。其他症状包括厌食，精神沉郁，行动迟缓。皮肤苍白，被毛蓬乱。偶见黄疸。体表淋巴结肿大。呼吸症状明显，呼吸困难，咳嗽，见图5-17。本病发病率及病死率一般为10%～30%。本病在猪场中可持续一年至一年半。

图5-17　猪只渐进性消瘦或生长迟缓

较少出现的症状有：严重下痢或腹泻。神经症状。突然死亡。

其他要说明的问题：绝大多数圆环病毒2型呈亚临床性感染情况，出现临床症状可能与继发感染其他病原有关，或者完全是由继发感染而出现临床症状。

▶ **剖检病变**

（1）主要病变　病猪贫血，消瘦，皮肤苍白，黄疸，淋巴结异常肿胀。内脏和外周淋巴结肿大到正常状态的3～4倍，特别在腹股沟淋巴结、肺门淋巴结和肠系膜淋巴结以及颌下淋巴结等，严重时可肿大10倍左右，切面为均匀的白色，见图5-18、图5-19。肺部有灰褐色炎症和肿胀病变，呈弥漫性病变，坚硬似橡皮样。肝脏发暗，呈浅黄到橘黄色外观，萎缩。肝小叶间结缔组织增生。肾脏水肿，有的可达正常肾的5倍左右，病变肾苍白，被膜下有坏死灶，见图5-20。脾脏轻度肿大，质地如肉。胰腺、小肠和结肠也常有肿大及坏死病变。肝炎、肝细胞变性坏死。肺炎，弥漫性充血，肺间质明显增宽。

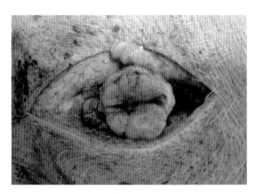

图5-18　淋巴结异常肿胀

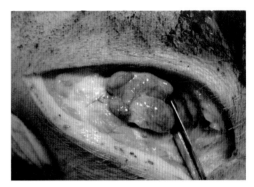

图5-19　肿大的淋巴结表面有囊泡样结构

图5-20　肾脏水肿，有的可达正常肾的5倍
左右，病变肾苍白，被膜下有坏死灶

（2）组织学病变　病变广泛分布于全身器官、组织，呈广泛性的病理损伤。在肺有轻度、多灶性或高度弥漫性间质性肺炎。在肝脏有以肝细胞坏死为特征的肝炎。在肾脏有轻度至重度的、多灶性间质性肾炎。在心脏有多灶性心肌炎。在淋巴结、脾、扁桃体和胸腺，常出现多样性肉芽肿炎症。本病最主要的病理组织学变化是淋巴细胞的缺失。

▶ 诊断要点

1. 临床诊断要点

（1）断奶仔猪多系统衰竭综合征主要发生在5~16周龄的猪，断奶前生长发育良好。

（2）同窝或不同窝的仔猪广泛出现呼吸道症状，腹泻、发育迟缓、体重减轻。有时出现皮肤苍白或黄疸。抗生素治疗无效或疗效不佳。

（3）剖检时可见淋巴结肿大，脾肿大，肺膨大、间质变宽，表面散布有大小不等的褐色病变区。在其他脏器也可能有不同程度的病变和损伤。

2. 诊断依据　根据临床症状、病理变化、实验室的病原或抗体检测结果进行诊断。最可靠的方法为病毒的分离与鉴定。

3. 病理学诊断　当发现病死猪全身淋巴结肿大，肺塌陷不全或形成固化、致密灶时，应怀疑本病。组织病理学可见在淋巴组织内淋巴细胞减少，单核巨噬细胞类细胞的浸润及形成多核巨细胞，若在这些细胞中发现嗜碱性或两性染色的细胞质内包涵体，则基本上可以确诊本病。

4. 血清学诊断　间接免疫荧光法（IIF），免疫过氧化物酶单层细胞培养法，酶联免疫吸附试验（ELISA）法，聚合酶链式反应（PCR）法，核酸探针杂交及原位杂交试验（ISH）等方法都可用于诊断本病。

5. 鉴别诊断

（1）猪皮炎和肾病综合征　此病首次报道于1994年，目前也已证实与感染圆环病毒2型有关。发病率为0.5%~2%，有时可高达11%，死亡率可达40%左右。病猪主要症状包括：食欲丧失，体温升高至41.5℃左右，皮下水肿，发生典型的皮肤损害，在猪的后躯部位发生瘀血、瘀点或瘀斑，呈紫红色。可触摸到的体表淋巴结肿大，可肿大至正常的3~4倍。出现黄色的胸水或心包积液。肾脏呈肾小球性肾炎和间质性肾炎病变，在其表面可见瘀血点。严重下痢，呼吸困难，见图5-21、图5-22、图5-23。

（2）繁殖障碍　母猪的返情率增加，发情延迟，流产可发生于妊娠前期的各个不同阶段，产木乃伊胎儿，出现死胎和产出弱仔等。在对母猪的繁殖障碍诊断中，如果在流产胎儿中分离到蓝耳病病毒，也应进一步分离圆环病毒2型，因为这两个病毒同时存在的可能性很大。

（3）先天性颤抖　小猪出生后表现颤抖。严重颤抖的仔猪常在出生后1周内因不能吮乳、饥饿致死。耐过1周的仔猪能存活，3周龄时可康复。有些病猪一直不能完全康复，在整个生长育肥期都有颤抖表现。

（4）混合感染　由于圆环病毒的感染会引起猪的免疫抑制，从而容易继发感染其他很多疾病，最常见的混合感染病原有：猪繁殖与呼吸综合征病毒（蓝耳病病毒，PRRSV）、伪狂犬病毒（PRV）、细小病毒（PPV）、肺炎支原体、多杀性巴氏杆菌、流行性腹泻病毒（PEDV）、猪流感病毒（SIV）。有的呈二重感染或三重感染情况，在这种情况下，疾病的复杂程度和病死率都大大提高。

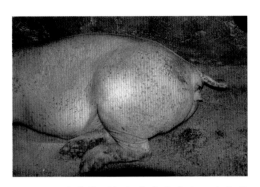

图5-21　在猪的后躯部位发生瘀血、瘀点或瘀斑，呈紫红色

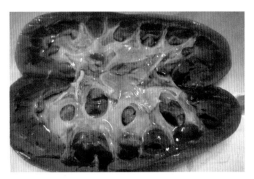

图5-22　在肾脏呈肾小球性肾炎和间质性肾炎

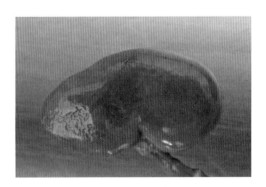

图5-23　在肾表面可见出血点

▶ **防治方案**

1. 预防方案

（1）加强饲养管理　预防圆环病毒病的最关键时期是仔猪断奶后的3～4周。最有效的方法和措施是尽可能减少断奶仔猪的应激。包括：不要过早断奶，断奶后不要过早更换饲料；断奶后不要立即并窝、并群；不要过早或多次注射疫苗；降低饲养密度；做好消毒工作。

（2）做好猪主要传染病的免疫工作　目前世界各国控制本病的经验是，对并发和继发感染病原作适当的主动免疫和被动免疫，即做好猪瘟、猪伪狂犬病、猪细小病毒病、气喘病和蓝耳病等疫苗的免疫接种工作，确保胎儿和哺乳期仔猪的安全是关键。因此，根据不同可能继发、感染的病原用不同的疫苗对母猪实施合理的免疫程序至关重要。

（3）人工被动免疫　可采用血清疗法。从猪场的育肥猪群中采血（最好采集健康的淘汰种猪的血液），分离血清，给断乳期的仔猪进行腹腔注射。

（4）自家疫苗的使用　猪场一旦发生本病，可把发病猪的肺脏等加工成自家组织苗，根据临床实践，效果不错。但现阶段有两种观点：一是给母猪和断奶仔猪同时免疫，优点是免疫效果快，基本在1~2个月内能控制本病；缺点是如果该组织苗灭活不彻底，将使本病长期存在。二是只免疫断奶仔猪，优点是免疫安全性好，基本不会使本病长期存在；缺点是免疫效果慢，需要半年左右的时间才能控制本病。

（5）用"感染"物质进行主动感染——返饲　"感染"物质指本猪场被感染猪的粪便、死产胎猪、木乃伊胎等，将这些感染物用来喂饲母猪，尤其给初产母猪在配种前饲喂，能得到较好的免疫效果。对于有一定抗体的母猪，在妊娠80天以后再作补充喂饲，则可产生较高的抗体水平，该抗体通过初乳传递给仔猪。这种方法不仅对防治本病、保护胎儿和哺乳仔猪的健康有效，而且对由其他病毒引起的繁殖障碍疾病也有较好的效果。但使用本法要十分慎重，以防病原扩散和感染其他疾病。

（6）药物预防　预防性投药和治疗，对控制细菌源性的混合感染或继发感染是非常必要的。但是，至今对感染圆环病毒2型后继发相关猪病的病原和发病机制尚未完全清楚，因此还不能完全依赖特异性防治措施防治本病，只能同时开展综合性的防治措施，才能收到事半功倍的效果。

（7）可以试用以下药物的预防方案

仔猪用药：哺乳仔猪在3、7、21日龄注射3次得米先（长效土霉素），200毫克/毫升，每次0.5毫升，或者在1、7日龄和断奶时各注射速解灵（头孢噻呋，500毫克/毫升）0.2毫升；断奶前1周至断奶后1个月，用支原净（每千克体重50毫克）+金霉素或土霉素或强力霉素（每千克体重150毫克）拌料饲喂，同时用阿莫西林（每升水500毫克）饮水。

母猪用药：母猪在产前1周和产后1周，在饲料中添加支原净（每千克体重100毫克）+金霉素或土霉素（每千克体重300毫克）。

2. 综合防控措施

（1）分娩期　仔猪全进全出，在两批猪入舍间期要对猪舍进行彻底清扫、消毒；在分娩前要清洗和消毒母猪体表和乳房；限制交叉哺乳（代乳），如果确实需要代乳也应限制在分娩后24小时内进行。

（2）断奶期　原则上小猪一窝一圈，猪圈分隔坚固（两猪圈之间用实墙或实板隔离，不要用铁栏杆）；坚持严格的全进全出制度，并有与邻舍分别独立的粪尿排泄系统；降低饲养密度，增加喂料器的空间，改善空气质量；调控好猪舍温度：3周龄仔猪为28℃左右，每隔一周调低2℃，直至常温；批与批之间不混群。

（3）生长育肥期　猪圈采用壁式分隔；坚持严格的全进全出、空栏、清洗和消毒制度；从断奶猪舍移到育成猪舍的猪不混群；对整个育肥期的猪也不再混群；降低饲养密度；改善空气质量和温度。

（4）其他措施　合理的疫苗接种计划；保育舍要有独立的饮水加药设备；严格的保健措施（断尾、断齿、注射时严格消毒）；将病猪及早隔离治疗或进行扑杀。

三、猪　　痘

猪痘（SwP）是猪的病毒性传染病，本病可由痘苗病毒（VV）和猪痘病毒（SwPV）两种病毒的感染引起。

本病通过直接接触传染，故皮肤损伤是猪痘感染的必要条件。猪虱及其他吸血昆虫对皮肤造成损伤，使病毒得以进入皮肤。多数病猪在患病3周后自然恢复。

▶ 病原概述

猪痘病毒（SwPV）和痘苗病毒（VV）的宿主范围虽有不同，但在形态结构、化学组成及抗原性方面基本相同。病毒对温度具有很高的抵抗力，在干燥状态下病毒可存活一年。该病毒对氧化剂及乙醚敏感。

▶ 流行特点

猪虱是猪痘病毒传播的主要媒介，蚊蝇传播该病的情况并不多见。发生病变的皮肤主要位于背部、腹部、腹股沟及大腿内侧，病变开始为丘疹，然后发展成水疱，水疱容易破裂，若继发感染会形成脓疱。水疱破后会形成结痂。大多数痂皮在感染3周后脱落。

猪痘病毒可从病变部位和口鼻的分泌物中排出，造成水平传播。猪痘病毒存在于被感染的上皮和感染后期形成的干痂中，皮肤擦伤是猪痘病毒进入体内的主要门户。

发病呈季节性，在卫生状况不良的猪场，在4月龄前的仔猪发病率可达100%，死亡率低于5%。康复的猪对猪痘会产生特异的免疫力。

发病机制概要：猪痘通常是由猪痘病毒进入破损的皮肤而引发。猪痘病毒在皮肤的棘细胞层细胞的胞浆中复制，使皮肤发生水疱。

▶ 临床表现

病变呈渐进式发展过程：斑点（发红）→丘疹（水肿的红斑）→水疱（从病变部位流出液体）→脓疱或形成硬皮。

上述全过程需要3~4周。被感的幼龄猪比成年猪的临床症状严重。乳猪可能在口唇周围的上皮发生病变或形成全身化的病变。

由猪虱所致的病变主要发生在身体的下方，包括乳房和外阴部。由蚊蝇传播的疾病所形成的病变主要集中在身体的背部，包括口鼻和两耳，此特点可在鉴别时参考，见图5-24。

图5-24   斑点（发红），丘疹（水肿的红斑），水疱（从病变处流出液体），脓疱或形成硬皮

▶ **剖检病变**

肉眼病变主要是在发病后期可见到上皮细胞坏死。组织病理学表现为在真皮和表皮上出现中性粒细胞和巨噬细胞。借助电子显微镜在被感染细胞的胞浆中可看到痘病毒粒子。

▶ **诊断要点**

本病特征是在腹部、双耳、口鼻、外阴和背部的皮肤上出现痘病病变。继发感染时可引发更广泛的病变和局部脓肿。

此病的临床诊断并不难。但是，在临床上须与猪疥癣等发痒性皮肤病相区别。无并发性皮肤病的猪痘不会发痒，因此不难作类症鉴别。

需要与猪痘进行鉴别诊断的疾病有：水疱病，尖利牙齿咬伤，玫瑰样糠疹，角化不全症，寄生虫性皮肤疾患，过敏性皮炎，癣病，葡萄球菌病，链球菌性皮炎，皮肤型猪丹毒等。

对临床诊断结果如有疑问，应作皮肤组织病理学检查，猪痘病毒可在电子显微镜下清晰可见。实验室诊断方法还有：用免疫荧光和电子显微镜方法检查病毒抗原，可确诊猪痘病毒的感染情况。琼脂扩散试验或更敏感的反向电泳试验可作为该病的血清学诊断方法。

▶ **防治方案**

1. **预防方案**   目前尚无疫苗可以用来进行免疫接种。可使用百毒杀、菌毒灭等消毒药喷洒猪体、圈舍，消除致病性病毒，可在每天气温较高时喷洒，每天一次或隔天一次。控制猪痘的最佳方法莫过于加强卫生管理及驱除体外寄生虫。

2. 治疗方案 猪痘无特效疗法，治疗目的在于防止细菌等的继发感染。可在患处涂擦碘酊、甲紫溶液，效果较好。对体温升高的病猪，可用抗生素加退烧药（青霉素、安乃近或安痛定等）治疗，控制细菌性并发感染和对症治疗。

注意：在进行猪混群作业时，应仔细检查猪的皮肤病变和有无外寄生虫感染。

四、猪肾虫病

猪肾虫病也称冠尾线虫病，是由冠尾科的有齿冠尾线虫寄生于猪的肾盂、肾周围脂肪以及与输尿管壁相通的结缔组织包囊内引起的寄生虫病。

无论大猪小猪，患病之初均出现皮肤炎症症状，以后出现精神沉郁，食欲欠佳，喜卧，后肢无力及跛行等症状。该病对猪的危害很大，可造成大批猪的死亡。

▶ 病原概述

本病病原为冠尾科的有齿冠尾线虫。该虫虫体粗壮，呈灰褐色。本病原寄生于猪肾脏周围的脂肪组织内。在森林及温带地区，平地饲养的家猪和野猪极易感染猪肾虫。

猪肾虫的生活史：猪肾虫寄生在与输尿管相通的包囊内，虫卵随尿液排出。虫卵在尿液浸泡的圈舍和产仔舍中孵化成幼虫（此时幼虫可感染蚯蚓），继之，幼虫或被感染的蚯蚓被猪吞食（幼虫也可直接穿过猪皮肤而引起猪的感染），感染性幼虫从猪小肠移行至肠系膜淋巴结，经蜕化后沿门静脉继续移行至肝脏。在肝脏中，幼虫再次蜕化。感染2~4个月后，虫体钻破肝包膜进入腹腔，移行到肾周围脂肪组织及肠系膜脂肪组织。幼虫自感染9~12个月后才发育成为成虫。猪被初次感染后可持续排卵达3年之久。2岁或更大的种猪感染肾虫的情况比较常见。

▶ 流行特点

在气候温暖、多雨的季节猪被感染的机会较多，炎热干旱的季节被感染的机会较少。在我国南方的每年4~5月份和9~11月份出现感染的情况较多。

在猪舍设备简陋、饲养管理粗放、密度过大的猪场流行本病的情况严重，而在空气流通、阳光充足、清洁干燥、设备条件好、精心饲养的猪场很少发生该病。集体合作养猪小区的猪场流行情况严重，分散饲养则较轻。

除猪外，黄牛、马、驴和豚鼠等也能被感染。

▶ 临床表现

病初病猪出现皮肤炎症，食欲减退，消瘦，贫血症状。随后出现后肢无力，跛行表现。尿液中常有白色黏稠的絮状物或脓液。有时可继发后躯麻痹或后肢僵硬。食欲废绝。颜面微肿。严重者多因极度衰弱而死亡。

仔猪发病后发育停滞。母猪被感染后出现不孕或流产症状。公猪发病后失去配种能力。

▶ **剖检病变**

凡是猪肾虫移行过的器官均可出现病变。尸体消瘦，皮肤有丘疹和小结节，肠系膜淋巴结水肿，肝内有包囊和脓肿，内含幼虫，肝肿大变硬，结缔组织增生，切面有虫体钙化的结节。肝门静脉内有幼虫性血栓。在肾周围脂肪组织形成结节，结节通过瘘管与输尿管相通。肾盂有脓肿，结缔组织增生。输尿管壁增厚，常有多量的包囊，囊内有虫体。

有时在膀胱外围形成包囊，膀胱黏膜充血。严重时，在腹腔和腰椎也可见到虫体。当本病幼虫移行侵害脊髓时，常引起患猪后躯麻痹。

▶ **诊断要点**

剖检时见到虫体、脓肿及肝表面的疤痕为死后诊断的主要根据，检查尿液中的虫卵可用于生前确诊。

（1）尿液检查　取清晨第一次排出的尿液，自然沉淀，吸取尿沉渣镜检发现虫卵。虫卵呈椭圆形，较大，灰白色，两端钝圆，卵壳薄，大小为（99.8～120.8）微米×（56～63）微米，内含32～64个圆形卵细胞。

（2）死后剖检　从肾脏、输尿管壁等处检出虫体。虫体肥大而柔软，形似火柴梗样，灰褐色，体壁较透明。口囊呈杯状，口缘肥厚，周围有6个角质隆起和细小的叶冠，底部有6个齿。雄虫长20～30毫米，交合伞小，伞辐肋短小，有2根交合刺。雌虫长30～45毫米，阴门开口靠近肛门。

（3）免疫学检查　用虫体制成抗原做皮内变态反应实验，具有早期诊断价值。

▶ **防治方案**

1. **预防方案**　修建猪舍时，应选择干燥及阳光充足的地点，要便于排水和排尿，不使尿液积留在圈内，调教猪只在固定地点排尿。

对墙根、墙脚等排泄大小便的地方，每隔3～4天用沸水冲洗，或用1%漂白粉（或1%烧碱液）或10%新鲜石灰乳进行消毒。

对猪群进行全面普查，对5月龄以后的猪要经常进行尿检，发现病猪立即实施隔离治疗或淘汰，提早宰杀。

应立即将断奶仔猪和患病母猪分圈饲养，把断奶仔猪转移到未被污染的猪舍内饲养。

对发生本病的猪场，应利用寒冷不利于幼虫发育的条件，留取冬季出生的小猪留作种用，以便净化本病，建立清洁猪群。

2. 治疗方案　在查明病情的基础上，在早期有计划地每月驱虫1次，即时杀死移行中的幼虫。常用的驱虫药有左咪唑、丙硫咪唑、依维菌素等，剂量与用法参照猪蛔虫病章节。

五、猪疥癣

猪疥癣是由疥螨科的疥癣虫潜伏于皮肤内所引起的猪的慢性接触性皮肤外寄生虫病，也称疥螨病或疥疮。

本病重要的临床症状是瘙痒，引起皮肤发生红点、脓疱、结痂、龟裂等。患猪经常摩擦其患部使皮肤变红、损伤与脱毛，表皮过度角化。在慢性感染病例，皮肤变厚，起皱纹。

一般本病的初期症状为头部病变，被感染的部分是耳朵、眼周围及鼻部，然后病变蔓延到体表及四肢，严重时感染波及全身。

被疥癣虫感染的仔猪可能会患油皮症，在显微镜下检查皮肤碎皮屑可以找到疥癣虫，特别是耳部皮肤。

此病为猪皮肤病中最普遍和最重要的一种，没有猪疥螨病侵扰的猪场很少。猪疥癣症容易诊断，当一大群猪出现瘙痒症状时，常是被疥癣虫感染的征兆。

▶ 病原概述

病原及生活史：本病原为疥螨科的猪疥螨。该虫寄生于猪的皮内。疥螨成虫呈圆形，灰白色，长约0.5毫米，在黑色背景下肉眼可见。在解剖镜下可见螨虫爬向远离光线的黑暗处。成虫有4对短粗的腿，腿上长有不分节的柄，柄的末端有吸盘样结构。雌虫前2对腿的末端有具柄吸盘，而雄虫第1、2和4对腿末端有具柄吸盘。

疥螨为终生寄生性寄生虫，虫卵、幼虫、若虫和成虫均在表皮内发育。雌虫在表皮的2/3处的隧道内交配后，产卵40～50个。1个月后雌虫死亡。3～5天后虫卵孵化，幼虫又进一步蜕化为若虫并发育成为成虫。全部发育过程均在表皮隧道内进行。

雌雄交配也可在蜕化穴里或皮肤表面进行，交配后，孕卵雌虫开始挖掘新的皮肤隧道。从卵到孕卵雌虫的全部生活周期需10～15天。猪疥螨多寄生在猪的耳廓内面，在患猪耳廓刮取的病料中可查到大量螨虫。

▶ 流行特点

健康的猪通过直接接触病猪或接触被污染的栏栅、用具、杂物等而被感染。在秋冬及初春季节，尤其在寒冷潮湿天气里该病蔓延广泛，发病严重。被疥螨感染尚未表现症状，或感染后在较长时间内不表现明显症状的带螨猪是本病的重要传染源。幼猪易受疥螨侵害，发病也较严重，随着年龄增长，猪的抗螨力也随之增加，检查1～3.5月龄的仔猪阳性率为80%。在潮湿、阴暗的环境感染本病的机会更多。通常在饲养管理条件或卫生条件差的猪场都会有本病发生。

▶ **临床表现**

　　本病在5月龄以下的小猪多发。感染常由头部的眼圈、颊部和耳朵开始，严重时蔓延到腹部和四肢。表现剧痒而到处擦痒，患部因摩擦而出血，被毛脱落。皮肤出现小的红色斑、丘疹。皮肤的渗出液结成痂皮，皮肤增厚，出现皱褶或龟裂。螨虫多数聚集在耳廓的内侧面（因为避光、黑暗），形成结痂性病变。角化过度性螨病病变主要见于成年猪，见图5-25。

图5-25　病猪皮肤增厚，出现皱褶或龟裂

▶ **诊断要点**

　　最常见、最有诊断意义的临床症状为幼猪擦痒，皮肤出现小的红斑丘疹。确诊本病必须查到螨虫。

　　可靠的诊断方法是用手电筒检查种猪耳内侧的结痂，取出结痂，检查螨虫。将结痂弄碎，放在黑纸上，几分钟后轻轻将结痂移走，则可见到螨虫用足吸盘附着在纸上。可用肉眼直接观察螨虫，也可用放大镜观察。

　　更灵敏的检查方法是用10%氢氧化钾消化结痂，然后用低倍生物显微镜观察。将耳廓刮屑置于平皿内震动并低温加热6～24小时，可收集到大量的螨虫，螨虫附着于平皿的底部。

　　类症鉴别：

　　（1）湿疹　无痒感或不剧烈，在温暖的厩舍中痒感亦不加剧，皮屑内无螨虫。

　　（2）秃毛癣　患部境界明显，常见圆形或椭圆形，表面覆有疏松、干燥以及易剥离的浅灰色痂皮，剥离痂皮后皮肤光滑，无痒感。检查病料可见真菌孢子和菌丝。

　　（3）虱和毛虱　皮肤正常，不增厚，不起皱，不变硬，在患部可发现吸血虱或毛虱，病料中无螨虫。

▶ 防治方案

方案1：用0.15%力高峰喷雾或用赛巴安喷洒猪皮肤有良好的驱虫效果。驱虫时必须对全场猪只或整个猪舍同时处理。对所有的猪栏都要进行清洗及喷药。这样的驱虫过程重复1次为佳，间隔时间为10天。伊维菌素也可作为本病的驱虫药物。

有效控制猪疥癣的方案如下：把经驱虫后的妊娠后期母猪移入分娩舍。对所有的断乳仔猪进行驱虫。对新引进的猪只必须进行驱虫。对公猪群一年进行2次驱虫。

方案2：驱虫药物：芬苯达唑。传统喷雾用的驱螨药：有机磷制剂（马拉硫磷、敌百虫）、亚胺硫磷喷洒剂、双甲脒喷洒剂、螨净等。使用过程中要避免中毒。

方案3：对环境和圈舍用石硫合剂原液喷洒，每周1次。对大猪和中猪用石硫合剂（大猪用原液，中小猪加等量水倍量稀释）全身喷洒，每15天一次。

石硫合剂配方：生石灰3千克，硫黄7千克，加水100升，混合煮30分钟，取上清（茶褐色）而成。

仔猪：用赛巴胺每4千克体重10毫升，沿背中线划一条线。也可用拜美康拌料防治本病。对重症猪用畜虫净进行皮下注射。

六、感光过敏性中毒

感光过敏性中毒是指猪采食了含有光敏物质（又称光能效应物质或光能剂）的植物性饲料后，在体表浅色部分对光线产生过敏反应，在容易受阳光照射部位的皮肤产生红斑性炎症，此症状为感光过敏中毒的临床特征。

▶ 病因概述

猪采食了光敏植物是发病的主要原因。许多植物富含光能效应物质，如金丝桃属植物（金丝桃素）、萍麦（荞麦素）、多年生黑麦草、三叶草、苜蓿，以及野胡萝卜、野豌豆、灰菜等野生植物。

一些植物本身所含光敏物质尚少，但当寄生了某些真菌后使其光敏作用增强。如黍属牧草，羽扇豆，野蒺藜等。

某些被蚜虫侵害过的植物也可产生光能效应物质。尤其在连绵阴雨后，大量蚜虫生长繁殖，其寄生的植物被放牧动物采食后即可发生成批中毒，出现感光过敏性皮炎。因此本病又称为"蚜虫病"。

在饲料中添加的某些药物也可引起光过敏反应，如预防蠕虫或锥虫病的吩噻嗪等。

▶ 临床表现

在易受阳光照射部位的皮肤产生红斑性疹块，甚至发展为水疱性或脓疱性炎症。病情较轻者，仅见皮肤发红、肿胀、疼痛并瘙痒，2～3天后消退，以后逐渐落屑、痊愈，全身症状较轻。在较严重的病例，可由初期的疹块迅速发展成为水疱性或脓疱性皮炎，患部肿胀和温热明显，痛觉和痒觉剧烈，出现大小不等的水疱，水疱破溃后流出黄色或淡红色液体，以后形成溃疡并结痂，或坏死脱落。

本病常伴有口炎、结膜炎、化脓性全眼球炎、鼻炎、咽喉炎、阴道炎以及膀胱炎等，病畜体温升高，全身症状比较明显。

在严重病例，除以上症状外，还表现出黄疸、腹痛、腹泻等消化道症状和肝病症状，或者出现极度呼吸困难、泡沫样鼻液等肺水肿症状。有的还可出现神经症状，主要表现为兴奋不安、盲目奔走、共济失调、痉挛、昏睡以至麻痹等症状。病理变化主要局限于体表皮肤，可观察到各种不同的皮肤疹块和炎症。有的出现肺肿大、肺水肿等病变，见图5-26。

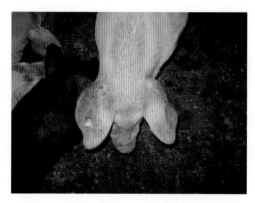

图5-26　病猪皮肤发红、肿胀、疼痛并瘙痒

▶ **诊断要点**

根据采食了含有光敏物质饲料的病史，以及白毛猪见太阳光后出现典型的红斑性疹块，甚至发展为水疱性或脓疱性炎症等临床症状不难诊断。

▶ **防治方案**

1. **预防方案**　避免猪采食多量含有大量光敏物资的饲料。一旦发现光敏性皮炎后立即停喂可疑饲料，将病猪移至避光处。

2. **治疗方案**　对于本病目前尚无特效解毒药。发病后应立即停喂可疑饲料，将动物移至避光处进行护理与治疗。

（1）早期泻下与利胆　应用泻剂和利胆药，以清除肠道中尚未被吸收的光敏物质，及尽快排出进入肝中的毒物。

（2）皮肤外部的处理　对于皮肤红斑、水疱和脓疱，早期可用2%～3%明矾水冷敷，再用碘酊或甲紫涂擦；已破溃时用0.1%高锰酸钾液冲洗，然后涂以消炎软膏或氧化锌软膏，也可配合使用抗生素治疗，以防继发感染。

（3）抗过敏疗法　对发生严重过敏症状的重症猪，应以抗组胺药物进行治疗，可用异丙嗪、苯海拉明或氯苯那敏等进行肌内注射，也可用10%葡萄糖酸钙进行静脉注射。

（4）中药治疗　可选用清热解毒、散风止痒的药物，如可选经典方剂祛风散。

第六章

猪繁殖障碍及无乳症候群

第一节　不发情、假发情疾病

一、阴　道　炎

阴道炎是母猪阴道各种炎症的总称。

▶ **病因概述**

在配种及助产时的检查和操作中，由于操作不当导致阴道损伤，进而发生产道感染。上述病因也可导致子宫内膜炎、胎衣及胎儿的宫内腐败等一系列产科疾病。

▶ **临床表现**

（1）急性阴道炎　阴道前庭及阴道黏膜呈鲜红色，肿胀而疼痛，阴道渗出物增多，从阴道排出卡他性或脓性渗出物，阴户频频开闭，且常作排尿姿势，表现出假发情现象。

（2）卡他性阴道炎　阴道色暗，在黏膜表面附着有卡他性渗出物。当除去渗出物后，即见黏膜充血情况。

（3）化脓性阴道炎　阴道黏膜水肿，疼痛，并有多量脓性渗出物从阴道流出。此时有的患猪体温升高，精神沉郁，排尿时有痛感（呻吟、弓背）。

（4）蜂窝织炎性阴道炎　阴道黏膜剧烈水肿，疼痛明显，体温升高，精神沉郁，个别病猪的阴道发生脓肿和溃烂。

（5）慢性阴道炎　临床症状不甚明显，仅有少许卡他性或脓性渗出物，见图6-1。

▶ **防治方案**

1. 预防方案　在配种、分娩及助产的检查和操作时，要注意保护阴道黏膜和做好卫生消毒工作，以防对阴道的损伤和造成感染。对于由原发病引起的阴道炎要及时诊断和治疗原发病。

2. 治疗方案

（1）药液灌洗　以2%碳酸氢钠溶液冲洗阴道后，再用0.1%高锰酸钾，或0.1%

图6-1　有多量脓性渗出物从阴道流出

雷夫诺尔或3%鱼石脂或5%明矾等溶液充分洗涤阴道。亦可用苦参、龙胆草各15克，或蛇床子30克，煎水1 000毫升灌洗。对于滴虫性阴道炎，可选用1%乳酸、0.5%醋酸溶液、3%鱼石脂、1%红汞或复方碘溶液灌洗阴道。

（2）涂抹药物　冲洗后，选用鱼石脂、甘油等量液，或磺胺软膏、抗生素软膏或磺胺及抗生素药粉进行涂布。对于滴虫性阴道炎，用蛇床子软膏效果较好；也可用滴维净、灭滴灵或以灭滴灵浸入纱布作阴道填塞等方法进行治疗。

（3）大蒜疗法　此法对顽固性阴道炎最为有效。大蒜20～30克，去皮捣碎，用纱布包成条状塞入阴道，每次放置2小时，每天1次，连用6～10天。

（4）全身疗法　对于化脓性阴道炎及蜂窝织炎性阴道炎，除局部治疗外应实施全身疗法。此外，对于阴道溃疡，应以1%硫酸铜或硝酸银溶液进行腐蚀处理。对于成熟脓肿，应施行切开、排脓等外科疗法。

二、赤霉菌毒素中毒

被镰刀菌感染的小麦、玉米发生赤霉病。猪赤霉菌毒素中毒是由于采食了赤霉病的小麦或玉米等所致。

▶ **病因概述**

在赤霉病小麦中有两种毒素对猪产生毒性作用：一种是玉米赤霉烯酮（RAL，R-2），该毒素作为一种类雌激素物质，可导致猪的生殖器官发生机能和形态上的变化。另一种是单端孢霉烯（T-2）及其衍生物，能导致猪的拒食、呕吐、流产和内脏器官出血性损害。

▶ **临床表现**

玉米赤霉烯酮中毒的表现：母猪阴户肿胀，乳腺增大，子宫增生。起初阴道黏膜仅有轻度充血和发红现象，随后阴户、阴道内部黏膜出现肿胀，直至过度肿胀向阴户挤压，使阴道突出于阴户外面，甚至发生阴道垂脱现象。在小母猪可出现假发情症状，或延长发情周期。在公猪或去势猪，可出现包皮水肿和乳腺肿大情况。母猪出现不孕，胎儿干尸化症状，也可见胎儿被吸收和流产情况。青年公猪中毒后表现性欲降低，睾丸变小，见图6-2。

图6-2　小母猪阴道充血、肿胀和发红

　单端孢霉素类中毒的症状：特征性症状是拒食，呕吐，体重增长缓慢，一般性消化不良，也有腹泻情况。偶尔出现死亡情况。

该毒素对维生素K有颉颃作用，因此中毒的猪伴有凝血酶原不足、凝血时间延长等凝血障碍情况。该毒素还是一种免疫抑制剂。

▶ **剖检病变**

剖检时可见胃、肠道、肝脏、心、肺、膀胱和肾脏出血性病变。

▶ **诊断要点**

主要依据：有饲喂霉败饲料的病史、符合本病的临床症状及病理学变化特点。也可进行实验接种、霉菌分离培养，以便实施进一步鉴别诊断工作。

▶ **防治方案**

1. 预防方案　严格禁止喂霉败、变质的饲料及原料。使用防霉与脱毒的方法，以防霉为主。

防霉：防止饲料（草）霉败的关键是控制水分和温度，积极采取措施对饲料谷物尽快进行干燥处理，并置于干燥、低温处贮存。

脱毒：目前尚无满意的方法。可用碱液（1.5%氢氧化钠或草木灰水等）处理，或用清水多次浸泡，直到泡洗液清澈无色为止，然后晾晒干燥。即便使用经过这种方法处理的发霉饲料，也不能过量饲喂。

此外，预防单端孢霉素类中毒的措施是，使用饲料毒素吸附剂、化学或物理方法脱毒，例如使用硅铝酸钙、膨润土和亚硫酸氢钠等去除毒素。

2. 治疗方案　在严格意义讲对于本病无特效疗法。

对于急性中毒，可用0.1%高锰酸钾溶液、清水或弱碱液进行灌肠、洗胃，然后投服缓泻剂（如硫酸镁、硫酸钠、石蜡油等）尽快排出毒物，同时停喂精料，只喂给青绿饲料，待症状好转后再逐渐增添精料。

在玉米赤霉烯酮中毒时，对于成熟的且正处于休情期的未孕母猪，一次给予10毫克剂量的前列腺素或者连续给予前列腺素两天，每天5毫克剂量，有助于清除滞留的黄体，恢复繁殖功能。

在单端孢霉素类中毒时，抗呕吐药（对5-羟色胺受体具有特效颉颃作用）可用于缓解由该类中毒引起的病猪呕吐症状。因为该病呕吐属于中枢性呕吐，高剂量抗胆碱能药物对呕吐中枢具有直接的抑制作用。

三、乏　情

乏情俗称不发情，是指青年母猪到了6～8月龄或经产母猪在断奶15天仍不发情，其卵巢处于静止状态。乏情是一种非病理性的无性周期活动的生理现象。

▶ **病因概述**

常见的病因是由于品种、公猪的刺激、季节、天气、哺乳时间、哺乳仔猪头数、母猪膘情、母猪的营养状况和管理等因素导致的不发情。尤其在哺乳母猪的饲养管理上对于发生乏情与否特别重要：如常见的营养差、瘦弱或营养水平太好造成过肥等都会引起乏情。

▶ **诊断要点**

母猪是常年发情的家畜，发情周期为18～21天（18～24天也属正常范围），通常以接受爬跨作为发情的判定标准，发情持续期一般为2～3天。

发情征兆包括烦躁不安、爬跨其他母猪、食欲下降、咬圈栏、外阴部变红和肿胀以及流出水样黏液等表现。若无上述表现则为乏情。

▶ **防治方案**

首先要找出导致乏情的原因，然后针对病因采取相应的防治措施。

对于青年母猪初情期延迟，可采用将其转移到其他圈舍或地方，增加与公猪的接触频率，增大其饲养空间或喂一些青绿菜草等方法；还可一次性皮下或肌内注射孕马血液（妊娠40～80天马的血）10～20毫升或孕马血清促性腺激素（PMSG）生物制剂100～600国际单位，诱导其发情和排卵。另外，也可静脉或肌内注射绒毛膜促性腺激素（HCG）300～500国际单位。

对于断奶母猪的乏情，可皮下或肌内注射孕马血清或全血15～25毫升，或者是肌内注射PMSG制剂1 000～1 500国际单位1～2次。另外，也可静脉或肌内注射HCG 500～1 000国际单位，间隔1～2天重复1次。

也可以静脉或肌内注射促卵泡激素（FSH）100～300国际单位，隔日1次，一般需要注射3～4次，此法不仅可以促进母猪发情和排卵，并且有提高受胎率和产仔数的作用。

还可以肌内注射三合激素注射液3～5毫升，间隔2天重复一次。

四、持久黄体

本病是指母猪在性周期排卵或分娩之后，性周期黄体或妊娠黄体持续存在于卵巢内，使卵巢不能正常发育，进而导致不发情的病理状态。

▶ **病因概述**

由于垂体前叶分泌的卵泡激素（FSH）不足，促黄体生成素（LH）和促乳素含量太高，使黄体存在时间过长，抑制了卵泡的生长发育和成熟，故发情停止，造成不孕。

▶ **诊断要点**

成年母猪出现性周期停止或不发情情况，有的虽然发情但多数配种不孕，母猪外阴皱缩，阴道黏膜苍白，且没有分泌物流出。如进行直肠检查时可发现，卵巢比正常的稍大而硬实。据此可做出初步诊断。

调查病因时可发现，该病多由于子宫炎、子宫蓄脓或子宫胎儿干尸化等原因所致。

▶ **防治方案**

若母猪发生子宫炎或子宫积脓时，应先行肌内注射苯甲酸雌二醇（苯甲酸求偶二醇）注射液5～15毫升；第2天再肌内注射催产素10～50国际单位。或者用其他方法治好子宫炎后，再应用前列腺素$PGF_{2\alpha}$水针（每毫升含前列腺素1毫克）5～10毫升，使用时以适量生理盐水稀释后进行肌内注射或子宫内注入，每天1次，连用2次。

或选用前列腺素$PGF_{1\alpha}$甲酯5毫升、或15-甲基$PGF_{2\alpha}$甲酯2～4毫升，用生理盐水适量稀释后注入子宫。

或肌内注射前列腺素$PGF_{2\alpha}$水针3～5毫升，经3～5天阴部呈现肿胀时，再用PMSG（孕马血清促性腺素）600～1 000国际单位进行肌内注射，大多数在注射后3～5天内便可发情、配种。

或在母猪产后1～2天内，肌内注射2毫升律胎素，加速黄体溶解，防治三联症（子宫炎，乳房炎及少乳症）。

或使用氯前列烯醇500微克，肌内注射，隔天重复1次，第4天再用促排三号注射几次即可。

第二节　流产、死胎、胎儿木乃伊化、返情和屡配不孕疾病

一、布鲁氏菌病

猪布鲁氏菌病又称传染性流产，是由猪布鲁氏菌引起的一种慢性、接触性的人兽共患传染病。

本病的特征是妊娠母猪患病后发生流产、子宫炎、跛行或不孕症；公猪患病后发生睾丸炎和附睾炎。

各种年龄猪对本病都有易感性，以性成熟母猪的易感性最大。大部分的患猪都会自行康复，仅有少数变成持久性感染，成为持续带菌的感染源。

病原体主要存在于母猪子宫、阴道排出的分泌物、胎衣和胎儿中，其他组织则少有本病原存在。

▶ **病原概述**

猪是布鲁氏菌亚种1和亚种3的常见宿主。该菌是小的革兰氏阴性杆菌或球菌，菌体大小不同，在0.6微米×2.0微米左右。该菌（*B.suis*）是唯一能引起猪全身感染，从而导致繁殖障碍的布鲁氏菌。

该菌对外界环境抵抗力强，但对消毒药的抵抗力弱，为人兽共患传染病。有机物中的布鲁氏菌在冷冻或接近冷冻的温度下可存活2年以上。用巴氏灭菌法、太阳光直接照射，以及用常用的灭菌剂均可迅速杀灭该病菌。

▶ **流行特点**

本病的发生无明显的季节性。母猪比公猪易感，尤其第一胎的母猪发病率较高；阉割后的公、母猪感染率较低，5月龄以下的猪易感性较低，对此病有一定的抵抗力。但随着年龄增长，母猪在性成熟后对此病则非常敏感。在初次感染本病的猪场，流产数增多，流产率可达到28%左右。

最主要的感染途径是消化道和生殖道，环境中存在的布鲁氏菌是该病传播过程中的重要因素。

发病机制概述：通常该病所表现的临床特征不明显。最初，随着细菌的侵入，淋巴细胞和浆细胞在黏膜下聚集作为应答。入侵的细菌进入局部淋巴结。被感染的淋巴结由于淋巴细胞和网状内皮细胞的增生和浸润而增大，在局部淋巴结存活的布鲁氏菌进入血液后发展成为菌血症，一般菌血症发生在感染后的1~7周，平均持续5周左右。在菌血症过后的短期内，整个淋巴系统在一段时间内均会受到影响。

胎盘是感染的首选部位，布鲁氏菌定位于胎盘慢性滋养层的内质网中。本病除严

重的胎盘感染外，还可见到子宫内膜的轻微炎症。

▶ 临床表现

在感染的猪群中，只有少数猪表现出明显的临床症状。典型的表现是：母猪流产，无生育力，公猪睾丸炎，后肢瘫痪以及跛行等。母猪流产可以发生在妊娠的任何时期，但流产常出现在同一年龄阶段的母猪。病猪不表现任何稽留热或弛张热症状。

本病可能出现胎儿自溶或皮下水肿情况，并可见腹腔积液或出血以及化脓性胎盘炎等病变。病猪有时可见关节炎、跛行或出现后躯麻痹症状。病猪极少出现死亡情况。

（1）母猪　孕后4～12周出现流产或早产。流产前母猪精神、食欲不振，呈短暂发热，一般8～10天后自愈。流产的胎儿多为死胎，很少木乃伊化。

通常康复后的母猪妊娠率和生产能力正常。有的母猪乳房受损，乳少，奶水质量下降；严重者在乳房发生化脓性或非化脓性肿块。有的发生关节囊炎和皮下组织脓肿。

（2）成年公猪　常发生睾丸炎，一侧或两侧性睾丸肿大、硬固、有热痛感；有的发生睾丸萎缩、硬化或睾丸坏死。体温呈中等程度升高，食欲不振，有时可见皮下脓肿。也可能发生关节炎，尤其在后肢多发，出现跛行，见图6-3。

（3）乳猪和断乳猪　常因脊柱炎导致后肢瘫痪。

图6-3　患病公猪睾丸肿大

▶ 剖检病变

常见的病变为子宫出现大量的化脓性炎症，导致大部分黏膜坏死和脱落。子宫黏膜上有多个黄白色、芝麻大小的坏死结节。在公猪睾丸、附睾出现小脓肿及关节腱鞘化脓性炎症。流产胎儿的状态、大小不同，病变不典型，无木乃伊胎。

病理组织学变化：在子宫腺体发生淋巴细胞浸润现象。在子宫内膜基质出现细胞浸润。腺体周围的结缔组织增生。在感染的胎盘经常出现弥散的化脓性炎症。也可出现大量上皮细胞坏死和纤维素性结缔组织增生情况。在病猪的肝脏上有局限性的小的肉芽肿。

被该菌感染后有时会引起骨骼的显微病变，在接近骨骺软骨的地方，通常组成一个由巨噬细胞和白细胞带环绕的、干酪样坏死中心，在其外部包有纤维结缔组织。

▶ **诊断要点**

一旦有大群母猪在配种30～40天后再发情，应重点排查本病。

（1）一般的诊断要点　本病为人兽共患病，以羊、牛、猪最敏感，多见于农牧区；母猪流产，有时整窝胎儿流产、死亡，有的则只有个别胎儿死亡。多见于妊娠后4～12周；在流产前1～3天内，常有腹泻，乳房和阴唇肿胀，阴道内流出黏液性、脓性分泌物，病猪体温高，食欲差；流产后胎衣滞留，阴道内流出红色分泌物，多在8～10天内自愈，个别的可继发子宫内膜炎，造成不孕症；公猪常见睾丸炎和附睾炎。有的发生皮下脓肿、关节炎和腱鞘炎，个别的可发生后肢麻痹。

（2）实验室诊断　比较简单且实用的方法为平板凝集试验，4分钟之内出现凝集者判为阳性。

（3）血清学试验　常用补体结合试验和凝集反应，共同结合判断。

▶ **防治方案**

1. 预防方案　猪布鲁氏菌病尚无特效的治疗药物，一般采用定期抽血检疫淘汰病猪，结合有计划的菌苗接种，可以控制本病。定期对全场猪群采血进行血清学监测。

坚持自繁自养，引进种猪时要严格隔离1～3个月，经检疫确认为阴性后，才可投入生产群使用。

加强消毒工作，保持猪舍环境清洁、卫生，如果猪群发生流产，应立即隔离流产母猪，对流产母猪经血清学检验为阳性者应及时扑杀，并作无害化处理。对流产的胎儿、胎衣、羊水以及阴道分泌物进行消毒处理后再废弃，对已污染的环境要进行认真彻底的消毒工作。

对于曾经发生过该病的阳性猪场，可口服"布鲁氏菌猪型二号"弱毒冻干苗进行免疫接种。也可采取皮下注射、肌内注射或气雾等方法进行免疫接种，但对妊娠母猪不可采用注射方法，可口服菌苗免疫，此法不但简便易行，而且安全有效。

2. 治疗方案　对病猪多采用抗生素和磺胺类药物进行联合治疗。

二、钩端螺旋体病

本病是由致病性钩端螺旋体引起的一种重要而复杂的人兽共患传染病。猪被感染后，大多数呈隐性感染过程，无明显临床症状。少数病例呈急性经过，常常见不到明显的临床症状。

可能出现的症状是发热、黄疸、贫血、血红蛋白尿、水肿、流产、皮肤和黏膜坏死等。

▶ 病原概述

病原体呈细长，螺旋状，通常在一端或两端呈钩状，革兰氏染色为阴性。该病原存在于带菌猪的肾脏和生殖道中，并随尿和生殖道分泌液排泄到体外，排出体外的钩端螺旋体在温暖、潮湿的环境条件下继续生存数月或更长时间。对酸或过碱性环境比较敏感。一般常用的消毒剂和消毒方法都可以将其杀死。

发病机制：目前还不清楚发生自然感染的主要途径。已知的感染途径有眼、口和鼻黏膜，也可能经阴道感染。猪被感染后最初的1~2天就出现菌血症症状。在菌血症的后期，钩端螺旋体定居于近端肾小管，并在此繁殖后随尿排出体外。钩端螺旋体也可定居在妊娠母猪的子宫里，导致流产、死胎和繁殖障碍性疾病。胎儿在母猪妊娠后期能对本病产生抗体。

▶ 流行特点

病猪和鼠类是本病的主要传染源。该病在夏、春季节多发，呈地方性流行。猪感染钩端螺旋体的途径主要通过破损皮肤感染，也可经消化道食入或经过交配途径而发生感染。

▶ 临床表现

常见症状为少数母猪出现轻度厌食，发热，腹泻，流产等症状。病猪通常接近于同一年龄段。发病的仔猪及中猪体温升高，结膜及皮肤泛黄、潮红、尿液呈茶色或出现血尿。

患病的妊娠母猪有20%~70%发生流产、死胎、木乃伊胎或产弱仔情况，流产多见于妊娠后期。在黄疸、出血型钩体感染所致的流产中，胎儿出现木乃伊化，各器官均出现苍白现象。

严重的钩端螺旋体病出现黄疸、血尿症状，并有较高的死亡率，但这种情况并不常见。有的哺乳母猪被感染后出现无乳或发生乳房炎情况。

急性病例：一头或多头猪表现为厌食、发热和精神不振，但症状轻微。

慢性病例：主要是妊娠母猪出现流产、死胎和产弱仔情况，常造成相当大的经济损失。

▶ 剖检病变

大多数病猪在皮下组织、浆膜、黏膜出现不同程度的黄疸。在心内膜、肠系膜、肠及膀胱黏膜出血。在胸腔和心包出现积液。肝肿大，呈棕黄色。肾肿大、瘀血。有时头、颈、背及胃壁水肿。在急性病例见不到特征性的眼观病理变化。

慢性病例的病变：病变局限于肾脏，在肾脏可见散在、周围有出血环的小灰色病灶，见图6-4。

图6-4 在肾脏可见散在、周围有出血环的
小灰色病灶

▶ **诊断要点**

如果母猪在产前1个月流产（偶尔也会在妊娠早期发生流产），并且无明显症状，则应怀疑发生该病的可能。

实验室检查项目如下：

（1）直接检查病原 将病猪血液或尿液或胎液离心集菌，用暗视野显微镜检查，可见呈细长、弯曲，可作旋转式摆动的菌体。或涂片后用改良的大镀银染色、镜检。

（2）菌体培养 用血、尿、肾组织直接进行分离培养。

（3）血清学检查 可用乳胶凝集试验、酶联免疫吸附试验（ELISA）、炭凝集试验，以及免疫化学试验（免疫荧光、免疫过氧化物酶，免疫金等）检查本病。

诊断本病不能使用革兰氏染色方法。银染色技术也缺乏敏感性和特异性。

特殊诊断方法：病猪死后，尽快取肝、肾组织制成混悬液，用暗视野显微镜检查病原。

▶ **防治方案**

1. 预防方案 采取综合性防治措施，开展群众性灭鼠、卫生、消毒等工作。在疫区，必要时可用单价或多价弱毒菌苗进行预防接种。

在猪群中发现病猪后，要对全群投土霉素每千克饲料0.75～1.5克，连喂7天。对于妊娠母猪，在产前喂药一个月可防止流产。

发现可疑病猪和已发病猪，要及时进行隔离、淘汰或治疗，并进行消毒和清理污染物，防止本病的传染和散播。

2. 治疗方案　对病猪首选药为链霉素、青霉素，连用3～5天，可配合注射维生素C，并进行强心、补液等对症疗法，效果良好。

使用氧四环素（每千克体重40毫克，连续给药3～5天），或泰乐菌素（每千克体重44毫克，连续给药5天），或红霉素（每千克体重25毫克，连续给药5天）对该病的治疗有效。也可以采用每吨饲料混合氯四环素600～800克的方案，连喂1个月，停药1个月。

药物预防和治疗的其他方法：用青霉素、链霉素混合注射，青霉素每千克体重1万单位，链霉素每千克体重25毫升，2次/天，连用5天。

三、流行性乙型脑炎

流行性乙型脑炎又称日本乙型脑炎（JE），是由日本乙型脑炎病毒（JEV）引起的一种人兽共患急性传染病。

日本乙型脑炎病毒可以在多种蚊子体内繁殖。被感染的妊娠母猪可发生流产、产死胎症状，公猪发生睾丸炎，大多数猪被感染后不显症状，仅少数猪呈现神经症状。

▶ 病原概述

该病毒呈球形，直径约40纳米，有囊膜。病毒易被消毒剂灭活，对乙醚、氯仿和脱氧胆酸钠敏感。经过56℃30秒钟病毒便被灭活。

发病机制：猪被携带病毒的蚊子叮咬后而感染、发病。随后发展为病毒血症，病毒血症可持续几天。继而病毒扩散到肝、脾和肌肉组织，在此进一步复制并加重病毒血症情况。病毒进入中枢神经系统，有选择地感染和破坏神经元。胎儿死亡原因是由于其免疫力尚未形成，不能抑制病毒的增殖，以及对胎儿重要细胞的破坏等。

▶ 流行特点

传染源为带毒动物。常见传播途径为被带毒的蚊子叮咬而传播，并且能发生母子垂直传播。易感动物包括马、猪、牛、禽、野鸟及人等。马最易发病，其次是人。

流行特点：本病的发生有明显的季节性，即在夏季和初秋有蚊蝇季节发病。

▶ 临床表现

易感的仔猪偶尔出现临床症状，成年猪或妊娠母猪被感染后不一定表现出临床症状。

患猪突然发病，发热至40～41℃，呈稽留热型，持续高热几天或十几天以上。精神不振，食欲减少或不食，粪便干燥呈球形，表面常附有灰白色黏液。少数病猪后肢轻度麻痹，有的后肢关节肿胀、疼痛而出现跛行。有的出现视力障碍，摆头，乱冲撞，表现出明显的神经症状。

妊娠母猪感染后，发生流产或在分娩时才出现症状，分娩时间多数超过预产期数天。主要表现为流产，产出大小不等的死胎、木乃伊胎、畸形及弱仔等。有些因胎儿木乃伊化而在母猪子宫内长期滞留，造成子宫内膜炎，最后导致繁殖障碍。产出的同窝仔猪状态有很大差别：有的发育正常，有的产后不久即死，有的在分娩过程中死亡，有的因脑水肿死亡；有的出现各种木乃伊或畸形胎。流产的母猪不影响下次配种，见图6-5。

公猪常发生单侧性睾丸肿大，也有两侧性的。性欲减退，精液品质下降，精神、食欲无大变化，一般转归良好。患病的睾丸阴囊皱襞消失，发亮，有热痛感，经3～5天后肿胀消失，见图6-6。

图6-5　母猪除流产，产出大小不等的死胎、木乃伊胎、畸形胎之外，还产出弱仔，后肢关节肿大

图6-6　公猪单侧睾丸肿大

▶ 剖检病变

母猪表现子宫内膜炎症状。公猪的睾丸实质充血、出血和出现小坏死灶；硬化缩小的睾丸实质为结缔组织化，并与阴囊粘连。

胎儿病变与猪细小病毒病相似，有死胎、弱仔及木乃伊胎等。胎儿皮下水肿，胸腔积液，肝、脾、肾出现坏死灶，肺瘀血、水肿，胎盘水肿或出血，脑积水、出现非化脓性炎症，全身淋巴结出血等。

▶ 诊断要点

（1）临床诊断要点　本病主要发生于夏秋有蚊蝇的季节。临床症状表现为高热、流产、死胎及公猪发生睾丸炎。在对死胎或弱仔的剖检中出现脑室积水等病变——水脑症。

（2）血清学诊断　采用双份血清检查法。即在猪发病初期和发病后2～4周内采取双份血清，应用红细胞凝集抑制试验、补体结合试验等方法测定抗体效价，如果病后2～4周内的血清抗体效价比病初增高4倍以上，即可诊断为本病。

鉴别诊断的疾病应包括：蓝耳病、细小病毒感染、伪狂犬病、弓形虫病、猪瘟、猪衣原体病以及猪布鲁氏菌病等。还应注意其他造成繁殖障碍的病原：巨细胞病毒、钩端螺旋体病及肠道病毒感染等也需与之鉴别。

▶ 防治方案

1. 预防方案

方案1：在疫区和周围受威胁区的猪场，对5月龄至2岁的后备公、母猪，在蚊子到来的前1～2月（为每年的4～5月份初），用乙型脑炎弱毒疫苗免疫接种一次即可。将死胎、木乃伊胎及胎衣等深埋，消毒被污染的场所。

方案2：切断传播本病的感染循环链是有效的防病方法。本病毒可以在多种蚊子体内繁殖。因此，控制这些蚊虫是预防本病的关键措施。

用本病疫苗进行免疫接种是控制和预防本病的主要方法。已经研制出多种用来预防猪流行性乙型脑炎的弱毒苗，并且已经成功地用于养猪生产。

方案3：接种灭活油苗或弱毒苗均为预防本病的有效方法。在每年春季（3～4月份）之前进行免疫接种。在炎热地区应进行2次免疫（间隔4个月）接种。

免疫接种计划：在流行本病前1～2个月，皮下或肌内注射乙脑弱毒疫苗1毫升/头，间隔3周再进行二免效果更佳。

方案4：在疫区或疫场接种日本乙型脑炎病毒疫苗，于流行期前1个月进行免疫，对4日龄以上小猪至2岁的后备母猪都要实施接种，免疫1个月后产生坚强的免疫力，可防止母猪妊娠后期流产，或公猪患睾丸炎而造成的生殖机能障碍。

2. 治疗方案　对于本病治疗没有意义。

四、猪细小病毒感染

猪细小病毒感染是一种由猪细小病毒（PPV）感染引起的猪的繁殖障碍性疾病。

特征是初产母猪产出死胎、畸形胎、木乃伊胎及弱仔。母猪无明显的其他症状。该病毒广泛存在于自然界，在大多数猪场呈局部流行态势。

▶ 病原概述

成熟的病毒粒子呈立体对称形，直径约为20纳米，其毒力有强弱之分。猪细小病毒抵抗力很强，对环境温度、酸碱及一般的消毒剂均有较强的抵抗力。猪分泌物和排泄物中的病毒感染力可保持几个月。本病毒对乙醚、氯仿不敏感。经80℃5分钟才能灭活。

发病机制要点：造成繁殖障碍的主要原因是病毒直接侵袭胎儿。母猪妊娠前期对该病毒易感，病毒进入子宫后感染胎儿，导致胎儿死亡，脱水干枯变成棕黑色，称为木乃伊胎。由于病毒逐一侵袭胎儿，故被感染的胎儿发病、死亡于妊娠期的不同阶段，所以感染猪细小病毒的主要临床症状是产下大小不均的木乃伊胎儿。

▶ **流行特点**

本病主要发生于初产母猪。该病毒可进行水平传播和垂直传染。猪场购入带毒猪后，可引起本病的暴发性流行。母猪在妊娠早期被感染时，其胚胎、胚猪的死亡率可达80%～100%。

本病具有很高的感染性，病毒一旦传入，3个月内几乎可导致猪群100%被感染，并能较长时间保持血清抗原、抗体反应阳性。

对于妊娠前无免疫力的后备母猪，被感染和形成繁殖障碍的危险性很高。大部分后备母猪在妊娠前已受到自然感染，产生了主动免疫，甚至终生免疫。

仔猪可从母猪初乳中获得高滴度的母源抗体，但该抗体逐渐下降，至3～6月龄时已检测不到母源抗体了。

当青年猪、繁殖群种猪被该病毒急性感染后，通常呈亚临床症状，但是可大量复制病毒。

▶ **临床表现**

常见的表现为，猪场在同一时期内有多头母猪发生流产、死胎、木乃伊胎及出现胎儿发育异常情况，且多发于初产母猪，流产后母猪本身没有任何临床症状。或者只有个别母猪出现体温升高，关节肿大及后躯运动不灵活症状。

多数初产母猪被感染后可获得坚强的免疫力，甚至可持续终生，但可长期带毒、排毒，使本病在猪群中长期存在，难以清除。

被感染公猪的精细胞、精索、附睾及副性腺可能带毒，在交配时很容易传给易感母猪，但公猪的性欲和受精率没有明显变化。

母猪的繁殖障碍主要有以下表现：

（1）母猪返情 在妊娠早期（30～50天）被感染后，胚胎死亡或被吸收，使母猪不孕和不规则地再度发情。

（2）母猪流产 在妊娠中后期被感染后，胎儿死亡，胎水被吸收，母猪腹围减小。

（3）产仔数减少 在妊娠中、后期被感染后，胎儿被吸收，导致产仔数减少，出现死胎、死胚、死产情况。

（4）产下大小不均的木乃伊胎儿 在妊娠的不同阶段被感染，胎儿死亡，脱水干枯变成棕黑色木乃伊胎儿。

（5）新生仔猪死亡和产弱仔　在妊娠后期（60～70天以上）被感染的胎儿，可产生自身免疫能力，多数胎儿能存活下来，但多为弱仔，见图6-7。

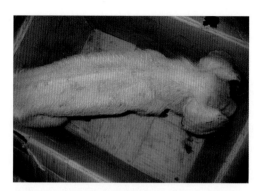

图6-7　在妊娠后期被感染的胎儿多数能存活下来，但多为弱仔

▶ 剖检病变

母猪：被感染的非妊娠母猪未见大体病变和组织学病变。被感染的妊娠母猪，在子宫内膜附近广泛出现由单核细胞形成的血管套。还可出现轻度的子宫内膜炎、胎盘部分钙化等现象。

胎儿：胎儿水肿、软化、被吸收或木乃伊化，脑有非化脓性炎症。胎儿偶有充血，造成胎儿表面血管明显，细胞浸润。死胎随着出血而变色，逐渐变黑，脱水及木乃伊化。

▶ 诊断要点

细小病毒病具有三大临床特征：初产母猪发病；死胎以木乃胎为主；母猪无症状。

（1）临床诊断要点　本病多见于初产母猪，发生流产、死胎、木乃伊胎或产弱仔，以木乃伊胎为主，通常大小不均。有的初产母猪产下整窝的木乃伊胎，有的产下几头健康小猪以及少数胎儿。乳猪无神经症状。

如果出现以下情形就应怀疑是本病：初产母猪产木乃伊胎情况明显增加，如果没有木乃伊胎出现，有可能不是本病。母猪无任何症状。怀疑被猪细小病毒感染的母猪，繁殖障碍只发生一次。流产率不高。母猪流产不是本病的特征症状。

（2）病原分离及鉴定　取小于70日龄的流产胎儿、死胎的脑、肺、肾等病料送检，进行细胞培养和鉴定，进行血凝试验或荧光抗体检查。

（3）血清学诊断　常用血凝抑制试验，也可用中和试验、酶联免疫吸附试验、琼脂扩散试验等方法。

（4）鉴别诊断　应该与伪狂犬病、猪瘟、乙脑、蓝耳病、猪衣原体病、猪布鲁氏菌病和弓形虫病等进行鉴别诊断。

▶ 防治措施

本病没有治疗意义，主要工作是如何预防本病。预防要点为：在配种前免疫，主要针对头胎及二胎母猪。灭活油苗或弱毒苗均有良好效果。经产母猪抗体滴度高，发生本病的概率不高。具体预防方案如下：

方案1：引进种猪前必须检验此病，常用血凝抑制试验，当血凝抑制试验滴度在1：256以下或阴性时才能引进。对后备猪（含公猪）在配种前1个月进行免疫接种。在疫区，将后备猪与血清学阳性的老母猪同居感染，可使后备母猪产生自然免疫力。对于发生流产或木乃伊胎的同窝幸存者不能留作种用。仔猪母源抗体可维持14～24周，故断奶时将仔猪从污染猪群移到清净区，可培育出净化本病的猪群。

扑灭措施：在发病的猪群中让母猪自然感染获得免疫，再使仔猪被动免疫，待断奶后移到清净区培育净化猪群。

方案2：对猪细小病毒血检抗体阴性的新母猪可进行本病的疫苗接种，或将其放入血清阳性的老母猪群混养，使其被自然感染而获得免疫。此法可用于预防在本病流行区的后备母猪发病。

猪细小病毒灭活苗在新母猪配种前2个月接种一次，可预防本病发生。将新母猪的初配年龄延至9月龄以后，可明显减少猪细小病毒的感染情况。

猪细小病毒感染造成的繁殖障碍是否严重，取决于有多少头新母猪在配种前已被感染。有些猪场的所有母猪在配种前已有抗体，那么该场就不会发生猪细小病毒感染。

免疫接种计划：注射猪细小病毒灭活苗：对5月龄以上后备母猪在配种前一个月肌内注射灭活苗2毫升/头，14天后产生免疫力，免疫期为1年左右；对于种公猪在8个月龄时肌内注射2毫升/头。

灭活苗和弱毒苗都已被研制成功，两种苗都很有效。注射疫苗目的是确保后备母猪在妊娠前获得主动免疫。应在妊娠前的几周内给新母猪进行疫苗接种。若给小猪接种，必须在母源抗体消失以后进行。对血清学阴性的母猪和公猪都应进行该疫苗的免疫接种。

在饲养管理上应采取一些特殊措施：在污染的猪场，可令后备母猪配种前一个月与老母猪混群，使之获得自然免疫；对外来的公、母猪可用同样的方法使之产生自然免疫力。将新母猪的初配月龄延至9月龄以后等都是在实践中常用的预防本病的方法。

五、流　产

流产是母猪妊娠过程的中断。流产的危害很大，不仅使胎儿夭折或发育不良，而且常损害母猪健康，严重者导致不育，甚至危及生命。

本病可表现为产出死胎，产出未足月的活胎儿，排出干尸化胎儿等。流产是猪的常见病，对养猪业有较大的危害。

▶ 病因概述

传染性流产是由传染病和寄生虫病引起的。非传染性流产的原因主要是由饲养和管理两方面原因造成的。猪误食了除草剂、棉花脱叶剂、杀虫剂以及在治疗猪痢疾或附红细胞体病时用药剂量过大，猪的砷中毒等都会导致流产。传染性流产和非传染性流产又可分为自发性流产和症状性流产。

▶ 临床表现

胎儿消失，又称隐性流产，是指在妊娠初期，胚胎大部或全部被母体吸收。排出未足月的胎儿，表现为小产、半产或早产。胎儿干尸化，是指胎儿死于子宫内，胎儿及胎膜的水分被母体吸收，体积缩小变硬。胎儿浸溶，指胎儿死于子宫内，被非腐败菌溶解后排出，骨骼留于子宫内。胎儿腐败、分解，也称气肿胎儿，是指胎儿死于子宫内，被腐败菌感染分解，产生的各种腐败气体积存于胎儿的皮下或组织内形成气肿。

▶ 诊断要点

（1）妊娠早期流产　由于胚胎尚小，骨骼尚未形成，胚胎被子宫吸收而不排出体外，所以从外表看不出任何症状，母猪又可再发情。

（2）妊娠中期流产　一窝胎猪中仅有少数几头死亡的情况，死胎不被立即排出体外，死胎水分逐渐被母体吸收，形成木乃伊胎（胎儿干尸化）。

（3）妊娠后期流产　在正常生产时，死胎随同发育成熟的仔猪一起产出。如果大部或全部的胎儿发生死亡，母猪很快会出现分娩征候，母猪频频努责，排出死胎或无生活力的胎儿。

母猪在流产过程中，由于子宫口开张，腐败细菌便可乘机侵入，使在子宫内未排出的死胎腐败分解，于是从阴门不断流出腐败、恶臭的分泌物。这时母猪将出现全身症状：体温升高，精神委顿，没有食欲，如不及时治疗，母猪可因败血症导致死亡。

▶ 防治方案

1. 预防方案　将妊娠母猪转群时，要避免拥挤和粗暴驱赶。喂给妊娠母猪营养丰富的多样化饲料，以保证蛋白质、矿物质和维生素的均衡、全面供给。严禁使用有毒、霉败等的饲料饲喂妊娠母猪。

如果猪场发生可疑流产性疾病时，应调查了解，找出发生原因，并采取有效的防治措施。

2. 治疗方案

（1）保胎　在妊娠母猪有流产先兆（不安、努责等）时，此时子宫口尚未张开，没排出胎水，或者在受到挤压或遭受其他的损伤可能发生流产时，可肌内注射黄体酮10～30毫克，连日或隔日注射，连用2～3次。同时注射维生素E等。

（2）催产　如果保胎失败，子宫口已开张，胎儿已死亡或死胎已发生腐败时，可先肌内注射雌性激素，促使子宫颈口开张，然后配合肌内注射垂体后叶素、催产素等，以促使死胎尽早排出。也可人工助产，必要时进行剖腹产手术。

（3）消毒　如果流产后从子宫内不断排出污秽分泌物，可用0.1%高锰酸钾液等消毒药冲洗子宫，冲洗后注入抗菌药物，同时使用抗生素进行全身治疗。

第三节　母猪无乳的常见疾病

一、母猪产后无乳综合征

母猪产后无乳综合征（PPDS）是指母猪的子宫内膜感染、乳房炎、无乳或少乳症的综合征，常常表现为以子宫内膜的感染症状为主。

在规模化养猪生产中，尤其在酷热的夏季，母猪产后极易发生无乳综合征。对于此病如不采取及时有效的防治措施，将会给养猪生产造成很大的损失。

▶ **病原概述**

子宫内膜感染为母猪常见的一种生殖器官疾病。一般是由细菌性、病毒性、寄生虫性和营养性等多种因素所致。

临床上主要表现为细菌性感染，如大肠杆菌、链球菌、葡萄球菌、棒状杆菌、绿脓杆菌和变形杆菌等细菌感染，以两种以上细菌混合感染的情况为多见。

▶ **临床表现**

母猪子宫内膜感染在临床上可分为急性子宫内膜感染与慢性子宫内膜感染两种情况。

急性子宫内膜感染多发生于产后或流产后，全身症状明显，病猪食欲下降或废绝，体温升高，拱背，频频排尿，时常努责，从阴道内排出带臭味、不洁的褐色黏液或脓性分泌物，躺卧时流出增多。

慢性子宫内膜感染又分为慢性卡他性炎症、慢性卡他性化脓性炎症和慢性化脓性炎症三种情况，多由治疗不及时的急性子宫内膜感染转化而来。慢性子宫内膜炎的全身症状不明显，病猪可能周期性从阴道内排出少量混浊的黏液。

（1）慢性卡他性炎症　母猪一般无全身症状，体温有时略有升高，食欲及泌乳量下降，发情周期不正常，有时虽然能够正常发情但屡配不孕。冲洗子宫时的回流液混浊，似淘米水或清鼻液。

（2）慢性卡他性化脓性炎症　母猪有轻度的全身反应，逐渐消瘦，发情周期不正常，从阴门流出灰色或黄褐色稀薄的脓液，其尾根、阴门、后肢飞节上部常粘有阴道排出物并形成干痂。

（3）慢性化脓性炎症　常常从阴门排出脓性分泌物，卧下时较多，阴门周围皮肤及尾根上黏附有脓性分泌物，干后形成薄痂。冲洗子宫时，回流液混浊，呈稀面糊状，有时是黄色的脓液。

▶ 防治方案

1. 预防方案　给母猪创造一个清洁、安宁及平静的生活环境，防止发生外伤。在母猪临产前3～5天开始减料，于分娩的当天禁饲。在断奶前3天开始减料。于断奶的当天禁饲。另外，在仔猪断奶前要控制哺乳次数，使乳腺活动慢慢降低。在母猪分娩后36～48小时内，肌内注射前列腺素PGF$_{2\alpha}$10毫克，以期迅速排除子宫残留的内容物。

对产房和母猪体表进行严格的消毒。在母猪转入前7天，对产房进行严格、彻底的消毒后方可进猪。认真执行转出→清洗→2%火碱消毒→清水冲洗→干燥7天→再进猪的消毒规程。在有条件的猪场，可采用熏蒸的方法进行消毒。母猪转入分娩舍后，选用高效低毒的消毒药每2天进行一次体表消毒，直到分娩。

保持猪舍干净、干燥，对即将分娩的母猪要搞好接产消毒工作，用温的0.1%高锰酸钾溶液把母猪阴部、臀部及乳房擦洗干净。

当发生难产时，应小心进行助产操作，避免损伤产道。在助产结束后要注射抗菌药物，预防产道及子宫内膜出现感染情况。

在母猪产后给其服用益母草等中草药，以增强子宫收缩能力。

2. 治疗方案　无论母猪是否出现全身的明显症状，进行全身性抗生素治疗都是必要的。坚持每天用1%碳酸氢钠溶液或0.2%新洁尔灭冲洗子宫，然后用0.9%的生理盐水再冲洗。冲洗后及时注射垂体后叶素20万～40万国际单位，促进子宫内炎性分泌物的排出，最后用20～40毫升的注射用水稀释青、链霉素各200万单位，或者使用强效阿莫西林1～2克，注入子宫。

当出现全身症状时，首选强效阿莫西林2克溶入500毫升葡萄糖生理盐水中，进行静脉输液，每天1次，连用2天；对伴有体温升高者，可肌内注射丰强神针（主要成分为氨基比林）20毫升。如果不方便输液，可采用强效阿莫西林2克+丰强神针20毫升进行颈部肌内注射，每天1次，连用3天以上，可使病情明显好转。如果经过多种方法治疗仍没有疗效，建议淘汰患病母猪。

二、乳 房 炎

猪的乳房炎是乳腺的炎症，是哺乳母猪较为常见的一种产科疾病。

常见的致病细菌为链球菌、葡萄球菌、大肠杆菌和绿脓杆菌等。产后母猪的乳房炎多指大肠杆菌性乳房炎（CM）。

▶ **病因概述**

母猪乳头与地面摩擦、受压而遭到损伤，或因仔猪吸奶而咬伤乳头，或猪舍潮湿、天气过冷、乳房生冻疮；细菌通过淋巴管、乳头管、血管侵入乳房组织而致病。常见的致病菌有：链球菌、葡萄球菌、大肠杆菌和绿脓杆菌。

其他病因包括母猪在产仔后无仔猪吸乳；在仔猪断奶后数日后，仍给母猪饲喂大量的发酵饲料和多汁饲料，使乳汁分泌旺盛，造成乳房内乳汁积滞；母猪患有子宫炎等疾病。

▶ **临床表现**

（1）急性乳房炎 乳腺患部有不同程度的充血、肿胀、变硬、温热和疼痛症状。乳腺淋巴结肿大。乳汁排出不畅或排乳困难。泌乳减少或停止。乳汁稀薄，内含凝乳块或絮状物，有的混有血液或脓汁。严重时还伴有食欲减退、精神不振和体温升高等全身症状，见图6-8。

（2）慢性乳房炎 乳腺患部组织弹性降低，有硬结。泌乳量减少。挤出的乳汁变稠，呈黄色，有时内含凝乳块。少数病猪体温略高，食欲降低。有时由于乳房结缔组织增生而变硬，致使母猪丧失泌乳能力，见图6-9。

图6-9 母猪乳腺患部组织弹性降低，有硬结

图6-8 母猪乳房充血、肿胀、变硬、温热和疼痛

▶ **病理变化**

尽管乳房炎的发生率很高，但剖检结果的报道并不多见。一般而言，病变局限于乳腺和局部淋巴结。

乳房被感染的部位皮下水肿。在次级乳腺中有不规则的、散在分布的乳房炎病灶。

▶ **诊断要点**

母猪在泌乳初期出现的任何少乳情况均可怀疑为乳房炎。如果同时出现发热、厌食、不愿起立、俯卧、对仔猪失去兴趣等症状可辅助诊断本病。急性病例的诊断依据是乳腺发红、肿胀、发热、疼痛，乳房坚硬，乳汁外观异常。

仔猪的行为对乳房炎泌乳障碍的早期检查很有帮助。如仔猪营养不良，外观瘦弱，它们不时地试图吸吮，从一个乳头转移到另一个乳头，啃咬垫料，舔食地面上的尿液。如果母猪给予其接近乳头的机会，吮吸的时间很短，吮吸后仔猪会四处游荡，而不是和同窝仔猪一起休息。这些情况都是母猪发生乳房炎而导致泌乳障碍的早期表现。

（1）乳汁检查   先用70%酒精擦净乳头，待干后挤出最初乳汁弃掉，再直接挤取乳汁于灭菌的广口瓶内，以备检查。

（2）乳汁感观检查   乳汁中发现血液、凝块、脓汁，乳色及乳汁稀稠度异常等，都是乳房炎的表现。如果乳汁稀薄似水，进而呈污秽黄色，放置后有厚层的沉淀物，是结核性乳房炎的特征；以凝片和凝乳块增多为特征者，为无乳链球菌感染的表现；以黄色均匀脓汁为特征者，是大肠杆菌感染的表现；乳腺患部肿大并坚实者，是绿脓杆菌和酵母菌感染的临床症状。

（3）乳汁酸碱度的检查   用0.5%溴煤焦油醇紫或溴麝香草酚蓝指示剂，将其数滴滴于试管内或玻片上的乳汁中，或在蘸有指示剂的纸或纱布上滴数滴乳汁，当出现紫色或紫绿色时，即表示碱度增高，证明是被细菌感染而发生了乳房炎。

（4）其他检查   必要时作乳汁的细菌学检查。

▶ **防治方案**

1. 预防方案

（1）卫生措施   采取必要措施防止乳头受伤而被细菌污染是一种有效预防乳房炎的方法。

（2）母猪营养   在母猪分娩前不久，大幅度降低母猪的日粮饲喂量是实践中被广泛采用的预防措施。降低日粮采食量的目的是，通过减少休息区域内粪尿量，减少乳头和粪便接触的机会，进而减少乳房被细菌感染的可能。

2. 治疗方案

（1）局部疗法   在急性乳房炎的治疗上常用乳房基部周围封闭疗法：青霉素

50万～100万单位，溶于0.25%普鲁卡因溶液200～400毫升中，作乳房基部环行封闭注射，每日1～2次。

在慢性乳房炎的治疗中常用局部刺激疗法：选用樟脑软膏、鱼石脂软膏（或鱼石脂鱼肝油）、5%～10%碘酊或碘甘油，洗净乳房并擦干，将药涂擦于乳房患部的皮肤上。其中以鱼石脂鱼肝油疗效明显。亦可温敷。

（2）全身疗法　以青霉素与链霉素，或青霉素与新霉素的联合疗法，或四环素疗法效果为优。四环素用于慢性乳房炎比急性乳房炎的疗效更好。也可用青霉素与磺胺噻唑，或四环素与磺胺噻唑的联合疗法。

对于浅表性脓肿，可行切开术排脓、冲洗、撒布消炎药等一般外科处置方法。当乳腺发生坏疽时，应进行切除，以免引起全身性脓毒血症而危及生命，然后如同上法加以治疗。对于出血性乳房炎可用抗生素进行配合治疗。

大肠杆菌性乳房炎：在母猪出现泌乳障碍症状前，一般不需要采取特别的治疗措施。因为治疗会引起仔猪食乳不足。当出现泌乳障碍症状后可以使用以下方法：①土霉素缓释剂：注射剂量为每千克体重20毫克，这样操作会使奶中的土霉素浓度不超过2微克/毫升，即刚好超过对可疑大肠杆菌的最低抑菌浓度（MIC）。②恩诺沙星：为一种喹诺酮类抗生素，口服，每天2次，给药剂量为每千克体重2.5毫克，此时在初乳或乳中的平均药物浓度可达1.2微克/毫升。

应对仔猪给予极大的关注，可用3%灭菌葡萄糖溶液给仔猪进行腹腔内注射，剂量为15毫升/次，每间隔几小时注射一次，或用更高浓度的葡萄糖溶液经胃内灌服，以保证仔猪的能量供给。当仔猪得不到充足的奶水时，防止感冒等继发感染变得尤为重要。

三、子宫内膜炎

子宫内膜炎是子宫黏膜的炎症，是一种母猪常见的生殖器官疾病，也是导致母猪不孕、不育的重要原因之一。

▶ 病因概述

由于配种、人工授精及阴道检查等操作时消毒不严，在难产、胎衣不下、子宫脱出及产道损伤之后，细菌（双球菌、葡萄球菌、链球菌、大肠杆菌等）侵入子宫而引起。

阴道内存在的某些条件性病原菌，在机体抗病力降低时，亦可发生条件性致病作用而发生本病。

此外，在发生布鲁氏菌病、副伤寒等传染病时，也常并发子宫内膜炎。

▶ 临床表现

（1）急性子宫内膜炎　多见于产后的母猪。病猪体温升高，没有食欲，常卧地，从阴门流出灰红色或黄白色脓性、腥臭的分泌物，附着在尾根及阴门外。病猪常作排尿动作。

（2）亚急性子宫内膜炎　临床症状常不明显，有时从阴门流出分泌物，患猪不发情或发情不正常，不易受胎。当病程更长时，母猪出现弓背，努责，体温微升高，消瘦症状。

（3）慢性子宫黏膜炎　多由亚急性炎症转变而来，常无明显的全身症状，有时体温略微升高，食欲及泌乳量稍减，在进行阴道检查时，可见子宫颈略开张，从子宫流出透明、混浊或混杂有脓性的絮状渗出物。

有些病例在临床症状、直肠及阴道检查时均未见任何变化，仅屡配不孕，发情时从阴道流出多量不透明的黏液，静置子宫冲洗物后有沉淀物（隐性子宫内膜炎）出现。

当脓液蓄积于子宫时（子宫蓄脓），子宫增大，宫壁增厚；当浆液蓄积于子宫（子宫积液）时，子宫增大，宫壁变薄，有波动感。无论哪种积液，均可出现腹围增大现象。

▶ 症状要点

根据急性子宫内膜炎和慢性子宫内膜炎的典型临床症状不难诊断本病。

▶ 防治方案

1. 预防方案　应使猪舍尤其是产房保持干燥，如果没有产床设备，在母猪临产时应在地面铺上清洁的干草。当发生难产而实施助产时应小心谨慎操作。在取完胎儿、胎衣后，应用弱的消毒溶液洗涤产道，并注入抗菌药物。在进行人工授精时要严格遵守消毒规则。

2. 治疗方案　在子宫内膜炎的产后急性期，首先应清除积留在子宫内的炎性分泌物，可选择1％盐水、0.02％新洁尔灭溶液、0.1％高锰酸钾溶液冲洗子宫，冲洗后务必将残留的溶液尽快排出，最后可向子宫内注入20万～40万单位的青霉素或1克金霉素（将金霉素1克溶于20～40毫升注射用水中）。

对慢性子宫内膜炎的病猪，可用青霉素20万～40万单位、链霉素100万单位，混于高压灭菌的20毫升植物油中，注入子宫内。

为了加强子宫的蠕动，有利于子宫腔内炎性分泌物的排出，亦可使用子宫收缩剂，如皮下注射垂体后叶素20万～40万国际单位。

全身疗法可用抗生素或磺胺类药物。青霉素，每次肌内注射40万～80万单位；链霉素，每次肌内注射100万单位，每天2次；用金霉素或土霉素盐酸盐时，按每猪每千克体重40毫克，肌内注射，每天2次；磺胺嘧啶钠，每千克体重0.05～0.1克，肌内或静脉注射，每天2次。

第七章

其他症候群

第一节 不发热的疾病

一、胃肠卡他

胃肠卡他,又称消化不良,是发生于胃肠黏膜表层的炎症,以胃肠道消化不良为特征。仔猪发病较多。

▶ **病因概述**

(1)饲养管理不当 如喂料饮水不及时或猪过饱过饥,遭遇寒冷,猪栏潮湿。

(2)饲料品质不良 如饲料发霉或混有泥沙,饲料营养不全价,难以消化。

(3)药物刺激 如误服不冲淡的稀盐酸、乳酸等。

(4)继发于其他疾病 如猪瘟、猪丹毒、猪传染性胃肠炎、某些毒物中毒、胃肠道寄生虫等。

▶ **临床表现**

精神不振,食欲减退,采食缓慢。多数病例体温无明显变化。口腔黏膜潮红,舌苔增厚,唾液黏稠、量少,口腔发臭。眼结膜充血、黄染。尿少色黄。饮水量增加。

有时有腹痛症状。粪便干硬,有时腹泻。常发呕吐,呕吐物为泡沫样黏液,呕吐物内有时混有胆汁和少量血液。患猪常努责或排出稀便,便中常夹杂黏液或血丝。偶有因过度努责而致直肠脱出的情况,见图7-1。

图7-1 便中常夹杂着黏液及肠黏膜脱落物

▶ **病理变化**

剖检可见胃肠黏膜充血、出血及肿胀。胃内容物稀软、酸臭。肠系膜淋巴结肿胀。肠内容物少，见图7-2。

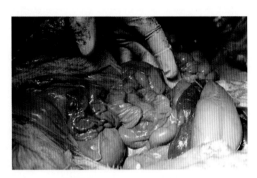

图7-2　肠黏膜充血、出血及肿胀，胃内容
物稀软、酸臭，肠内容物少

▶ **诊断要点**

可根据饲养管理情况和临床症状进行综合判断。如发现口臭严重、舌苔增厚、呕吐物酸臭、粪内混有黏液或未消化饲料、体温无变化的情况，可怀疑此病。

▶ **防治方案**

1. **预防方案**　加强饲养管理，尤其在气温较低时应加强保温措施。平时注意饲料、饮水的卫生、清洁，饲料营养要平衡、全价。禁饲发霉变质的饲料，对幼猪不喂含粗纤维过多的难以消化的饲料。

2. **治疗方案**　治疗原则是除去病因，加强饲养管理，清理胃肠，防止腐败发酵和调理胃肠机能。

清理胃肠：可用硫酸钠或硫酸镁20～50克加水制成5%溶液灌服进行缓泻，也可投服石蜡油50毫升导泻。

对于由细菌性原因引起的肠卡他，可考虑口服庆大霉素、氟哌酸、黄连素或磺胺咪等抗生素。

调理胃肠机能：可酌情给予稀盐酸2～10毫升或其他助消化药混在饮水中饮服，增强消化机能。

二、胃　溃　疡

胃溃疡是胃黏膜局部组织的坏死，主要是指胃的食管区溃疡。

当溃疡严重时可造成胃穿孔，同时伴发大出血或急性广泛性腹膜炎而使患猪迅速死亡。

▶ 病因概述

目前尚不清楚本病的确切发病原因和病原。本病可能与铜中毒有关。此外，与饲料贮存调制不当，大猪、母猪的饲料粉碎过细，饲料中不饱和脂肪酸过多，缺乏维生素E和微量元素硒，饲料霉变，饲料太冷、太热，饲喂不定时等因素密切相关。胃溃疡是一种由很多病因引起的疾病，与猪胃肠道溃疡有关的危害因素见表7-1。

表7-1 与猪胃肠道溃疡有关的因素

饲料营养	饲养管理	其他因素
饲料粉碎太细	活动空间小	环境寒冷
饲料霉变	饲养密度大	继发疾病
制粒太硬	大小猪混养	分娩应激
粗纤维含量少	过度拥挤	遗传因素
饲料太热	长途运输	使用生长激素
营养不平衡	饲养制度不合理	螺旋杆菌感染
蛔虫感染	频繁保定	其他应激因素
维生素E/硒缺乏		
脂肪酸败		

▶ 流行特点

该病在全国各地普遍流行。本病的发病率差异很大，5%～100%不等。

本病可危害各日龄的猪，但以3～6月龄的中、大猪多发。处于分娩期的经产母猪也易发本病，胃溃疡是母猪死亡的一个常见原因。

▶ 临床表现

发病多见于母猪、育肥猪和成年猪，哺乳猪不常见。一旦发病，溃疡的发生发展很快，在正常的胃食管区，24小时内就可发生病变成为完全溃疡病灶，造成很健康的猪突然死亡。溃疡发生快，愈合也很快。

病猪精神委顿，身体虚弱，呼吸加快，食欲下降或废绝，便血，粪便干燥，可能排出黑粪。有些表现出腹痛（如磨牙，弓腰）症状。偶见呕吐，直肠温度常低于正常值。

▶ 剖检病变

尸体急剧苍白，全身贫血，胃内广泛性出血，见图7-3。

剖检病变主要集中在胃食管区。黏膜表面粗糙，出现皱纹，易剥落，局部糜烂。

有出血的、活动性溃疡病灶。有时可见胃食管区被纤维组织完全取代，突出于胃内，这是慢性胃溃疡的特有病变，见图7-4。

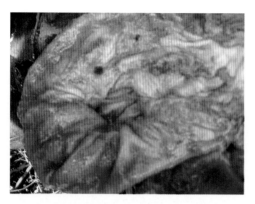

图7-3　胃内有大量、广泛性出血情况　　　图7-4　黏膜表面粗糙，出现皱纹，易被剥落，局部糜烂，有出血的、活动性溃疡病灶

▶ 诊断要点

通常根据死后尸检和临床病史资料不难进行临床诊断。在育成猪群中仅出现个别猪发病或死亡，胃食管区有溃疡，便可临床诊断此病。

临床上出现贫血和粪便带血情况，即提示有胃溃疡的可能。确诊本病应进行胃的内窥镜检查，早期的糜烂病灶呈红色，很容易与胃食管区的白色表面区分。

类症鉴别：应注意与传染性胃肠炎、猪痢疾、沙门氏菌病、肠腺瘤、肠扭转、铜中毒等疾病的区别。当有细菌或病毒性感染时，通常表现为体温升高，且同栏内数头或全圈猪同时发病，铜中毒也具有同样特点，但体温不升高。

▶ 防治方案

1. 预防方案　在猪育种中应考虑提高猪的抗病力、抗应激能力。饲料营养要平衡、全价，加工过程要科学、合理，尤其注意粉碎粒度。饲喂富有营养、易消化及含有适量粗纤维的饲料，减少刺激。防止饲料及原料的发霉变质。加强饲养管理，努力减少各种应激因素。

2. 治疗方案　为了减轻疼痛和刺激，防止溃疡病灶的进一步发展，可应用镇静、止痛、中和胃酸等药物。口服氢氧化铝硅酸镁或氧化镁等中和胃酸；口服鞣酸蛋白等胃黏膜保护剂；使用各种组胺受体阻断剂，以减少胃酸分泌。为保护溃疡面，防止破溃出血，促进病灶愈合，可使用次硝酸铋、止血敏及维生素K等药物。

三、新生仔猪溶血病

本病是由新生仔猪吃初乳后发生红细胞溶解的一种急性免疫性溶血性疾病。在新生仔猪出生哺乳后的数日间，表现为全身黄疸，严重贫血和血红蛋白尿。一般发生于个别的全窝仔猪，致死率可达100%。

▶ **病因概述**

本病的发病原因是由种公猪特定抗原决定簇（血型因子）遗传给胎儿，经由胎盘进入母体，刺激母猪产生大量的特异性抗体（溶血素等）。这种大分子抗体不能经由胎盘进入胎儿体内，而可以经血液进入母猪乳汁，在初乳中含量最多。当新生仔猪采食初乳后，经肠黏膜吸收进入血液，该抗体与仔猪红细胞相对应的抗原决定簇结合，使红细胞遭到溶解和破坏，发生自体溶血性疾病。

▶ **临床表现**

临床上以贫血、黄疸和血红蛋白尿为特征。仔猪出生吸吮初乳后数小时或十几小时发病。表现为精神委顿，畏寒发抖，被毛逆立，不吃奶，衰弱等，眼结膜及齿龈黏膜呈现黄色，尿呈红色或暗红色，心跳急速，呼吸加快，见图7-5。

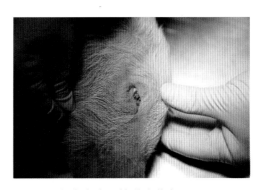

图7-5　发病小猪眼结膜成黄色

▶ **剖检病变**

皮肤及皮下组织严重黄染，肠系膜、大网膜、腹膜和大小肠全被染成黄色。

肝肿胀、瘀血、脾稍肿大，肾充血、肿大，心内外膜有出血点或出血斑，膀胱内积存暗红尿液。

▶ **诊断要点**

新生仔猪吃初乳后出现贫血、黄疸和血红蛋白尿等情况应考虑此病。

▶ **防治方案**

在给母猪配种时，应了解以往该种公猪配种所产仔猪有无溶血情况，如发生过新生仔猪溶血病，则不能用该公猪配种。

当发现个别仔猪发生本病后，全窝仔猪应立即停止母猪哺乳，改用人工哺乳，或转由其他哺乳母猪代乳。

对于本病目前尚无特效疗法。

四、猪 脐 疝

猪脐疝是由于脐孔闭锁不全而形成疝孔，肠管及网膜通过该孔进入皮下形成的一个核桃至拳头大小的球形肿胀，故脐疝的内容物多为小肠及网膜。

本病以仔猪较为常见，多数属于先天性疾病。

▶ **临床表现**

用手按压新鲜脐疝时柔软，无红、热、痛等局部炎症反应，容易把疝内容物由疝孔推入腹腔内。但当手松开和腹压增高时，臌胀又突出至脐外。同时能触摸到环形的疝环。

病猪精神、食欲不受影响。如不及时治疗，下坠物可能逐渐增大。如果疝囊内肠管发生阻塞或坏死，病猪则出现全身症状，如极度不安、厌食、呕吐、排粪减少、臌气、局部增温、硬固、有疼感、体温升高、脉搏加快等。如不及时进行手术治疗，常可引起死亡，见图7-6。

图7-6　猪脐疝时出现腹下垂坠性肿胀物

▶ **防治方案**

（1）非手术疗法　对于疝环较小，尚未发生粘连及炎症的幼龄小猪，可在摸清疝环后，用95％酒精或碘液或10％~15％氯化钠溶液等刺激性药物，在疝环四周进行分点注射，每点注射3~5毫升即可，初期可达到刺激肌肉使之收缩，缩小疝环的目的，后期可促使疝孔四周组织发炎而瘢痕化，使疝孔闭合。

（2）手术疗法　术前令猪禁食1～2顿，仰卧保定病猪，患部剪毛、洗净、消毒。用1%普鲁卡因10～20毫升做手术部位局部浸润麻醉。按无菌手术操作要求，小心地纵向切开皮肤及皮下组织，暴露疝内容物后将肠管还纳回腹腔，将多余的囊壁及皮肤作对称性菱形切除，撒抗菌消毒药（青霉素粉等）于腹腔内，用生理盐水清洗创口，将疝环作荷包缝合，封闭疝环，涂布消炎药，最后结节缝合皮肤，外涂碘酊消毒。

如果肠管与腹膜发生粘连，可用外科刀小心地切开一小口，用手指伸入其中进行分离，剥离成功后再接前述方法处理及缝合。

在手术结束后，将病猪饲养在干燥、清洁的猪圈内，喂给易消化的稀食，并防止饲喂过饱。限制剧烈跑动，防止腹压过高。手术后用绷带包扎伤口，保持7～10天，可减少复发情况的发生。

五、猪腹股沟阴囊疝

猪腹股沟阴囊疝包括鞘膜内阴囊疝和鞘膜外阴囊疝两种。腹腔脏器经过腹股沟管进入鞘膜腔时称鞘膜内阴囊疝；肠管经腹股沟内孔稍前方的腹壁破裂孔脱至阴囊皮下、总鞘膜外面时，称鞘膜外阴囊疝。

▶ **临床表现**

当发生鞘膜内阴囊疝时，患侧阴囊明显增大，触诊柔软且无热无痛，有时能自动还纳。如若发生嵌闭，则阴囊皮肤出现水肿、发凉情况，并出现剧烈疝痛症状，若不立即施行手术则有死亡的危险。

当发生鞘膜外阴囊疝时，患侧阴囊呈炎性肿胀，开始为可复性的，以后常发生粘连。外部检查时很难与鞘膜内阴囊疝相区别，有时可触诊到扩大了的腹股沟外孔，见图7-7。

图7-7　中间小猪为腹股沟阴囊疝

▶ **防治方案**

进行局部麻醉后，将猪后肢吊起，如未发生粘连，肠管可自动缩回腹腔。将术部剪毛、洗净，消毒后切开皮肤，分离浅层与深层的筋膜，而后将总鞘膜剥离出来，从鞘膜囊的顶端沿纵轴捻转，此时疝内容物将逐渐回归腹腔。

猪的嵌闭性阴囊疝往往发生肠粘连、肠臌气。所以，在钝性剥离粘连时要动作轻巧，稍有疏忽就可能造成肠管破裂。在剥离时用浸以温的灭菌生理盐水纱布对肠管轻轻压迫，以减少对肠管的刺激，并可减少肠管破裂的危险。

在确认内容物已被全部还纳后，在总鞘膜和精索上方打一个去势结，然后切断，将断端缝合到腹股沟环上，若腹股沟环仍很宽大，则必须对腹股沟环再作几针结节缝合。对皮肤和筋膜分别进行结节缝合。术后不宜喂得过早、过饱，并适当控制运动。

六、断奶仔猪多系统衰竭综合征

断奶仔猪多系统衰竭综合征（也称猪断奶后全身消耗性综合征，PMWS），是由猪的圆环病毒2型（PCV-2）所引起的一种仔猪的新的传染病。本病主要危害6～8周龄的仔猪，临床上主要表现为体质下降，消瘦，呼吸困难和黄疸，偶有下痢，咳嗽和中枢神经紊乱症状。

▶ **病原概述**

猪的圆环病毒2型是圆环状病毒科圆环病毒属的一员，平均直径为17纳米，对酸性环境（pH<3）、氯仿、高温（56℃和70℃）有抵抗力。该病毒含有一条DNA链，环状，比其他DNA病毒小，呈对称的二十面体，无囊膜。

▶ **流行特点**

本病呈抗体阳性的猪很普遍，但发病率一般不高。该病的发生及严重程度与饲养条件，特别与是否存在混合感染有很大关系。应激因素为本病的诱因，如长途运输、转移、合群等。在诱发本病的环境因素中包括氨气、内毒素等。

已知的传播途径有消化道、呼吸道及垂直传播。患猪主要为4～12周龄；6～8周龄的猪发病最为严重。

单纯感染圆环病毒2型的死亡率为8%以下，与蓝耳病病毒或伪狂犬病毒混感后死亡率可高达20%以上，如果再继发感染传染性胸膜肺炎或放线菌或副猪嗜血杆菌，死亡率可达50%以上。

猪的圆环病毒2型可引起猪的免疫抑制，主要损害猪的免疫系统，造成淋巴器官肉芽肿及淋巴细胞缺失。该病毒感染单核、巨噬细胞系统，造成免疫抑制，故发生本病后易引起继发感染细菌病等。单独接种该病毒仅引起温和的临床表现，一旦发生混合感染时，可引起典型的断奶仔猪多系统衰竭综合征过程。故该病是典型的免疫抑制性疾病。

▶ 临床表现

该病的临床症状主要表现为传染性先天性震颤和断奶仔猪多系统衰竭综合征。

断奶仔猪多系统衰竭综合征的主要表现为：4～16周龄的断奶、育肥猪发病，而哺乳仔猪很少发病。通常在受到转群或断奶等应激后5～10天内发病。消瘦、衰竭及生长不良是本病的最基本临床表现。

主要症状表现为呼吸困难，腹泻，贫血，皮肤苍白。部分发生黄疸，发热及喜卧。

全身淋巴结肿胀，在浅表淋巴结中以腹股沟淋巴结肿大最为明显，有的病例在小肠襻出现肠系膜淋巴结肿胀连成一片的情况，肿大淋巴结的切面苍白或黄白并含有多量液体，此点具有特征性诊断价值。

发生本病后特别容易继发感染链球菌，引起多发性浆膜炎和关节炎。一些不常见的症状还包括下痢，咳嗽和中枢神经系统紊乱等。本病发病率低，死亡率高低不等，为10%～70%。

▶ 剖检病变

淋巴结肿大3～5倍，呈均匀白色。肺肿胀，间质增宽、质硬、有斑点状出血。肝间质增生并有硬化趋向，在一些病例的肝脏呈不同程度的花斑状，为轻度到中度的肝萎缩。部分病例在肝脏有坏死灶，在严重病例的肝小叶结缔组织增生非常明显。脾髓减少，间质增生，脾脏增大，切面呈肉状，无充血情况。肾水肿、苍白，可见坏死灶。在回肠、结肠段肠管变薄。可出现多发性浆膜炎（如胸膜炎、心包炎、腹膜炎）等症状，见图7-8、图7-9。

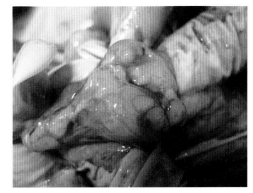

图7-8　淋巴结高度肿胀3～5倍　　　　　图7-9　淋巴结呈均匀白色

▶ 诊断要点

对猪的圆环病毒2型感染的诊断，可以通过原代猪肾细胞或猪肾细胞系培养分离该病毒，利用免疫染色确定病毒的存在。间接免疫荧光和直接免疫过氧化物酶染色技术已用于检测本病毒。免疫荧光和原位杂交被用来确定组织或器官中的病毒或核酸。

猪的圆环病毒2型的分离、鉴定以及使用PCR或ELISA等方法，是诊断本病的常用方法。由于抗体检测阳性率高，故检测抗体无特殊价值。病理组织学检查对诊断本病有参考意义。

对先天性震颤的病例，排除遗传性和化学原因引起的震颤外，可以通过上述方法进行猪的圆环病毒2型感染的诊断。

▶ 防治方案

方案1：目前已经研制出本病的疫苗，给预防本病打下了重要基础。但是，控制本病完全依靠疫苗是不行的，必须采取综合性防控措施。

断奶仔猪多系统衰竭综合征的防控方法有：采用早期隔离断奶养猪技术体系（SEW）；实施全进全出的饲养管理方案；严格消毒；保证断奶日粮的高消化率和均衡的营养供给；确保保育舍的适合温度和通风换气；严禁混群；注意圈舍的相互隔离；尽可能不在保育阶段进行免疫接种，避免应激等；严格控制呼吸系统疾病的钥匙病原（如气喘病等）；筛选适当药物防治继发感染；必要时制备自家灭活苗接种本场猪群等方法。

控制本病的有效的药物或组合有：替米考星，喹诺酮类，氧氟沙星，恩诺沙星，泰乐菌素+磺胺类，林可霉素+壮观霉素，泰妙菌素+金霉素等。

方案2：合理使用抗生素可控制继发感染：使用长效土霉素，在仔猪3、7、21日龄时进行肌内注射。使用速解灵（头孢噻呋），在仔猪1、7日龄及断奶时进行肌内注射。在断奶前1周到断奶后1个月，使用土霉素或强力霉素拌料，阿莫西林饮水。在母猪产前1周及产后1周的饲料内添加支原净（每千克体重100毫克）+土霉素（每千克体重300毫克）。

加强管理可预防或减轻疾病的危害：如降低饲养密度，避免或减少应激因素，保持猪舍干燥，做好通风换气工作，实行全进全出，避免混群饲养，加强猪只营养，保证饲料质量等方法都是有效预防本病的方法。

治疗或预防本病时可试用本场的老母猪血清，同时实施严格的消毒等综合防治措施。

七、铁缺乏症

铁缺乏症是由于机体缺铁而引起的营养代谢性疾病。主要表现为血红蛋白含量降低、红细胞数量减少、皮肤黏膜苍白及生长发育受阻等症状。

本病多发生于寒冷季节，尤其多见于出生后不补铁的仔猪。2～4周龄的仔猪最易患本病，故又称为仔猪缺铁性贫血。

▶ 病因概述

（1）原发性铁缺乏症　多见于新生仔猪，原因是：①新生仔猪由于造血功能旺盛，对铁的需要量大。②新生仔猪体内铁的贮存量低，而母乳中铁的含量也低，不能满足仔猪的正常生长需要。因此，如不给仔猪补饲铁剂，极易发生缺铁性贫血。

（2）继发性铁缺乏症　多见于成年猪，原因是：①猪患有出血性和溶血性疾病、胃肠寄生虫病以及某些急、慢性传染病。②饲料中缺乏铜、钴、锰、蛋白质、叶酸以及维生素B$_{12}$等营养成分。

▶ 临床表现

新生仔猪多数在出生8～10天后发病。临床表现为现精神沉郁，食欲减退，被毛粗乱无光泽，生长缓慢。皮肤苍白，皱缩，可视黏膜苍白、黄染，呼吸困难，脉搏加快，有时发生腹泻，消瘦，病猪可突然发生急性死亡，见图7-10。

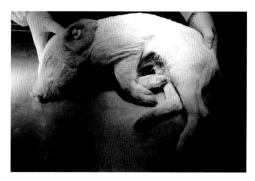

图7-10　病猪表现黄疸、消瘦、腹泻

▶ 剖检病变

剖检时可见皮肤、黏膜苍白。血液稀薄，呈水样。全身出现轻度或中度水肿。腹水增多。肝肿大，呈淡黄色，肝实质有少量瘀血。肌肉苍白，在心肌尤为明显。心脏扩张，心肌松弛。脾肿大。肺水肿。

▶ 防治方案

1. 预防方案　加强对哺乳母猪的饲养管理，给予富含蛋白质、矿物质和维生素的全价专用饲料，保证仔猪充分的运动。有条件的猪场，仔猪应随同母猪到舍外活动或在猪舍内放置土盘，装红土或深层干燥泥土让仔猪自由拱食。

仔猪在出生后3～5天开始补饲铁剂，补铁方法可参照下面的治疗方案进行，也可用硫酸亚铁溶液（硫酸亚铁450克、硫酸铜75克、葡萄糖450克、水2升），每日涂擦于母猪的奶头上。

注意：在非经肠道途径补铁时，要严格控制剂量，因为铁过量会引起中毒。

2. 治疗方案　主要是补充铁制剂。在仔猪可用硫酸亚铁2.5克，硫酸铜1克，常水100毫升，按每千克体重0.25毫升口服，每天1次，连用7～14天；或用焦磷酸铁，每天灌服30毫克，连用1～2周；或用还原铁每次灌服0.5～1克，每周1次。

也可肌内注射铁制剂，仔猪可用右旋糖酐铁2毫升（每毫升含铁50毫克），深部肌内注射，一般一次即可，必要时隔周再注射1次；

给2周龄内的仔猪注射葡聚糖铁钴注射液，在深部肌内注射2毫升，重症者隔2天重复注射1次，并配合应用叶酸、维生素B_{12}等；或在后肢肌肉深部注射血多素（含铁200毫克）1毫升。

八、酒糟中毒

酒糟是酿酒原料发酵后的残渣，其中残留的部分蛋白成分可以被猪利用，而且新鲜酒糟能促进猪的食欲，帮助消化，是良好的猪饲料原料之一。但是，如果酒糟发酵酸败，酒糟中会产生多种游离酸，如醋酸、乳酸、酪酸等。还可产生多种杂醇油，如正丙醇、异丁醇、异戊醇等。这些物质有一定的毒性，特别是醋酸，大量采食会导致中毒。

▶ 临床表现

急性中毒呈现胃肠炎和神经症状，如兴奋不安，食欲减退或废绝，腹痛，腹泻，心动快速，脉搏细弱，呼吸迫促，步态不稳或躺卧不起，四肢麻痹等。最终因呼吸中枢麻痹而死亡。

慢性中毒的症状包括消化不良，可视黏膜潮红、黄染，发生皮疹或皮炎，皮肤肿胀或坏死，有时发生血尿。妊娠的母猪往往出现流产情况。

▶ 剖检病变

剖检时可见胃肠黏膜充血和出血。在小结肠段有时出现伪膜性炎症。直肠段出血和水肿。肠系膜淋巴结充血。肺充血和水肿。肝、肾发生肿胀，质地变脆。在心脏可见出血斑等病变。

▶ 防治方案

1. 预防方案　在夏、秋炎热季节应给猪饲喂新鲜酒糟，避免酒糟发霉变质，喂量要适当，不要过量饲喂。为了防止酒糟发酵霉变，可将酒糟装在地窖坑或饲料缸中，压紧，用塑料布包扎，以隔绝空气。发现酒糟变质时，可加入石灰粉或石灰水，以中和醋酸等有毒成分，降低其毒性。

2. 治疗方案　出现发病后立即停喂酒糟，对轻微中毒者不经任何治疗，过2～3天后可自行恢复健康。对于重症病例，可肌内注射10%安钠咖5～10毫升，同时静脉或腹腔注射5%葡萄糖生理盐水500~1 000毫升进行强心补液，解毒保肝。内服1%小苏打水1 000~2 000毫升，缓解酸中毒。

九、菜籽饼中毒

在十字花科油菜属植物中，其种子被榨油后的副产品菜籽饼中蛋白质的含量为32%~39%，可用作猪部分的饲料蛋白原料。菜籽饼中含有浓度不等的芥子苷、芥子酸钾、芥子酸、芥子酶和芥子碱等成分，特别是其中的芥子苷在芥子酶的作用下，可水解形成异硫氰酸丙烯酯或丙烯基芥子油等有毒物质，若不经处理，长期或大量饲喂含有高浓度芥子苷的菜籽饼可引起猪中毒。

▶ 临床表现

育肥猪易发此病，多呈急性经过，死亡较快。发病后精神萎靡，站立不稳。排尿次数增加，有时排出血尿。腹痛、肚胀。多数病猪下泻，有时大便带血。耳尖、蹄部等末梢发凉。口鼻等可视黏膜发紫。从两鼻孔流出粉红色泡沫状液体。呼吸困难。心率加快。体温变化不大或稍偏低。妊娠母猪流产。最后因心力衰竭而死亡。

▶ 剖检病变

肠黏膜充血和/或点状出血。胃内常有少量凝血块。肾出血。肝呈混浊性肿胀。在心内、外膜均有点状出血。肺水肿和气肿。血液如漆样且凝固不良。

▶ 临床诊断

曾经长时间、多量饲喂过菜籽饼，以胃肠炎及血尿等特征性临床症状为依据，不难诊断本病。

▶ 防治方案

1. 预防方案　关键措施是对菜籽饼进行去毒处理，其方法综述如下。

（1）坑埋脱毒法　选择向阳干燥、地温较高的地方挖一宽0.8米、深0.7~1米、长度按菜籽饼数量确定的长方形坑。将菜籽饼用一定比例的水（1∶1加水量的效果最好）浸透、泡软后埋入坑内，顶部和底部覆盖薄层麦草，覆土20厘米左右，此法两个月后的平均脱毒率为84%，是一个很实用、效果较好的脱毒方法。

（2）发酵中和法　在发酵池或大缸中放入清洁的40℃左右的温水，然后将碎（但不能霉变）菜籽饼投入其中发酵。饼与水的比例为1∶3~7，温度以38~40℃为宜，每隔2小时搅拌1次。经16小时左右酸碱度达到3.8后，继续发酵6~8小时，充分滤去发酵水，再加清水至原有量，搅拌均匀，加碱进行中和。中和时，碱液浓度要适宜（一般不得超过10%），在不断搅拌下，分次喷入，中和至pH 7~8为止。沉淀2小时后滤去废液，湿饼即可作饲料用。如长期保存，还须进行干燥处理。本法去毒效果可达90%以上，苦涩味也基本消除，因此，此法既可脱毒，又能增加菜籽饼的适口性。

对于一般小规模的养猪肠，可以将粉碎的菜籽饼用热水浸泡12～24小时，然后把水倒掉，再加水煮沸1～2小时，边煮边搅，使毒素蒸发掉，之后方可喂猪。

2. 治疗方案 菜籽饼中毒目前无特效解毒药物，主要进行对症治疗。发现中毒后立即停喂菜籽饼。用0.05%高锰酸钾液让猪自由饮用。必要时可灌服0.1%高锰酸钾液或蛋清、牛奶等。粪干可用油类泻剂实施导泻。对症治疗应着重于保肝、强心、预防肺水肿，并可适当应用维生素C、维生素K及肾上腺皮质激素等药物。

十、黄曲霉毒素中毒

黄曲霉毒素是黄曲霉的一种代谢产物，目前已发现黄曲霉毒素及其衍生物有20种，并以毒素B_1、B_2、G_1和G_2的毒力量强。它们都有致癌作用，能导致人兽肝损伤和肝癌。其中以毒素B_1的致癌性最强。猪黄曲霉毒素中毒是由于采食了发霉变质的饲料所致。

最易发生黄曲霉菌的是一些植物种子，如花生、玉米、黄豆以及棉籽等。黄曲霉菌最适宜的繁殖温度为24～30℃，在2～5℃以下和40～50℃以上不能繁殖，最适宜繁殖的相对湿度为80%以上。

▶ 临床表现

急性至亚急性中毒的临床症状：本病一般是群发。病猪精神沉郁、厌食，贫血。腹水，黄疸，黏膜苍白或黄染。有的病猪在眼、鼻周围皮肤发红，见图7-11，以后变为蓝紫色。体温正常。粪便干燥。直肠出血以及出血性腹泻。病猪兴奋不安，冲跳，狂躁。凝血时间延长。急性病例主要表现贫血和出血症状。

黄曲霉毒素虽然对母猪的繁殖性能影响不大，但由于黄曲霉毒素可经乳汁排泄，从而影响仔猪的生长发育。

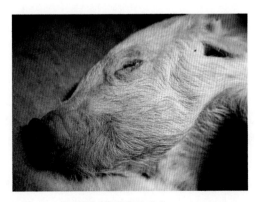

图7-11 病猪鼻周围皮肤发红

▶ **剖检病变**

肝小叶中心出血，肝脏呈淡褐色或陶土色。肝变黄并且纤维化，特征变化为肝坚硬（肝硬化）。

浆膜下层瘀斑和瘀斑性出血。小肠和结肠出血。浆膜下层和黏膜表面出现黄疸，见图7-12。

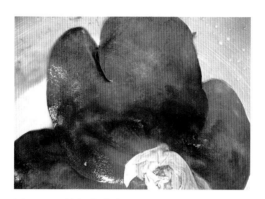

图7-12　特征变化为肝坚硬（肝硬化）

▶ **诊断要点**

当出现急性黄疸、肝损伤、出血或凝血障碍时，应考虑为黄曲霉毒素中毒。若发现可疑症状，必须对饲料样品进行检查化验，才能做出初步诊断。

▶ **防治方案**

1. **预防方案**　防止饲料发霉变质是预防本病的根本措施。用无水氨处理谷物10～14天，可减少谷物中黄曲霉毒素的含量。

在日粮中增加高品质蛋白质和维生素添加剂（维生素A、维生素D、维生素E、维生素K和复合维生素B）。日粮中添加0.5%水合硅铝酸钠钙，对黄曲霉毒素中毒具有一定预防作用。由于黄曲霉毒素损害免疫系统，因此应防止并发其他传染病。

2. **治疗方案**　对黄曲霉毒素中毒目前没有特效解毒药。当发现中毒时，应立即停喂发霉饲料，喂给青嫩易于消化的饲料。

在用药方面可内服盐类泻剂，如硫酸钠50克，以求尽快排出毒素。静脉注射40%乌洛托品20毫升，以减轻出血倾向。必要时可应用氯丙嗪（每千克体重2毫克）等镇静剂，以减轻兴奋症状。注射10%安钠咖5～10毫升等强心剂，改善心功能。为了增强病猪体力和解毒，可注射葡萄糖生理盐水200～500毫升。

十一、灭鼠灵中毒

灭鼠灵中毒又称华法令中毒，是一种以广泛的致死性出血为特征的毒鼠药中毒。

灭鼠灵的主要作用是竞争性地抑制了维生素K的作用，阻抑了血中凝血酶原的生成及作用，机体凝血障碍，发生广泛性出血，组织缺氧，临床上表现出相应的症状，最终虚脱而死。

猪的主要发病原因是吃了灭鼠灵毒饵所致。此外，也可能由于食入被灭鼠灵杀死的老鼠而发生中毒。

▶ 临床表现

急性中毒者常无前驱症状即告死亡。尤其在脑血管、心包囊、纵隔和胸腔发生大出血时，常很快死亡。

亚急性中毒常表现为黏膜苍白，呼吸困难，鼻出血和便血。此外，亦可能有巩膜、结膜和眼内出血情况。

严重失血时，病猪十分虚弱，共济失调，心跳微弱且节律不齐，在创伤部位形成广泛性出血。关节软弱、肿胀。如出血发生于脑脊髓或硬膜下间隙时，则表现轻瘫、痉挛或急性死亡情况。

在病程较长者可能出现黄疸。灭鼠灵也可以引起母猪流产。

▶ 剖检病变

大量出血为其特点。出血可发生于体内任何部位，常见部位为胸腔、纵隔间隙、血管外周组织、皮下组织、脑膜下和脊髓、胃肠及腹腔。心脏松软，心内、外膜出血。肝小叶中心坏死。如剖检距离死亡间隔时间过长，即发生血液自溶而出现黄疸情况，见图7-13、图7-14。

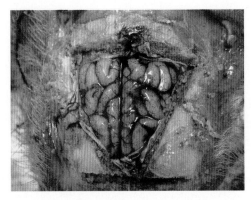

图7-13　脑膜下广泛性出血及凝血块

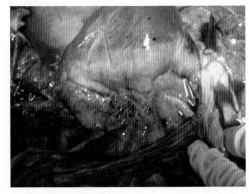

图7-14　心脏严重出血

▶ 诊断要点

虽然引起出血的猪病很多，但就出血的严重性和范围而论，以灭鼠灵中毒所引起的出血范围和危害最大。临床诊断时须注意同黄曲霉毒素中毒、血小板减少症、放射性损伤、维生素K缺乏和蓖麻毒素、皂角苷、猪屎豆碱、棉酚等中毒相鉴别。发霉苜蓿所产生的双香豆素亦可引起广泛性出血，须仔细分析病史进行鉴别。

灭鼠灵一次口服后，至少在10天内均可在尿中查出其代谢产物。在死后可用胃肠内容物和肝脏病料做毒物分析，这是确诊本病的依据。

▶ 防治方案

1. 预防方案　加强饲养管理，防止猪误食灭鼠灵毒饵。同时也应防止误食灭鼠灵毒死的老鼠等动物造成间接中毒。

2. 治疗方案　使病猪保持安静，尽量避免受伤。对已知食入灭鼠灵的病猪，近期不宜去势或施行外科手术，以免出血不止。

治疗时可将维生素K（15~75毫克）溶于5%葡萄糖溶液中，做成5%混悬液实施静脉注射，效果良好。当出血被制止后，还要口服维生素K 4~6天。人工合成的维生素K疗效较天然的差。

也可采用输血疗法：用新鲜的枸橼酸抗凝血每千克体重20毫升进行静脉输血，一半快速注入，其余一半应缓慢输入。

亦可酌情采用其他对症治疗措施。

十二、猪胃圆线虫病

猪胃圆线虫病是由毛圆科猪圆线虫属的红色猪胃圆线虫寄生于猪胃黏膜引起的寄生虫病。

临床表现为胃炎，继发性代谢紊乱，生长缓慢。该病在我国长江一带及其以南地区都有报道，该病是散养猪的主要寄生虫病。

▶ 病原概述

病原体为毛圆科猪圆线虫属的红色猪圆线虫，是一种吸血寄生虫。该虫寄生于猪的胃部，主要集中于猪胃底部的小弯处。成虫体长小于10毫米。将本虫从宿主体内取出时呈鲜红色。

猪胃圆线虫生活史：发育史是直接式发育，排出的虫卵在地面上经7天发育为感染性幼虫。宿主摄入后经3周发育为成虫。幼虫进入胃内后侵入胃腺窝，停留大约2周，经两次蜕皮发育成为青年成虫，然后返回胃腔。幼虫在胃黏膜中可以停留几个月的时间，处于组织寄生阶段，并使胃黏膜形成小的结节。

▶ 流行特点

各种年龄的猪均能被感染，但感染对象主要是仔猪和育成猪。乳猪被感染情况较少。哺乳母猪被感染机会比不哺乳的母猪和公猪多。本病为经口感染。感染地一般为被污染的潮湿牧场、饮水处和圈舍。干燥环境中不易发生感染。

饲料中蛋白质不足时易发生感染情况。停止哺乳的母猪有自愈现象。

▶ 临床表现

食欲不减少，甚至亢进，但病猪消瘦，贫血，体温轻微升高，猪体瘦弱，排出带血的黑色粪便。能导致死亡。

▶ 剖检病变

胃腺区扩张、肥大，形成扁豆大的扁平突起或圆形结节。胃黏膜肥厚，有不规则的皱褶，呈广泛性出血和糜烂。胃底部多有溃疡，有的发展至深层，引起胃穿孔、腹膜炎。对胃腺区组织学检查可发现虫体，并在胃壁上可见牢固附着的虫体，见图7-15。

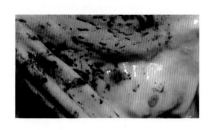

图7-15　胃黏膜肥厚，有不规则的皱褶，呈
广泛性出血和糜烂

▶ 诊断要点

红色猪圆线虫虫卵与结节虫的卵在大小、形态上非常相似，不易区别。幼虫培养是鉴别这两种线虫的较好方法。

红色猪胃圆线虫的虫体纤细，带红色，雄虫长4～7毫米，交合伞侧叶大，背叶小，雌虫长5～10毫米，阴门在肛门稍前。虫卵呈长椭圆形，灰白色，大小为（65～83）微米×（33～42）微米，卵壳薄，内含8～16个卵细胞。

▶ 防治方案

1. 预防方案　经常清扫和消毒猪舍、运动场，保持饮水卫生、清洁。加强饲养管理，给予全价饲料，定期进行预防性驱虫工作。多数药物对成虫有效，但对组织内幼虫有效的药物较少，在仔猪产后1个月内进行驱虫，母猪在分娩前1周用药，可有效地防止仔猪感染。

2. 治疗方案　在严重感染时（感染虫卵在1 000个以上）可选用以下驱虫药：左旋咪唑，每千克体重10毫克，口服。或丙硫咪唑，每千克体重15～20毫克，口服。或噻苯咪唑，每千克体重50～100毫克，口服。或丁苯咪唑，每千克体重20～30毫克，口服。康苯咪唑，每千克体重5～40毫克，口服。或硫苯咪唑，每千克体重3～6毫克，口服。或依维菌素，每千克体重0.3毫克，皮下注射。

十三、生产瘫痪

生产瘫痪又名乳热症，是指母猪在临产前不久或产后2～5天内，发生的以昏迷和瘫痪为特征的急性低血钙症。

生产瘫痪的主要原因是饲养管理不当。母猪在妊娠后期，由于胎儿发育迅速，对矿物质的需要量增加，此时当饲料中缺乏钙、磷，或钙磷比例失调，均可导致母猪后肢或全身无力，甚至骨质发生变化，继而发生瘫痪。

此外，饲养条件较差，特别是缺乏蛋白质饲料时，妊娠母猪变得瘦弱，也可发生瘫痪。产后护理不好，冬季圈舍寒冷、潮湿，也可诱发本病。

▶ **临床表现**

（1）产前瘫痪　妊娠母猪长期卧地，后肢起立困难。无任何病理变化，知觉反射、食欲、呼吸、体温等均正常。

（2）产后瘫痪　多发生于产后2～5天。食欲减少或废绝，病初粪便干而少，继而停止排粪、排尿。体温正常或略有升高。长期卧地不能站立。乳汁很少或无奶。

▶ **防治方案**

1. 预防方案　加强对妊娠母猪的饲养管理，饲喂妊娠母猪专用的全价配合饲料，注意母猪在妊娠前期和后期的不同营养需求。如有必要可每天加喂骨粉、蛋壳粉、蛎壳粉、碳酸钙、鱼粉和食盐等。在冬季注意母猪圈的保暖、干燥。适当运动。

2. 治疗方案　静脉注射20%葡萄糖酸钙50～100毫升或10%氯化钙溶液20～50毫升。肌内注射维生素AD合剂3毫升，隔2日注射1次，或维生素 D_3 5毫升，或维丁胶性钙10毫升，肌内注射，每天1次，连用3～4天。静脉注射高渗葡萄糖液200～300毫升。每天喂给适量的骨粉（可烤干，研细）、蛋壳粉、蛎壳粉、碳酸钙、鱼粉等。对瘫痪母猪后躯局部涂擦刺激剂，以促进血液循环。如发生便秘时可用温肥皂水灌肠，或内服芒硝30～50克进行通便。

中药方剂：炒白术30克，当归30克，川芎10克，白芍20克，党参25克，阿胶20克，焦艾叶10克，炙黄芪25克，木香10克，陈皮15克，紫苏12克，炙甘草10克，黄酒90毫升为引，煎汤内服。

第二节　小猪呕吐疾病

一、猪胃线虫病

猪胃线虫病是由似蛔科似蛔属的圆形似蛔线虫、有齿似蛔线虫，泡首属六翼泡首线虫，西蒙属的奇异西蒙线虫及颚口科颚口属的刚刺颚口线虫等线虫寄生于猪胃引起的寄生虫病。

患猪表现急、慢性胃炎，黏膜发炎，增厚，有时形成溃疡。小猪发育受阻，严重感染可导致死亡。该病分布于全世界，呈地方性流行，我国各省均有发病报告。

▶ **病原概述**

病原体为似蛔科似蛔属的圆形似蛔线虫、有齿似蛔线虫、泡首属六翼泡首线虫、西蒙属的奇异西蒙线虫、颚口科颚口属的刚刺颚口线虫及陶氏颚口线虫。这些病原线虫均可寄生于猪的胃内。

▶ **流行特点**

圆形似蛔线虫和六翼泡首线虫的中间宿主为食粪甲虫；颚口线虫的中间宿主为剑水蚤。

胃线虫生活史：成虫在胃内寄生，虫卵随粪便排出体外，被中间宿主采食后，在中间宿主体内发育成感染性幼虫。猪因采食中间宿主被感染，本病多发生于放养的猪。

▶ **临床表现**

轻度感染时症状不明显。严重感染后有如下症状：急性或慢性胃炎，食欲减退，渴欲增加；腹痛，呕吐，发育停滞，消瘦，贫血，严重者可导致死亡。

▶ **剖检病变**

在胃黏膜上，特别在胃底部有显著的红肿。胃壁出现溃疡及组织坏死，并有假膜遮盖。虫体游离在胃内或侵入胃壁深层。

▶ **诊断要点**

用水洗沉淀法从粪便中检出虫卵，或剖检时在胃内检出成虫。

（1）圆形似蛔线虫　虫体小，淡红色，咽壁上有三或四叠螺旋形角质厚纹，只有左侧颈翼膜，雄虫长10~15毫米，尾翼膜左右大小不等，雌虫长16~22毫米。

（2）六翼泡首线虫　虫体两侧各有3个颈翼膜，咽壁厚，为简单的螺旋形，其中部为圆环状。雄虫长6~13毫米，尾翼膜狭而对称，雌虫13~22.5毫米，虫卵大小（34~39）微米×20微米，深黄色，卵壳厚，内含幼虫。

▶ **防治方案**

本病的治疗和综合性预防措施，可参照蛔虫病章节。在甲虫活动季节，进行预防性驱虫1～2次。保持环境清洁，使甲虫等无法在猪舍中生存。

二、维生素B$_1$缺乏症

维生素B$_1$缺乏症又称为硫胺素缺乏症。维生素B$_1$缺乏时，由于体内丙酮酸和乳酸蓄积，猪临床表现为呕吐，食欲不振，生长缓慢及发生多发性神经炎。

维生素B$_1$和三磷酸腺苷在硫胺素酶和镁离子的作用下，生成硫胺素焦磷酸，成为羟化酶和转羟乙醛酶的辅酶，对物质和能量正常代谢，提高免疫机能等都起着重要作用。维生素B$_1$还能促进胃肠道对糖的吸收，刺激乙酰胆碱形成。因此猪缺乏维生素B$_1$时，表现为生长发育不良，多发性神经炎等症状。

▶ **临床表现**

小猪的临床表现：引起断奶猪呕吐，通常仅见于试验猪。常见病猪中等频度呕吐，偶尔发生全身性疾病。

育肥猪、育成年猪临床表现：食欲显著下降，呕吐，腹泻，生长发育不良，皮肤和黏膜发绀，体温降低，呼吸困难，心搏缓慢，突然死亡。

▶ **剖检病变**

心脏肥大，心肌纤维坏死，心肌退变，心脏松弛。

实验室检查：明显的心电图异常。血浆丙酮酸水平升高。

▶ **防治方案**

1. 预防方案　预防维生素B$_1$缺乏症的关键措施是在日粮中添加足量、高质量的生物素制剂。

2. 治疗方案　硫胺素：按每千克体重0.25～0.5毫克皮下或肌内注射。

第三节　小猪跛行疾病

一、生物素缺乏症

猪生物素缺乏症是指猪摄入了抗生物素物质后发生的一种B族维生素缺乏症。病猪表现为后肢痉挛麻痹，蹄底和蹄冠开裂，皮肤出现褐色分泌物和溃疡性病变。

▶ **病因概述**

生物素是动物体内4种羟化酶的辅酶，催化羟化或脱羟化反应，如丙酮酸转化成草酰乙酸，苹果酸转化成丙酮酸等。生物素还参与肝糖原异生，促进脂肪酸和蛋白质代谢的中间产物合成葡萄糖或糖原，以维持正常的血糖浓度。也参与氨基酸的降解与合成，嘌呤和核酸的生成，长链脂肪酸的合成等生物化学反应过程。由于生物素来源广泛，通常不易缺乏，只有当猪摄入了抗生物素蛋白，动物才会发生生物素缺乏症情况。

▶ 临床表现

患猪后腿常发生痉挛。蹄壳横向开裂、出血。脱毛。发生皮肤溃疡等皮肤病。发生口腔黏膜炎症。

▶ 诊断要点

根据上述本病的临床症状可进行初步临床诊断，如果需要确诊要进行详细的实验室检查工作，查出抗生物素物质。

▶ 防治方案

1. 预防方案　防治生物素缺乏症的关键措施是，在努力查出病因，去除抗生物素物质后，在日粮中添加足量、高质量的生物素制剂。

2. 治疗方案　对于8周龄的猪，可采用每天肌内注射生物素100微克的方法，也可在每100克饲料中添加生物素200微克进行饲喂。对于其他阶段的猪酌情增减生物素的添加剂量。

二、风　湿　病

风湿病主要是侵害动物的背、腰、四肢的肌肉和关节，同时也侵害蹄真皮、心脏以及其他组织器官，为全身性疾病。

风湿病的特点是突然发病，疼痛有转移性，容易再发。临床上根据发病组织和器官的不同，将风湿病分为肌肉风湿病和关节风湿病。

引起风湿病的主要原因是受寒、潮湿、遇到雨淋、贼风袭击等应激刺激。

▶ 临床表现

（1）肌肉风湿病　触诊患部表现疼痛、温热，肌肉表面坚硬、不平滑。变为慢性过程时，患部肌肉萎缩。因疼痛有转移性，故病猪出现交替性跛行。病猪喜卧、消瘦，听诊心脏时有缩期杂音。

（2）关节风湿病　多发生在肩、肘、髋、膝等活动性较大的关节，常呈对称性发病，也有转移性。脊柱关节也有发生风湿病的情况。

急性关节风湿病表现为急性滑膜炎的症状，表现为关节肿胀、增温、疼痛，关节腔有积液，触诊有波动感，穿刺液为纤维素性絮状混浊液。站立时患肢常屈曲，运动时表现为以支跛为主的混合跛行。常伴有全身症状。

转为慢性经过时，表现为慢性关节炎的症状，滑膜及周围组织增生、肥厚，关节变粗，活动受到限制，被动运动时有关节内发出摩擦音。

（3）颈部风湿 单侧患病时，颈部弯向患侧，叫做斜颈。两侧同时患病时，头颈伸直，低头困难。

（4）背腰风湿 背腰弓起，凹腰反射减弱或消失。运步时后肢常以蹄尖拖地前进。转弯不灵活，卧地起立困难。见图7-16。

图7-16 背腰风湿

（5）四肢风湿 患肢扬举困难，运步缓慢，步幅缩短。跛行症状随运动量的增加而减轻或消失。

从上述不同部位风湿的症状可见，风湿病因发病部位不同，症状也有所区别。

▶ **诊断要点**

依据病史和临床症状特点不难做出诊断，必要时可内服水杨酸钠、碳酸氢钠，1小时后进行运步检查，如跛行明显减轻或消失即可确诊。

▶ **防治方案**

1. **预防方案** 冬季注意防寒，避免感冒，猪舍经常保持干燥、清洁，防止贼风侵袭，在出汗或淋雨后应将猪置于避风处，以防受风。

2. **治疗方案** 本病的疗法很多，但治疗后易复发。

（1）水杨酸制剂疗法 水杨酸制剂具有明显的抗风湿、抗炎和解热镇痛作用，用于治疗急性风湿病效果较好。除内服水杨酸钠外，还可静脉注射10％水杨酸钠溶液20～100毫升。也可应用安替比林、氨基比林等药物，都有良好的治疗效果。

（2）可的松制剂疗法 可的松类具有抗过敏和抗炎作用，用来治疗急性风湿病有显著效果。可选用醋酸可的松、氢化可的松、氟米松等药物。

此外，也可用中草药、针灸疗法，背腰风湿可用醋酒炙法（火鞍法）等。

三、佝偻病

佝偻病是由于缺乏维生素D或钙磷代谢障碍而引起的仔猪骨组织发育不良的一种非炎性代谢性疾病。

临床特征性表现为异嗜，消化紊乱，跛行及骨骼变形。病理特征是成骨细胞钙化不全、软骨肥厚及骨髓增大。

▶ 病因概述

母猪在妊娠期间，由于体内矿物质（钙、磷）、维生素D缺乏或代谢障碍，影响胎儿骨组织的正常发育。

在小猪断乳后，由于饲料营养不全价，日粮钙、磷含量不足或比例失衡，维生素D缺乏，阳光照射不足等原因，造成肠道钙、磷吸收障碍。在断乳过早或罹患胃肠道疾病时，也影响钙、磷和维生素D的吸收、利用。

在患肝、肾疾病时亦影响维生素D在体内的转化。日粮中蛋白性饲料过多，在体内代谢过程中形成大量酸性产物，与钙形成大量不溶性的钙盐，也会影响钙的吸收和利用。甲状旁腺机能亢进时对钙磷代谢也有影响。

▶ 临床表现

食欲稍减或无变化。喜啃咬饲槽、墙壁、泥土，到处采食煤渣、垫草、破布等杂物。喜卧，厌动，跛行，步态蹒跚。病猪常发出嘶叫或呻吟声。有时出现低钙性搐搦、突然倒地。骨骼渐渐发生变形。关节部位肿胀、肥厚，触诊疼痛、敏感。胸廓两侧扁平、狭小，见图7-17。

图7-17　病猪骨骼渐渐发生变形，关节部位
肿胀、肥厚，触诊疼痛、敏感

▶ 诊断要点

当猪喜啃咬饲槽、墙壁，跛行，骨骼变形，胸廓两侧扁平、狭小，两前肢对称性弯曲-罗圈腿时应考虑此病。

类症鉴别：应注意与风湿症、肢蹄外伤及口蹄疫等鉴别。风湿症一般无异嗜现象，关节、头部、肋骨及长骨等无异常表现，用抗风湿药治疗有效。肢蹄外伤时可见伤处，局部有红、肿、热、痛等炎症表现。口蹄疫流行迅猛，多数猪只同时发病，高热稽留，口及蹄部有肿胀、水疱或溃疡。

▶ 防治方案

1. 预防方案　加强对妊娠、哺乳母猪及仔猪的饲养管理，给予含钙、磷充足且比例合适的饲料。饲料中可补加鱼肝油或经紫外线照射过的酵母。

加强运动，注意猪舍的保温、干燥、清洁、光线充足和通风。有条件时在冬季可进行紫外线照射，距离1～1.5米，时间15～20分钟即可，每天1次。

2. 治疗方案　有效的治疗药物是维生素D制剂，维生素D_2或维生素D_3注射液1～2毫升，肌内注射，每天1次，连用5～7天。亦可用浓缩维生素AD（浓缩鱼肝油）0.5～1毫升拌于饲料中喂服，每天1次，连用数天。应用骨化醇胶性钙1～2毫升肌内注射，也有较好的效果。

补充钙、磷制剂应与补充维生素D同时进行。如应用多种钙片补钙时，每2千克体重1片（每片含乳酸钙0.1克、碳酸钙0.1克、磷酸氢钙0.1克）混于饲料中喂给，每天1次，直至痊愈。此外，骨粉、鱼粉、甘油磷酸钙等亦是较好的补钙物质。同时配合应用0.1%的亚硒酸钠0.5～2毫升进行肌内注射，有较好的效果。

四、火碱消毒问题

加强饲养管理，经常对猪舍及其周围环境进行消毒工作，是猪场进行防病工作的基本要求。因火碱（苛性钠、氢氧化钠）价格低廉，使用方便，消毒效果确实，是猪场中最常使用的消毒药。

然而，由于火碱的强腐蚀性，由于使用不当，配制浓度过高等原因，在猪场使用过程中常严重腐蚀猪的蹄部、吻突等部位，形成出血、糜烂、溃疡及坏死等严重的病理过程。

由于猪的口、蹄部被火碱烧伤后的病变与口蹄疫的病变很相似，故在临床上将火碱烧伤蹄部误诊为口蹄疫的情况时有发生。因此，有必要引起兽医临床工作者和猪场饲养管理人员的高度重视。

▶ 病因概述

使用火碱溶液对猪舍地面进行带猪消毒。用火碱对空栏的猪栏消毒后，在重新进猪前不用清水彻底清洗残余火碱。使用火碱消毒时配制浓度过高，腐蚀性过强。频繁用火碱溶液进行消毒，致使猪舍地面等处残留多量火碱，腐蚀蹄部。

▶ 临床表现

在地面上饲养的猪，食欲、饮欲无变化，在无继发感染的情况下，一般体温无变化，但蹄、吻突及口部出现溃疡、出血及坏死情况。而在保育床上、产床上以及口、蹄等部位离开地面的猪安然无恙。

患猪喜卧，不愿走动。强迫患猪走动时，步态蹒跚，出现严重支跛症状。严重者在强迫行走时地上留下血蹄印。蹄踵部严重损伤，出现溃疡及坏死病变。蹄下部被严重腐蚀，由于肿胀可导致蹄壳开裂。如果继发感染了金黄色葡萄球菌、坏死杆菌等细菌时情况变得更加复杂。如果此时实施紧急接种口蹄疫疫苗，则猪全群的精神、食欲等会出现更明显的下降情况，见图7-18。

图7-18　蹄踵部严重损伤，出现溃疡及坏死
病变

▶ 诊断要点

病史调查时发现经常用火碱进行带猪消毒。火碱消毒后不用清水彻底冲洗。除了接触地面的蹄、口部发生严重损伤外，未见其他明显临床症状。在产床、保育床上饲养的猪没有异常。消毒用的火碱溶液浓度高于2%～3%。注射抗生素等药物无明显效果。

▶ 防治方案

1. 预防方案　严格区分是消毒问题还是口蹄疫、猪水泡病以及水泡性口炎等感染性疾病。严禁使用火碱进行带猪消毒。

空栏时使用火碱消毒后，在进猪前必须反复用清水彻底冲洗圈舍。使用火碱消毒时的浓度不应超过3%。

2. 治疗方案　立即停止使用火碱进行带猪消毒，使用大量清水彻底冲洗地面。有条件的可将患猪移入清洁、干爽的猪舍内。对患部进行外科清创，用碘甘油或碘酊等外用防腐消炎药涂抹。如果有全身发热等症状时，配合使用抗生素治疗，防止继发感染。

五、副猪嗜血杆菌病

副猪嗜血杆菌病是由副猪嗜血杆菌引起一种细菌性传染病。又称多发性纤维素性浆膜炎和关节炎，也称格拉泽氏病。主要引起多发性浆膜炎和关节炎。

本病原菌在环境中普遍存在，世界各地都有本菌存在，甚至在健康的猪群当中也能发现本菌。

对于无特定病原菌猪或实施药物早期断奶等没有受到副猪嗜血杆菌污染的猪群，初次感染了这种细菌后病情相当严重。

▶ 病原概述

目前将副猪嗜血杆菌暂定为巴氏杆菌科嗜血杆菌属，为革兰氏阴性短小杆菌，形态多变，有15个以上血清型，其中以血清型5、4、13最为常见（占70%以上）。

该菌生长时严格需要烟酰胺腺嘌呤二核苷酸（NAD或V因子），故本菌在一般条件下难以分离和培养，尤其对于应用抗生素治疗过的病猪的病料更难培养本菌，因而给本病的诊断带来困难。

▶ 流行特点

该病通过呼吸道传播。当猪群中存在繁殖呼吸系统疾病综合征、流感或地方性流行性肺炎的情况下，该病更容易发生。在饲养环境差，饮水不足时更易发生该病。饲养管理不良时本病多发。断奶、转群、混群或运输等应激因素也是本病常见的诱因。该病菌也会作为继发病原伴随其他主要疾病发生混合感染，尤其是与气喘病混合感染。

在肺炎中，副猪嗜血杆菌被假定为一种随机入侵的次要病原，是一种典型的条件性病原，只在与其他病毒或细菌协同时才引发疾病。近年来，从患肺炎的猪中分离出副猪嗜血杆菌的比率越来越高，这与支原体肺炎和病毒性肺炎的日趋严重情况密切相关。这些病毒性肺炎的原发病原主要有猪繁殖与呼吸综合征、圆环病毒2型、猪流感和猪呼吸道冠状病毒等。

副猪嗜血杆菌常与支原体结合在一起加重病情。在患蓝耳病的猪，该菌检出率为51.2%。副猪嗜血杆菌病是高发病率和高死亡率的严重传染病，各年龄段的猪均有发病死亡的报告，尤以5～8周龄猪为甚。

发病特点：被副猪嗜血杆菌感染的猪，主要为从2周龄到4月龄的青年猪，在断奶前后和保育阶段发病，通常以5～8周龄的猪发病率高，一般在10%～15%，严重时死亡率可达50%左右。

急性病例往往首先发生于膘情良好的猪，病猪发热（40.5～42.0℃），精神沉郁，食欲下降，呼吸困难，腹式呼吸，皮肤发红或苍白，耳梢发紫，眼睑发生皮下水肿，行走缓慢或不愿站立，腕关节、跗关节肿大，共济失调，临死前侧卧或四肢呈划水样。有时无明显症状突然死亡。

慢性病例多见于保育猪，主要临床表现为食欲下降，咳嗽，呼吸困难，被毛粗乱，四肢无力或跛行，生长不良，直至因衰褐而死亡。

▶ **临床表现**

临床症状包括发热，呼吸困难，关节肿胀，跛行，皮肤及黏膜发绀，站立困难甚至瘫痪，僵猪或死亡。死亡时体表发紫，肚子大，有大量黄色腹水，在肠系膜上有大量纤维素渗出，尤其肝脏被整个包住，在肺表现为间质性水肿。母猪流产，公猪跛行。哺乳母猪的跛行可能导致带仔性能的极端弱化。

▶ **剖检病变**

胸膜炎的病变十分明显（包括心包炎和肺炎），关节炎次之，腹膜炎和脑膜炎的症状相对少一些，以浆液性、纤维素性渗出炎症（严重者呈豆腐渣样）为特征。

最明显的病变是心包积液，心包膜增厚、粗糙，心肌表面有大量纤维素渗出。肺部有间质性水肿、与胸膜粘连。肝脏边缘严重出血。肝脾肿大、与腹腔粘连，脾脏有出血，边缘隆起米粒大的血泡，边缘有梗死。在关节腔内有大量纤维素样渗出物，切开后肢关节可见胶冻样物。腹股沟淋巴结呈大理石斑纹，颌下淋巴结出血严重，肠系膜淋巴变化不明显。肾乳头出血严重，在肾表面偶见出血点。在气管内有大量黏液。腹腔积液，见图7-19。

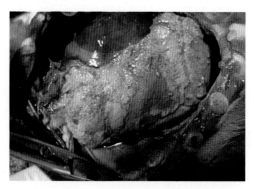

图7-19　腹腔、胸腔及心包严重的浆液性、
纤维素性渗出炎症

▶ **诊断要点**

以流行病学、临床症状和病理剖检结果为基础，然后进行细菌培养确诊本病。但是培养本菌比较困难，在分类培养时要注意两点：①采集病料前一定是没有使用过抗生素的病例；②使用特殊培养基进行分离培养。

诊断本病时注意与链球菌、放线杆菌、沙门氏菌以及大肠杆菌等引起的败血症相区别，还要和支原体感染形成的多发性浆膜炎、关节炎相区别。

▶ **防治方案**

1. 预防方案

（1）严格消毒　确实做好猪舍的卫生工作，用2%氢氧化钠水溶液喷洒猪圈地面和墙壁，2小时后用清水冲净，再用消毒剂进行喷雾消毒，连续喷雾消毒4~5天。

（2）加强饲养管理　对全群猪用电解质加维生素C粉饮水5~7天，以增强机体抵抗力，减少应激刺激。

（3）免疫措施　用自家苗（最好是能分离到该菌，增殖、灭活后制作的自家苗）、副猪嗜血杆菌多价灭活苗免疫能取得较好效果。

对种猪用副猪嗜血杆菌多价灭活苗免疫，能有效保护小猪的早期发病，降低复发本病的可能性。在免疫的同时最好结合科学的药物治疗，能达到标本兼治的功效。

母猪：对于初产猪在产前40天一免，产前20天二免。对于经产猪在产前30天免疫一次即可。

对于受本病威胁严重的猪场，对小猪也要进行免疫，可根据猪场发病日龄推断免疫时间。仔猪免疫一般安排在7~30日龄内进行，每次1毫升，最好一免后过15天再重复免疫一次。

消除诱因，加强饲养管理与环境消毒，减少各种应激。在疾病流行期间，有条件的猪场，仔猪断奶时可暂不混群，对混群的猪一定要严格把关，把病猪集中隔离在同一猪舍，对断奶后的保育猪进行"分级饲养"，这样也可减少蓝耳病病毒、圆环病毒2型在猪群中的传播。

注意保温和温度的变化，在猪群断奶、转群、混群或运输前后，可在饮水中加一些抗应激的药物如维生素C等，同时在料中添加以上推荐药物的组合可有效防止本病的发生。

对于副猪嗜血杆菌病的有效防治，和其他任何一种疾病一样，是一项系统工程，需要我们加强主要病毒性疾病的免疫，选择有效的药物组合对猪群进行常规的预防保健，改善猪群的饲养管理，重新思考猪舍设计，只有这样才能有一个稳定的猪群生产状态。

2. 治疗方案　隔离病猪，用大剂量的抗生素进行治疗，用抗生素拌料进行全群性药物预防。为控制本病的发生、发展和防止耐药菌株的出现，在用药前应进行药敏试验，科学使用抗生素。

可使用硫酸卡那霉素注射液肌内注射，每次每千克体重20毫克，每天肌内注射1次，连用5~7天。或给大群猪口服土霉素原粉，每千克体重30毫克，每天1次，连用5~7天。

抗生素饮水对病情严重的情况可能无效。一旦出现临床症状，应立即采取抗生素拌料的方式对整个猪群进行治疗，并对发病猪大剂量肌内注射抗生素。大多数血清型的副猪嗜血杆菌对头孢菌素、氟甲砜霉素、庆大霉素、壮观霉素、磺胺及喹诺酮类等药物敏感，对四环素、氨基糖苷类和林可霉素也有一定抵抗力。

第四节　猪失明疾病

一、维生素B₂缺乏症

维生素B₂缺乏症又称为核黄素缺乏症。主要临床特征为角膜炎，晶状体混浊和食欲不振。

▶ **病因概述**

维生素B₂在核黄素激酶和黄素腺嘌呤二核苷酸合成酶的作用下，生成黄素单核苷酸和黄素腺嘌呤二核苷酸。它们是体内多种黄素酶如氨基酸氧化酶、黄嘌呤氧化酶及乙酰辅酶A脱氢酶等的辅酶和辅酶成分，具有促进蛋白质在体内贮存，提高饲料转化率，调节生长和修复受损组织的作用。还有保护肝脏，调节肾上腺素分泌，保护皮肤和皮脂腺等功能。

▶ **临床表现**

核黄素的缺乏将严重损伤外胚层组织，缺乏后的主要临床表现为：眼睛出现白内障病变，生长发育缓慢，消化功能扰乱，呕吐；局部脱毛，溃疡，发生脓肿等。皮肤粗糙，干硬，变薄，继而发生红斑疹及鳞屑性皮炎。皮肤病变主要表现在鼻和耳后、背中线、腹股沟区、腹部及蹄冠等部位。发病的母猪泌乳和繁殖性能降低。

▶ **诊断要点**

根据病史和临床症状可以进行初步诊断。

▶ **防治方案**

1. 预防方案　预防维生素B₂缺乏症的关键措施是在日粮中添加足量、高质量的核黄素制剂。

2. 治疗方案　使用维生素B₂注射液，进行皮下或肌内注射，一次量为每千克体重20~30毫克；核黄素的需要量为每千克体重6~8毫克，在每吨饲料中可添加3~4克。

二、维生素A缺乏症

维生素A缺乏症是由于维生素A缺乏所引起的疾病。临床表现为生长发育不良、视觉障碍、器官黏膜损伤。仔猪多发，常于冬末、春初青绿饲料缺乏时发生。

▶ 病因概述

（1）原发病因 饲料中维生素A不足。饲料加工贮存不当，使维生素A被氧化、破坏。饲料中磷酸盐、亚硝酸盐和硝酸盐含量过多，中性脂肪和蛋白质含量不足，影响维生素A在体内的转化、吸收及利用。机体由于妊娠、泌乳、生长过快等原因，对维生素A的需要量增加。

（2）继发病因 慢性消化不良，肝胆疾病，引起胆汁生成减少或排泄障碍，影响维生素A的吸收，以及发生某些热性病、传染病等因素。20日龄的仔猪发病，多与乳中缺乏维生素A有关。

▶ 临床表现

皮肤粗糙、皮屑增多，呼吸器官及消化道黏膜常发生不同程度的炎症。咳嗽，腹泻，生长发育缓慢，常见患猪头偏向一侧。

严重病例的表现：运动失调，步态摇摆，后肢瘫痪。脊柱凸起，痉挛，极度不安。在后期发生夜盲症，视力减弱和干眼症。妊娠母猪表现为流产、死胎或产弱仔。新生仔猪患病表现为瞎眼、畸形（眼过小）、全身水肿、体质衰弱，易患病和死亡。血浆维生素A水平降低，肝中的维生素A水平降低。

▶ 剖检病变

骨质生长缓慢；脊髓液压力增高；坐骨神经和股神经退化；生殖道上皮层萎缩等。

▶ 防治方案

饲喂富含维生素A、胡萝卜素及玉米黄素等的饲料。日粮中维生素A含量应达每千克体重每天30～60国际单位。胡萝卜素含量应该每千克体重每天75.0～155国际单位。治疗量应比预防量加大10～20倍。

注意：过量维生素A会引起猪的骨骼病变，故使用时剂量不要过大。

三、棉籽饼中毒

棉籽饼是棉籽加工的副产物，是家畜的一种重要蛋白质补充饲料。棉籽饼中含有一些有毒成分如游离棉酚、棉酚紫和棉绿素等，这些有毒成分在体内排泄缓慢，有蓄积作用。

▶ 病因概述

用未经去毒处理的棉籽饼作饲料时，一次大量饲喂或长期饲喂时均可能引起中毒。妊娠母猪和仔猪对棉籽饼有毒成分特别敏感。棉籽饼毒性的大小与动物的种类和年龄、日粮中的各种成分有关，特别是与蛋白质、赖氨酸和铁离子的浓度有关。

长期饲喂含有高浓度游离棉酚的棉籽饼可引起中毒。表现为猪群整体不健壮或发生急性呼吸疾病，继而死亡。

给猪饲喂游离棉酚含量≥200毫克/千克的日粮，可见总血红蛋白含量、蛋白质浓度和红细胞压积减少。在日粮中添加硫酸亚铁（≤400毫克/千克），其与游离棉酚的含量比为1∶1时，猪对棉酚可产生耐受性。增加粗蛋白或补充赖氨酸也可增强猪的耐受性。对生长育肥猪的日粮，棉籽饼的推荐添加量不得超过9%。

▶ **临床表现**

一般症状：病猪精神沉郁，行动困难，摇摆，常跌倒。体温变化不大，有时会升高。结膜初充血，进而黄染。视觉障碍，失明。消化机能紊乱，食欲降低或废绝。因胃肠蠕动减弱而发生便秘，粪球干小，并常带黏液或血液。病猪喜喝水，但尿量少，或排尿困难。常出现血尿或血红蛋白尿。母猪可发生流产情况。棉酚毒可通过母乳使哺乳仔猪发生中毒。

在急性中毒病例，特别是仔猪的表现：病猪一开始就呈现显著的精神沉郁或兴奋状态。呻吟磨牙，肌肉震颤。常有腹痛现象。呼吸急促、增数。常有咳嗽、流鼻涕症状，后期常发生肺水肿，心力衰竭。有的病例在腹下或四肢出现水肿。病情严重者，发病后当天或于2～3天内死亡。病程稍长者可延至半月或30天倒毙。

▶ **剖检病变**

主要病理变化为心肌炎，肝充血、坏死，骨骼肌损伤及动物全身严重水肿。静脉瘀血。肺充血、水肿，肺门淋巴结肿大，气管内有血样气泡和出血点。胸腔和腹腔有黄色渗出液，该液体暴露在空气中有蛋白凝块析出。肝肿大。胆囊扩张，充满胆汁，胆囊黏膜有出血点。胃肠黏膜有卡他性或出血性炎症，淋巴结肿大。

▶ **诊断要点**

根据有饲喂棉叶或棉籽饼的病史、临床症状及病理剖检变化等进行综合分析，可以做出诊断。

▶ **防治方案**

1. 预防方案　用棉籽饼喂猪时，应每天限制喂量。成年猪每天饲喂量不超过日粮的5%，母猪每天不超过250克。妊娠母猪在产前半个月停喂，产后半个月再喂。断奶小猪每天喂量不超过100克。对妊娠母猪、哺乳母猪及小猪如有其他的蛋白质饲料时，最好不喂棉籽饼。在喂法上，不应长期连续饲喂棉籽饼。一般是喂1个月后，停喂7～10天后再喂。

加热减毒，榨油时最好能经过炒、蒸等过程，使游离棉酚变为结合棉酚，生的棉籽皮、棉籽渣必须蒸煮1小时后再用，棉叶必须经过晒干、去土、压碎、发酵后用水洗净，再用5%石灰水浸泡10小时后再喂。

加铁去毒，用0.1%或0.2%的硫酸亚铁溶液浸泡棉籽饼，棉酚被破坏率可达到81.81%，也可按铁与游离棉酚1∶1的比例在饲料中加入硫酸亚铁，但注意铁与棉籽饼要充分混合。猪饲料中铁含量不得超过500毫克/千克。

增加日粮中蛋白质、维生素、矿物质和青绿饲料含量，对预防棉籽饼中毒很有好处。如用大豆饼与棉籽饼等量混合，或大豆饼5%加鱼粉2%，或4%鱼粉与棉籽饼混合等方法。

2. 治疗方案　目前尚无特效的解毒药剂，主要是采取消除致病因素，加速毒物的排除及对症疗法。

立即停喂棉籽饼。在中毒初期可用0.1%高锰酸钾或3%碳酸氢钠水溶液洗胃。或内服硫酸镁或芒硝等泻剂。当发生胃肠炎时，内服1%硫酸亚铁溶液100～200毫升或内服磺胺脒5～10克、鞣酸蛋白2～5克。当发生严重肺水肿时，不宜灌服药物，因极易导致窒息死亡。

静脉注射20%～50%葡萄糖液100～300毫升，同时肌内注射10%安钠咖5～10毫升。当发生肺水肿时，可用10%氯化钙溶液10～20毫升，20%乌洛托品溶液20～30毫升，混合后静脉注射。对视力减弱的病猪，注射维生素C、维生素AD，有一定疗效。

当猪有食欲时可多喂一些青绿饲料，并增加饲料中的矿物质，特别是钙的含量，对病的恢复有较好的效果。

第八章

猪病鉴别诊断与防控措施

第一节 发热类猪病的鉴别与防控

一、关于发热

猪的标准体温一般指的是直肠温度。小猪的体温高一些，大猪的体温低一些，正常波动范围是38～40℃。和其他恒温动物的体温调节机制一样，猪主要是通过机体产热和散热的两种作用互相协调，保持体温的基本恒定。一般认为小猪体温的生理学调节机制是在大脑皮层的控制下，视丘下部的体温调节中枢通过各种反射作用进行体温调节。

猪的体温如果持续地超过40℃以上则为发热表现。发热是机体在致热原的刺激下，使体温调节中枢的温度调定点上移，而引起的调节性体温升高的一种防御性、适应性反应。产热和散热过程由相对平衡状态转变为不平衡状态，产热增强，散热能力降低，从而使体温升高和各组织器官的机能与物质代谢状态发生改变。

发热并非是一种独立的疾病，而是许多疾病，尤其是传染病和炎症性疾病过程中常伴发的一种全身性临床症状。

由于不同疾病所引起的发热常具有一定的特殊形式和恒定的变化规律，所以临床上通过检查体温以及观察体温曲线的动态变化及其特点，不但可以确定疾病的存在，而且还可以作为诊断某些疾病的有力证据。

发热和单纯性体温升高是不同的概念。前者是全身性病理表现，是由病原微生物等致热源引起的；后者是猪在剧烈运动或在日光的长时间暴晒下以及环境气温过高时出现的一种暂时性的体温升高，如外界温度高、快速驱赶猪、快速采食以及母猪在分娩前后等出现的暂时性体温升高等。在停止运动或改善环境后，即可很快恢复到正常的体温范围，是生理性表现。当然，当机体调节失败，使体温持续升高也是一种病态，日射病和热射病即属此类疾病。

二、发热过程

猪的发热过程通常分为三个阶段。

1. 升温期 此阶段皮肤血管收缩，汗腺分泌减少，机体散热减少，同时肌肉收缩增强，肝、肌糖原分解加速，产热增多，使体温逐渐增高。病猪表现为精神沉郁、食欲下降、心跳加快、呼吸加速、寒战、喜钻草堆等一系列临床症状。

在不同的疾病，体温升高的速度不一致，如猪丹毒、猪肺疫等传染性疾病体温升高很快，而在猪瘟、副伤寒等疾病，虽然也是传染病，但体温升高速度较慢。

2. 高热期 此时产热和散热在较高的水平上维持平衡，散热过程开始加强，皮肤血管舒张，产热过程也不减弱，产热和散热处于僵持状态，所以此阶段体温一直维持在较高的水平上，此时疾病的临床症状表现明显。病猪表现为皮温增高，眼结膜充血、潮红，粪便干燥，尿少发黄。

不同疾病高热期持续的时间不同。如猪瘟、传染性胸膜肺炎等疾病，虽然发热上升较慢，但持续时间较长；而伪狂犬病、口蹄疫等疾病的发热症状则仅持续数小时或不超过1天的时间。

3. 退热期 由于机体的防御机能增强，或获得外援（如经过治疗等），体温开始逐渐下降，病猪表现为皮肤血管进一步扩张，大量排汗、排尿，使散热增加，产热减少。如果体温迅速下降或突然下降，称为骤退，可引起虚脱甚至死亡；而逐渐下降，最后降至正常水平，则一般预后良好。

三、发热的分类

在猪病诊断的实践中，对猪发热的分类方法有多种，为了便于对疾病的鉴别诊断，现介绍以下两种分型方法：

1. 按体温升高的程度分类

（1）微热 指超过正常体温1℃左右，即在40～41℃。常见于某些慢性传染病，如慢性猪瘟、副伤寒等，也见于乳房炎、胃肠炎等局部感染的非传染性疾病。

（2）中热 指超过正常体温1～2℃，即41～42℃。常见于急性病毒性传染病，如急性猪流感等，也见于肺炎等局部器官的感染性疾病。

（3）高热 指超过正常体温2℃，即42℃以上。在某些急性细菌感染的猪传染病都可见到如此高的体温，如猪丹毒、猪肺疫等。

2. 按热型分类 发热类型通常是通过绘制发热曲线来确定的。发热曲线是指几天内多次测得的病猪体温数值的连线。

（1）稽留热 当体温升高到一定程度后，持续数天不变，或昼夜温差仅在1℃以内。这是致热原在体内持续存在并不断刺激体温调节中枢的结果。可见于急性典型猪瘟、急性传染性胸膜肺炎等疾病。

（2）弛张热 其特点是指体温升高后，在1昼夜内变动范围较大，超过1℃以上，但又不降到常温水平。这种发热类型见于急性猪肺疫、猪丹毒及许多败血症类疾病。

（3）间歇热　病猪的发热期和无热期有规律地交替出现。如败血型链球菌病及局部化脓性疾病等。

（4）不定型热　发热持续时间不定，变动也无规律，有时体温变动范围很小，有时却波动很大。如非典型猪瘟及其他非典型性传染病等。

四、发热对机体的影响

一定程度的发热是机体抵抗疾病的生理性反应，短时间的中度发热对机体增强抵抗力是有益的。

因为发热不仅能抑制病原微生物在体内的生长繁殖（因为很多病原微生物适宜的生长繁殖温度是37℃左右，超过这个温度就不能生长或生存能力减弱），提高机体抗感染的能力，而且还能增强单核巨噬细胞等免疫系统的机能，提高机体对致热原的消除能力。此外，还可使肝脏氧化过程加速，提高解毒能力。

但长时间的持续高热对机体危害很大。首先使机体分解代谢加速，营养物质消耗过多，消化机能紊乱，导致机体消瘦，衰弱，抵抗力下降。发热又能使中枢神经系统和血液循环系统发生损伤，引起病猪精神沉郁，昏迷和心力衰竭等，出现严重的临床症状。

五、猪发热类疾病的鉴别诊断

常见的猪发热类疾病的鉴别诊断见表8-1。

表8-1　常见的猪发热类疾病的鉴别诊断

分类		猪链球菌病	猪肺疫	胸膜肺炎	猪附红细胞体病	仔猪副伤寒	弓形虫病	猪丹毒	猪瘟	伪狂犬病	猪流行性感冒	猪口蹄疫	大叶性肺炎	猪应激综合征	中暑
发热分类	高热	★	★	★	★			★				★	★	★	★
	中热						★		★	★	★				
	微热					★									
常见发病阶段	大猪			★	★		★		★		★	★	★		★
	中猪	★	★	★			★	★	★			★	★		
	小猪					★				★					
皮肤变化	出血斑点					★	★	★	★						
	红紫	★	★	★							★		★	★	★
	未见变化										★	水疱			

续表

分类		猪链球菌病	猪肺疫	胸膜肺炎	猪附红细胞体病	仔猪副伤寒	弓形虫病	猪丹毒	猪瘟	伪狂犬病	猪流行性感冒	猪口蹄疫	大叶性肺炎	猪应激综合征	中暑
行为状态	喜卧		★	★				★				★	★		
	失调	★				★	★		★	★	★			★	★
饮食状态	减少			★	★							★	★		
	废绝	★	★				★	★	★			★		★	★
发病情况	急性	★	★	★	★	★	★	★		★	★	★	★	★	★
	慢性	★				★			★						
发病率	较高	★	★	★	★	★	★	★		★	★				
	较低								★			★	★	★	★
死亡率	较高			★			★						★		
	较低	★	★		★	★		★	★	★	★	★		★	★
呼吸状态	急促	★	★	★	★		★	★		★	★	★	★	★	★
	正常					★			★						
排粪情况	较干	★	★	★	★			★						★	★
	较稀					★	★		★						
	正常									★			★		
治疗效果	较好	★	★		★	★	★	★							★
	无效			★					★	★	★	★		★	

六、发热类猪病的防治

立即隔离患猪，当疑是传染性疾病时应对被污染的环境进行彻底消毒。

只要不是温度过高的发热，在没有弄清病因之前，一般不要随意使用退热药。

在使用抗菌药物的同时，应注意补充营养物质。如葡萄糖生理盐水、电解质（无机盐类）、B族维生素、维生素C等。为防止和纠正酸中毒，可静脉注射5%碳酸氢钠溶液等碱性溶液。

在退热期，为防止患猪虚脱要注意保护心脏功能，必要时可注射安钠咖或肾上腺素等强心药物。

加强护理，避免各种应激。特别要注意环境温度、湿度和通风三要素的合理协调控制。饲喂易消化吸收和可口的青绿饲料或含糖类较丰富的饲料，可加快病猪的恢复。

第二节　腹泻类猪病的鉴别与防控

一、关于腹泻

健康猪一般每天排便5～6次。进食后，食物经过胃肠道消化、吸收，其残渣自肛门排出，从采食到排泄一般需要18～36小时。

当发生腹泻类疾病时，猪排粪次数会比正常情况增多，在腹泻时，由于胃肠蠕动加快，食物在胃肠道内停留的时间大大缩短，每天排便达十几次到几十次不等。粪便稀薄呈稀粥样或水样，并带有黏液甚至血液，即出现了腹泻的症状。

腹泻是在各种有害因素的作用下（包括细菌、病毒、有毒物质、不易消化的饲料、气候的冷热及某些化学因素的刺激等），通过神经反射引起肠蠕动增强，致使食物迅速通过肠道，同时伴有黏膜的排出，肠道内容物水分增多和肠道黏液分泌增强，进而使肠内容物变稀薄。

腹泻性疾病是猪的一种常见病和多发病，它不仅给猪场带来猪只死亡等直接的经济损失，造成大量医药费用的支出，还严重影响病后幸存猪的生长发育，因为腹泻类疾病恢复后，经常发生僵猪情况。近年来仔猪腹泻在一些地区和猪场的流行趋势严重，已成为制约养猪业发展和养猪效益的重要因素。

腹泻并非一定是坏事，它也是机体一种防卫机能，具有保护性的意义。如果胃肠道内有毒有害的物质不能快速通过肠道而迅速排出体外，大量被机体吸收会引起更严重的中毒后果。但是，剧烈而又持续性地腹泻，可造成消化功能紊乱，营养吸收障碍，水分和电解质大量丧失，病猪常因脱水和酸中毒而致死。

二、腹泻的原因

传染性疾病：常见的病毒性腹泻有轮状病毒感染、流行性腹泻和传染性胃肠炎、猪瘟、腺病毒及疱疹病毒感染等疾病。

细菌性腹泻疾病：常由大肠杆菌、沙门氏菌、魏氏梭菌、密螺旋体以及弯杆菌等细菌引起。

寄生虫性腹泻疾病：主要指肠道寄生虫病，如蛔虫病、鞭虫病以及球虫病等。近年来，由于广泛使用全价配合饲料和改善了饲养管理条件，寄生虫性腹泻疾病明显减少。

猪的内科疾病如气温突变，寒冷刺激，阴雨连绵，湿度过大，营养缺乏，饲料霉变或误食有毒物质及酸、碱、砷等以及化学药物刺激等，都可以诱发或直接造成仔猪腹泻。

在上述致病因子中，以传染性腹泻疾病的发病率最高，危害也最严重。它们可以是原发性疾病，也可以是继发性感染。寄生虫和兽医内科病往往是腹泻性疾病的次要因素，尽管不是主要的致病因素，但由于常常被人们所忽视其危害性，所以也可以造成较大的损失。

三、腹泻对机体的影响

腹泻是急、慢性肠炎的主要症状。由于病因的剧烈刺激，使肠蠕动加速，分泌增多，引起剧烈的腹泻症状，病猪表现体温升高、精神沉郁等一系列全身性症状。

慢性肠炎则因肠腺萎缩，肠壁肌层被结缔组织取代，分泌、蠕动机能减弱，可引起消化不良和消瘦、衰竭等症状。

造成脱水和酸碱平衡紊乱。由于长期或剧烈腹泻，导致大量肠液、胰液以及钾、钠等离子的丢失，重吸收减少，引起严重脱水、电解质及酸碱平衡紊乱。

肠道屏障机能受损和自体中毒。急性肠炎，特别是发生十二指肠炎症时，黏膜肿胀，胆管口被阻塞，胆汁不能顺利排入肠道，病原菌等细菌得以大量繁殖，产生毒素。加之黏膜受损，可将毒素吸收入血，引起自体中毒。

慢性肠炎时，肠蠕动、分泌减弱，胃肠内容物长时间停滞，引起发酵、腐败、分解，产生有毒物质，被吸收入血而发生自体中毒。

四、腹泻类猪病的鉴别诊断

常见有腹泻症状类猪病的鉴别诊断见表8-2。

表8-2　常见有腹泻症状类猪病的鉴别诊断

分	类	仔猪黄痢	脂肪性腹泻	仔猪白痢	轮状病毒感染	仔猪红痢	坏死杆菌病	猪传染性胃肠炎、猪流行性腹泻	低糖血症	猪球虫病	仔猪副伤寒	猪瘟	猪血痢	胃肠炎	马铃薯中毒	猪鞭虫病	旋毛虫病	棘头虫病
常见发病阶段	大猪						★	★				★		★	★		★	★
	中猪						★	★		★	★	★		★	★			
	小猪	★	★	★	★	★			★	★	★							
发病季节	冬春				★										★			
	四季	★	★	★		★	★	★		★	★	★	★	★		★	★	★
体温变化	发热										★	★	★	★				
	正常	★	★	★	★	★	★	★	低	★					★	★	★	★
流行情况	散发	★	★	★		★	★		★	★	★				★	★	★	★
	流行				★			★				★	★					

续表

分	类	仔猪黄痢	脂肪性腹泻	仔猪白痢	轮状病毒感染	仔猪红痢	坏死杆菌病	猪传染性胃肠炎、猪流行性腹泻	低糖血症	猪球虫病	仔猪副伤寒	猪瘟	猪血痢	胃肠炎	马铃薯中毒	猪鞭虫病	旋毛虫病	棘头虫病
发病情况	急性	★	★			★		★				★	★		★			
	慢性			★	★		★				★	★		★		★	★	★
排便状况	黄色	★	★								★							
	白色		★	★					★	★								
	带血					★	★						★	★		★		
	黏液									★						★	★	★
	水泻				★			★										
神经症状	有								★			★			★			
	无	★	★	★	★	★	★	★		★	★		★	★		★	★	★
发病率	高	★							★									
	低		★	★		★	★	★		★	★	★	★	★	★	★	★	★
死亡率	高	★				★	★	★				★			★			
	低	★	★	★	★				★	★			★	★		★	★	★
治疗效果	较好	★	★						★				★	★		★		
	不佳		★		★	★	★	★		★						★		★

五、腹泻类猪病的防治

1. 免疫接种　由传染性疾病引起的腹泻，如仔猪黄痢、白痢、传染性胃肠炎和流行性腹泻、猪瘟等疾病，可实施免疫接种进行预防。若接种母猪，可提高母源抗体水平，仔猪通过哺乳得到被动免疫。也可直接接种仔猪，使其获得主动免疫。

2. 特异性疗法　可应用针对某种传染病的高免血清或痊愈猪血清，进行紧急预防或治疗。因为这些血清只对某种特定的传染病有效，而对其他疾病无效，故称为特异性疗法。

3. 抗生素疗法　抗生素主要作用是防治细菌性疾病，对病毒感染的疾病只能起到防止继发感染的作用。使用抗生素疗法是目前防治仔猪腹泻最普通的常用方法，通常可选用痢菌净、安普霉素、头孢噻呋钠、磺胺类、丁胺卡那霉素、阿莫西林、硫酸新霉素、诺氟沙星、甲砜霉素等抗生素。

4. 对症疗法　根据病情的变化和病猪的体质状况，应及时采取对症治疗措施，包括采用止泻、收敛、强心、补液、纠正脱水及酸中毒等措施，其中最重要的是补液。由于腹泻病猪丧失的不仅是水分，还有许多盐类，所以在补液时要注意补充盐分。

第三节　呼吸道症状类猪病的鉴别与防控

一、关于呼吸困难

机体的呼吸过程可分为两部分：一是机体与周围环境之间的气体交换，称为外呼吸；二是血液与组织之间的气体交换，称为内呼吸或组织呼吸。外呼吸与内呼吸之间具有密切的联系。

呼吸系统是受神经系统调节的。在脑部的延髓有呼吸中枢，并与脊髓两侧的呼吸运动神经元相联系，在脑桥处还有呼吸调节中枢，这些中枢本身是受神经系统高级部位，即大脑皮层调节的。同时呼吸中枢的活动又直接受到来自机体内的各方面神经传入冲动的影响。比如来自肺的迷走神经的传入冲动，对维持呼吸中枢节律性活动具有重要的意义，其他如血液成分的改变、体温的改变以及血液循环的改变等也都能直接或间接地影响呼吸中枢，引起呼吸机能的变化。

健康的猪以胸腹式呼吸为主，而且每次呼吸的深度均匀，间隔的时间均等。一般每分钟呼吸的次数为10～20次。在运动之后或气候炎热时，猪的呼吸次数可暂时性地增加，仔猪的呼吸频率比大猪相对快一些。

呼吸困难是指病猪在呼吸时频率加快，呼气、吸气时间延长，呼吸费力，临床上可见呼吸频率、深度和节律方面的变化，此时呼吸肌和辅助呼吸肌均参加呼吸运动。

二、呼吸困难的病因和分类

呼吸困难其实包括呼气困难、吸气困难以及混合性呼吸困难三方面。此外，呼吸型的改变及频率的增加，在猪病的诊断中也有重要的意义。现简述如下。

1. 呼气性呼吸困难　呼气时间显著延长，呈现腹式呼吸，依靠辅助呼气肌（主要是腹肌）参与活动，腹壁活动特别明显，肛门呈现抽缩运动，多呈两段式呼出。见于气喘病、胸膜肺炎、肺气肿、支气管肺炎等疾病。

2. 吸气性呼吸困难　吸气时间明显延长，病猪头颈伸直，鼻翼张开，并常伴有吸气时的狭窄音，同时呼吸次数减少。见于急性腹膜炎、上呼吸道狭窄等疾病。

3. 混合性呼吸困难　表现为呼气及吸气均发生困难，其间多伴有呼吸次数的增多。见于支气管肺炎、心肺机能障碍、重度贫血及高热性疾病等。

4. 呼吸频率减慢或微弱　其特征为呼吸显著加深并延长，同时呼吸次数减少，或表现为微弱的呼吸活动。见于脑水肿、脑炎、中毒性疾病、昏迷及病危状态等。

三、关于咳嗽

咳嗽是动物的一种神经反射性动作，由于上呼吸道有异物侵入或有黏液蓄积，或吸入了刺激性气体，使上呼吸道（喉头、气管、支气管）黏膜受到刺激或有炎症过程存在，都能引起强烈的咳嗽。此外，在胸膜、食管管壁、腹膜、肝脏以及中枢神经系统（特别是大脑皮层）受到刺激时，都可以反射性地发生咳嗽。

咳嗽能够把吸入的异物或蓄积在呼吸道内的分泌物（痰液）迅速排除出去，使呼吸道保持干净通畅，所以，咳嗽在本质上应该看作是一种具有保护意义的反射动作。

强烈和持续性咳嗽可使胸腔内的压力升高，从而降低了胸腔的负压吸引力，静脉血液流入心脏受到阻碍，于是引起静脉压升高，动脉压下降，心脏的收缩力减弱。同时由于肺泡内压力升高，肺毛细血管和静脉受到压迫，致使血液从右心房向右心室的流动受到阻碍，进一步引起全身性血液循环发生障碍。此外，在长时期持续咳嗽的影响下，肺泡高度扩张，肺组织的弹性显著减弱，能引起肺气肿。

咳嗽是因呼吸道及胸膜受到刺激的结果，可出现于多种疾病症状之中。检查时应注意咳嗽的性质、频度、强弱，有无疼痛和体温变化等情况。

咳嗽音低而长，伴有湿罗音，称为湿咳，表明炎性产物较稀薄；若咳声高而短，则是干咳的特征，表示病理产物较黏稠。

不连续的稀咳常发生在清晨、吃料或运动之后，常是呼吸器官慢性疾病的征兆，如早期的猪气喘病等。

频繁、剧烈而连续性的咳嗽，甚至呈痉挛性的咳嗽，多见于重症的猪气喘病、慢性猪肺疫以及肺丝虫病等。

在病猪咳嗽的同时表现疼痛不安，尽力抑制，见于猪接触性传染性胸膜肺炎等疾病。

四、呼吸道症状类猪病的鉴别诊断

呼吸道症状类猪病的鉴别诊断见表8-3。

表8-3　呼吸道症状类猪病的鉴别诊断

分类		链球菌病	胸膜肺炎	弓形虫病	猪呼吸道疾病综合征	蓝耳病	伪狂犬病	支气管炎	小叶性肺炎	猪气喘病	猪肺疫	猪流行性感冒	猪肺丝虫病	猪蛔虫病	猪棘球蚴病	猪传染性萎缩性鼻炎
体温变化	高热	★	★	★			★		★		★	★				
	正常				★	★	★	★		★			★	★	★	★
呼吸状况	急促	★		★			★			★				★	★	
	困难		★		★	★		★	★		★	★	★			★

续表

分类		链球菌病	胸膜肺炎	弓形虫病	猪呼吸道疾病综合征	蓝耳病	伪狂犬病	支气管炎	小叶性肺炎	猪气喘病	猪肺疫	猪流行性感冒	猪肺丝虫病	猪蛔虫病	猪棘球蚴病	传染性萎缩性鼻炎
发病情况	急性	★	★	★	★	★	★	★	★		★	★				
	慢性				★	★				★			★	★	★	★
食欲状况	减少	★	★	★	★	★	★				★			★	★	★
	正常									★			★			
咳喘情况	有															
	无															★
排粪情况	腹泻				★		★									
	正常	干	干	干		★				★	★	★		★	★	★
发病率	较高	★		★	★	★	★	★	★	★	★	★		★		
	较低		★													
死亡率	较高	★				★	★				★					★
	较低		★											★	★	
常见发病阶段	大猪		★							★	★			★		
	中猪	★		★	★	★		★	★			★		★		★
	小猪					★										
有无疫苗	有	★				★										★
	无		★	★	★		★	★	★	★	★	★			★	
治疗效果	较好	★		★				★	★	★			★	★		
	较差		★		★	★	★				★				★	★

五、呼吸道症状类猪病的防治

发现病猪应立即隔离并涂上记号，且要进一步观察，弄清该病猪所出现的呼吸道症状是急性的还是慢性的，是个例发生还是群体流行，病猪呈局部症状还是出现全身反应（如体温升高等）。

根据呼吸道症状发生的程度，可以采取不同的治疗措施。对于急性病例，首选治疗药物是支原净、氟本尼考、泰乐菌素、替米考星、强力霉素、氧氟沙星、环丙沙星、多西环素、阿奇霉素、卡那霉素、链霉素及磺胺类等药物。对症治疗的药物可选用盐酸麻黄素、氯化铵、氨茶碱和肾上腺素等。对于慢性呼吸道传染病，可在饮水或饲料中添加抗生素药物，如土霉素、泰乐菌素、螺旋霉素。抗生素一般不宜进行大剂量静脉补液。

对于有呼吸道症状的病猪，要给予一个安宁、舒适的环境，在冬季需要防寒保暖，在夏季需要防暑降温，注意猪舍内的空气流通，适当增加营养，补充适量的维生素和青绿饲料。

第四节　神经症状类猪病的鉴别与防控

一、关于神经症状

神经系统是猪体内最重要的调节系统，不仅参与机体生理活动的调节，而且还影响着各种病理过程。

神经系统本身的病变与其他组织器官的疾病有密切的联系，各种病原若损伤其反射弧的任何一部分，均能引起神经反射弧所支配区域的机能障碍，使机体发生神经症状。神经症状在临床上表现的形式是多种多样的，常见的神经症状有以下几种。

1. 痉挛　指骨骼肌或平滑肌出现不随意的收缩的现象。若持续时间较短，肌肉的收缩与弛缓交替重复进行，并有一定的间歇时称为阵发性痉挛；如果肌肉持续地收缩，然后又较长时间的弛缓间歇，称为强直性痉挛，又叫角弓反张。

2. 瘫痪　也称麻痹。由支配肌肉运动的神经功能障碍引起。患部丧失对疼痛的应答，肌肉紧张性以及随意运动减弱或消失。猪还常发生两前肢或后肢瘫痪，这种情况属中枢性瘫痪。

3. 惊厥　以剧烈的阵发性痉挛为主，病猪全身搐搦，不能维持身体的平衡，伴有一时性的知觉丧失。见于各种急性脑炎的末期。局部或全身骨骼肌的连续而不太强的阵发性收缩，肉眼可见肌肉抖动，称为震颤。

4. 神经抑制　是神经组织机能障碍的结果，多是由中枢神经细胞缺氧或缺乏其他必要营养物质造成的。根据程度不同可分为以下几种情况。

（1）反应迟钝　对周围事物漠不关心，离群呆立，低头耷耳，眼半闭或全闭，行动迟缓无力，但对外界刺激尚能作出有意识的反应。

（2）嗜睡　中枢神经中度抑制，病猪倚墙或躺卧，闭眼沉睡，给予较强的刺激时才有反应，但很快又陷入沉睡状态。

（3）昏迷　为中枢神经高度抑制现象。病猪意识完全丧失，卧地不起，肌肉松弛，反射消失，甚至粪尿排泄失禁，但仍保留植物性神经活动，能控制心跳和呼吸活动，并维持正常体温，重度昏迷，多预后不良。常见于仔猪低糖血症、自体中毒等疾病。

5. 共济失调　肌肉收缩力正常，但丧失协调功能，病猪不能保持体位平衡和运步协调。可分为静止性共济失调和运动性共济失调，前者也称体位平衡失调，表现不能正常站立，头或躯体摇晃不稳，或偏向一侧，四肢软弱，关节屈曲，常易跌倒，可能是小脑受损所致。后者表现为运动强度、步幅和方向异常，步态不协调，举腿过高，跨步过大，运步笨拙，运步踉跄，方向不正，身体不能维持平衡而跌倒。可见于大脑、小脑或前庭的损伤。

二、神经症状的病理学基础

脑血管的变化及颅内压升高：在正常情况下，脑血管周围只有少量脑脊液，当脑组织发生病变时，血管周围也出现炎性细胞和液体。脑炎时，血管周围出现细胞反应，这种被反应细胞包围血管，状似袖套，故称"袖套现象"。组成"袖套"现象的细胞在病毒感染时主要为淋巴细胞；在细菌感染时主要是中性粒细胞；食盐中毒时，主要为嗜酸性粒细胞。

在脑膜和脑组织内分布有丰富的血管，血管周围有液体间隙，物质代谢和气体交换就在这些液体中进行。当患颅内压升高性疾病或占位性疾病时，患猪多表现严重的神经症状、转圈或盲目运动症状，如热射病以及造成颅内压升高的其他疾病等。

1. **化脓性脑炎**　以脑组织中形成微细脓肿为特征。其中有大量嗜中性粒细胞浸润，在陈旧的脓肿灶周围由神经胶质细胞及结缔组织增生形成包囊。见于链球菌、李氏杆菌等细菌的感染过程。

2. **非化脓性脑炎**　主要病变在脑脊髓实质。其特征是在脑组织血管周围间隙内有数量不等的炎性细胞（淋巴细胞、浆细胞或嗜酸性粒细胞）浸润，构成"袖套"现象。因脊髓同时受害，故又称脑脊髓炎。见于乙型脑炎、伪狂犬病、猪瘟等疾病。

3. **脑软化**　猪脑软化的病因很复杂，如细菌或病毒的感染，维生素、微量元素缺乏及某些物质中毒都可引起脑软化。脑软化的病变位于小脑、纹状体、大脑及延髓。脑软化症状出现1~2天，坏死区即出现黄绿色不透明的外观，纹状体坏死，脑组织常表现苍白、肿胀和湿润。

三、神经症状类猪病的防控

仔猪的神经系统发育尚不成熟，免疫功能也不够完善，故对某些疾病较成年猪易感，如李氏杆菌病、链球菌病（败血型）、伪狂犬病、脑脊髓炎等。这些疾病的病原可通过血脑屏障引起脑部病变，使仔猪表现出神经症状。为此要对仔猪细心观察，发现疾病早期隔离和治疗，对于可疑猪可使用药物或血清作紧急预防。

对于通过垂直感染引起的新生仔猪发生神经症状的疾病，如非典型猪瘟、伪狂犬病、仔猪先天性肌震颤等，应着重搞好种用公猪和母猪的防疫、检疫工作，制订出合理的免疫程序，对于种猪，要在配种前完成以上疾病的免疫接种工作，定期进行血清学检测，对于阳性猪不能留作种用。

许多神经症状疾病的出现与猪场的管理水平有关，如营养缺乏（微量元素或维生素）、使用药物过量（喹乙醇等药物均有毒性）、饲喂的饲料霉变（黄曲霉、赤霉菌毒素中毒等）、污染毒物（饲料或饮水中污染有机磷或灭鼠药等毒物）等。常见的有仔猪低糖血症、水肿病、中暑、维生素或微量元素缺乏症等，对于这类疾病的防治，关键在于提高管理水平，建立、健全并严格实施猪场的各项规章制度。

四、神经症状类猪病的鉴别诊断

常见猪神经症状类疾病的鉴别诊断见表8-4。

表8-4　常见猪神经症状类疾病的鉴别诊断

分	类	仔猪水肿病	亚硝酸盐中毒	食盐中毒	氢氰酸中毒	黑斑病甘薯中毒	砷中毒	氟中毒	破伤风	猪脑心肌炎	浆膜丝虫病	仔猪先天性肌肉阵痉	维生素A缺乏症	有机磷中毒	渗出性皮炎	猪圆环病毒病	猪痘	猪肾虫病	疥癣	感光过敏性中毒
体温变化	高热											★				★				★
	正常	★	★	★	★	★	★	★	★	★	★		★	★	★		★	★	★	
发病阶段	成年		★	★			★	★	★		★		★	★		★		★	★	
	仔猪	★				★			★	★		★		★	★	★				
神经症状类型	失调	★	★	★		★	★	★					★							
	转圈			★								★						★	★	
	沉郁					★	★			★										
	瘫痪			★									★							
发病情况	急性	★	★	★	★		★			★		★		★	★	★				
	慢性					★		★	★		★		★					★	★	★
发病原因	感染	★								★	★				★	★				
	代谢		★					★					★							
	其他			★	★	★	★							★						
发病率	较高	★														★	★	★		
	较低		★	★	★	★	★	★	★	★	★	★	★	★	★				★	
死亡率	较高	★	★	★	★	★	★		★	★				★						★
	较低							★			★	★	★		★	★	★	★	★	

续表

分　类		仔猪水肿病	亚硝酸盐中毒	食盐中毒	氢氰酸中毒	黑斑病甘薯中毒	砷中毒	氟中毒	破伤风	猪脑心肌炎	浆膜丝虫病	仔猪先天性肌肉阵痉	维生素A缺乏症	有机磷中毒	渗出性皮炎	猪圆环病毒病	猪痘	猪肾虫病	疥癣	感光过敏性中毒
排粪情况	腹泻		★	★	★	★	★	★						★		★		★		★
	正常	★								★	★		★		★	★	★		★	
治疗效果	较好		★		★	★	★	★						★	★				★	★
	无效	★		★												★				

五、神经症状类猪病的防治

对于已经出现神经症状的病猪，一般治愈率不高。首先要分析、判断发病的主要原因，做出初步的诊断，才能确定治疗方案。

治疗原则包括：应用抗菌药物进行治疗（怀疑细菌性感染，如脑膜脑炎型的链球菌病等）；对症治疗，包括使用解毒药、镇静、强心、解热等药物；特异性的高免血清疗法等。

第五节　繁殖障碍类猪病的鉴别与防控

一、关于繁殖障碍

母猪繁殖障碍是指在繁殖过程（包括配种、妊娠和分娩等环节）中，由于疾病等因素造成不能受孕，或受孕后不久胚胎或胎儿发生死亡的现象。其中有传染性疾病因素，也有因非传染性疾病因素所致。母猪的繁殖障碍，主要表现在以下几方面。

1. **不发情**　母猪无性欲，拒绝接纳公猪的爬跨。不发情的因素较复杂，其原因大致有：母猪虽然体成熟而性未成熟，年老体衰，生殖器官疾患，全身性疾病，内分泌失调，营养、微量元素或维生素缺乏，环境温度过低，光照过弱以及应激因素的影响等。

2. **不孕**　泛指母猪不孕，当母猪已到繁殖年龄，或断奶后经2～4个发情期仍不能受孕。其原因可能是营养不足或过剩；母猪过肥或过瘦；生殖器官，特别是卵巢疾病；全身性疾病，环境突变或频繁应激；种公猪疾患等。

3. **流产**　即妊娠中断，胎儿过早排出。其临床表现可分为隐性流产（妊娠早期胚胎消失）、小产（排出死胎）、早产（排出未足月的活胎）、延期流产（死胎停滞，胎儿干尸化或胎儿浸溶）、习惯性流产（每次妊娠到一定阶段即发生流产）、全部流产（全部胎儿流产）、部分流产（只有部分胎儿流产）等。引起流产的原因有传染性流产、寄生虫性流产、非传染性流产（包括营养性、外伤性、症状性、自发性、中毒性流产等）。

4. **死胎**　是指胚胎死亡，一般认为胚胎死亡后被吸收，胎儿死亡导致流产。引起胎儿死亡的原因很多，猪场中常见的病因有以下几方面：如妊娠母猪感染急性、热性或有生殖道病变的疾病，营养或微量元素、维生素缺乏等。

母猪妊娠中断后，死胎长期遗留在子宫腔内，若无细菌侵入，水分被吸收而干化，呈棕黄色或棕褐色，一般到妊娠期满后，随着母猪卵巢黄体的消退而排出，这种死胎称胎儿木乃伊化。若死胎的软组织在腐败性细菌的作用下，发酵分解成液体，而骨骼遗留在子宫内，子宫不断排出黄褐色、脓性带恶臭的液体，这种死胎称为胎儿浸溶。本病预后不良，常常引起子宫炎，子宫外层与肠壁发生粘连，导致不孕症。

二、繁殖障碍类猪病的鉴别诊断

常见猪繁殖障碍类疾病的鉴别诊断见表8-5。

表8-5　常见猪繁殖障碍类疾病的鉴别诊断

分	类	阴道炎	赤霉菌毒素中毒	乏情	持久黄体	布鲁氏菌病	钩端螺旋体病	蓝耳病	伪狂犬病	流行性乙型脑炎	猪细小病毒感染	流产	母猪产后无乳综合征	乳房炎	子宫内膜炎
胎次	初产										★				
	不定	★	★	★	★	★	★	★	★	★		★	★	★	★
发病情况	急性	★	★			★	★	★	★	★		★	★		★
	慢性	★	★	★			★			★		★			★
	全身				★	★	★	★	★	★					
	局部	★	★												
季节性	冬春						★								
	夏秋		★							★			★		
	全年	★		★	★			★			★			★	★
流行	散发	★		★									★	★	★
	群发		★			★	★	★	★						
发病原因	细菌	★				★	★						★	★	★
	病毒							★	★	★	★				
	寄生虫														
	其他		★	★	★							★			

续表

分	类	阴道炎	赤霉菌毒素中毒	乏情	持久黄体	布鲁氏菌病	钩端螺旋体病	蓝耳病	伪狂犬病	流行性乙型脑炎	猪细小病毒感染	流产	母猪产后无乳综合征	乳房炎	子宫内膜炎
流产期	早期										★				
	后期					★	★			★					
	不定	★	★					★	★			★			★
症状	流产	★					★		★		★	★			★
	死胎					★				★					
	不定		★					★		★					

三、繁殖障碍类猪病的防治

对繁殖障碍类的病猪，首先要运用各种手段找出病因，做出准确诊断。

引起猪繁殖障碍的疾病很多，猪场要做好对这些疫病的预防、检疫和免疫接种等工作。

对于非传染性的繁殖障碍，常与猪群的营养水平、管理条件、环境因素有密切关系，特别是环境温度长时间超过36℃以上，极易导致胚胎死亡而发生流产。所以，在炎热的夏季，控制好妊娠母猪舍的温度十分重要。

有些繁殖障碍的疾病是由于激素分泌失调所致，对于这类疾病如果在正确诊断的基础上进行治疗，可获得满意的疗效。

对于那些患有难以确诊和治疗的繁殖障碍性疾病的病猪，为避免损失，应及时淘汰。

参考文献

蔡宝祥. 2001. 家畜传染病学［M］. 北京：中国农业出版社.

陈杖榴. 2002. 兽医药理学［M］. 北京：中国农业出版社.

东北农业大学主编. 2003. 兽医临床诊断学［M］. 北京：中国农业出版社.

高作信. 2002. 兽医学［M］. 北京：中国农业出版社.

郭亮. 2003. 无公害猪肉生产与质量管理［M］. 北京：中国农业科学技术出版社.

汪明. 2003. 兽医寄生虫学［M］. 北京：中国农业出版社.

宣长和. 2005. 猪病诊断彩色图谱与防治［M］. 北京：中国农业科学技术出版社.

Barbara E. Straw，Jeffery J.zimmerman，Sylvie D'Allaire，et al. 2006. Diseases of swiene. Ninth Edition［M］. Blackwell Publishing.

Marcelo de Las Heras Guillamon-Jose，Antonio Garcia de Jalon. 2001. A guide to necropsy diagnosis in swine pathology［J］.Elanco Animal Health.U.S.A.

附录

猪病主要症状所涉及的可能疾病

主要症状	可能涉及的疾病
小猪下痢	红痢，黄痢，白痢，传染性胃肠炎及流行性腹泻，腺病毒感染，鞭虫病，胃肠炎，球虫病
呼吸困难	气喘病，猪肺疫，流感，传染性胸膜肺炎，萎缩性鼻炎
神经症状	仔猪水肿病，乙型脑炎，李氏杆菌病，伪狂犬病，仔猪先天性肌阵痉，猪瘟，链球菌病，传染性脑脊髓炎，中毒
繁殖障碍	细小病毒感染，乙型脑炎，猪瘟，伪狂犬病，布鲁氏菌病，蓝耳病，弓形虫病，引起妊娠母猪体温升高的疾病及其他疾病（包括高温、营养问题、中毒、机械损伤、应激、遗传因素等）

导 引

猪病临床快速诊疗速查

一、猪发热症候群

（一）高热性疾病

1. 体温42℃左右不退烧，结膜红紫，流泪，流鼻液，腹下及四肢末端紫红色
——查败血性链球菌病

2. 咳嗽严重，呈犬坐式呼吸，鼻流泡沫，体温41℃左右不退烧
——查猪肺疫、猪接触性传染性胸膜肺炎

3. 高热不退，全身初发红后发黄，颈背部毛根出血，在高温高湿季节多发
——查猪附红细胞体病

4. 高热不退，呼吸困难，腹泻或便秘，神经症状，体表有红斑，血便
——查弓形虫病

5. 皮肤有稍突起、呈几何形状的疹块，体温41℃左右不退烧，粪便干硬
——查猪丹毒

6. 全群发病，体温41℃左右不退烧，口腔黏膜形成小水疱，在蹄冠部形成水疱、糜烂
——查猪口蹄疫

7. 个别散发，呼吸困难，体温41℃左右不退烧，脉搏增数与体温升高不对称
——查大叶性肺炎

8. 高热不退，肌肉震颤，剧烈呼吸，皮肤发紫，有应激史
——查猪应激综合征

9. 长时间在强烈阳光或高温环境下，全身发红，体温升高不退，兴奋、休克
——查中暑

（二）中度发热疾病

1. 体温升高，扎堆，眼屎黏稠，初腹泻后便秘，皮肤有红斑点
——查猪瘟、仔猪副伤寒

2. 2月龄以上小猪持续发热，有神经症状，震颤，仰头弓背，间歇发作
——查伪狂犬病

3. 体温升高，剧烈咳喘，全群同时迅速发病，眼鼻有多量分泌物
——查猪流行性感冒

二、猪腹泻症候群

（一）乳猪腹泻疾病

1. 生后1~3天发病，黄色含凝乳块稀便，迅速死亡
——查仔猪黄痢、脂肪性腹泻

2. 生后3~10天发病，灰白腥臭稀便，死亡率低
——查仔猪白痢、轮状病毒感染

3. 生后7天左右发病，血样稀便，死亡率高
——查仔猪红痢、坏死杆菌病

4. 上吐下泻，全群发病，病程短，小猪死亡率高
——查传染性胃肠炎（TGE）、流行性腹泻（PED）、磷化锌中毒

5. 冬春发病，水样腹泻，快速脱水，乳猪多发
——查轮状病毒感染、低糖血症

6. 2周内乳猪发病，上吐下泻，厌食，萎靡，神经症状，眼球上翻
——查低糖血症

7. 7~10日龄猪腹泻，呈奶黄、乳白色黏稠稀便，抗生素治疗无效
——查球虫病

（二） 保育猪及肥猪腹泻疾病

1. 潮湿季节多发，高热41℃左右，便秘或腹泻，耳朵、腹部红斑
——查仔猪副伤寒、猪瘟

2. 2~3月龄猪拉黏液性血便，持续时间长，迅速消瘦
——查猪痢疾、胃肠炎

3. 上吐下泻，大小猪都发病，病程短，中大猪死亡率低
——查传染性胃肠炎、流行性腹泻、马铃薯中毒

4. 2~6月龄猪易发病，腹泻，粪便带有黏液和血液，消瘦，贫血，脱水
——查猪鞭虫病

5. 体温升高，腹泻，腹痛，后肢麻痹，呼吸减弱，叫声嘶哑
——查旋毛虫病

6. 消化紊乱，腹痛（刨地，相互对咬），腹泻，粪便带血，黏膜苍白
——查棘头虫病

三、猪咳喘及喷嚏症候群

（一）小猪咳喘疾病

1. 咳喘，颌下肿包，高热，流泪，鼻吻干燥
——查链球菌病

2. 呼吸困难，高热，皮肤有出血点、斑，皮肤紫红色

——查传染性胸膜肺炎

3. 咳喘，高热，腹泻或便秘，体表红斑，血便

——查弓形虫病

4. 消瘦，两眼分泌物增多，两眼周围皮肤发暗，呼吸困难，卧地站立起来出现连续咳嗽，死亡率、僵猪比例升高

——查猪呼吸道病综合征

5. 呼吸困难，肌肉震颤，后肢麻痹，共济失调，打喷嚏，皮肤紫红

——查蓝耳病

6. 咳喘，发热，呕吐，腹泻，神经症状

——查伪狂犬病

7. 咳嗽，呼吸困难，气喘，消瘦，流鼻液

——查黑斑病甘薯中毒、支气管炎

8. 个别发病，咳嗽严重，呼吸浅表，体温升降幅度大，黏膜红紫

——查小叶性肺炎

（二）育成猪咳喘疾病

1. 长期咳嗽，气喘时轻时重，吃喝正常，一般不死猪

——查猪气喘病

2. 病初体温升高，咳嗽，流鼻液，结膜发炎，皮肤红斑

——查猪肺疫

3. 消瘦，两眼分泌物增多，两眼周围皮肤发暗，呼吸困难，卧地站立起来出现连续咳嗽，死亡率、僵猪比例升高

——查猪呼吸道病综合征

4. 全群同时迅速发病，体温升高，咳喘严重，眼鼻有多量分泌物

——查猪流行性感冒

5. 早晚、运动或遇冷空气时咳喘严重，鼻液黏稠，僵猪

——查猪肺线虫病

6. 咳喘，呕吐、腹泻，异嗜，黄疸，发热

——查猪蛔虫病

7. 消瘦，咳嗽，肝、肺萎缩，肋下肿胀和疼痛，恶病质或窒息而死亡

——查猪棘球蚴病

（三）小猪打喷嚏疾病

1. 喷嚏、甩鼻，黏性鼻液，呼吸困难，鼻子拱地、蹭墙

——查猪萎缩性鼻炎

2. 咳喘、喷嚏，全群同时迅速发病，体温升高，眼鼻有多量分泌物

——查猪流行性感冒

3. 咳喘喷嚏，肌肉震颤，后肢麻痹，共济失调，皮肤紫红

——查蓝耳病

四、猪神经症状及皮肤症候群

（一）静止及行动状态异常、怪叫疾病

1. 病猪突然倒地，四肢划动，口吐白沫死亡
——查链球菌性脑膜炎、仔猪水肿病、亚硝酸盐中毒、食盐中毒、氢氰酸中毒、砷中毒、氟中毒

2. 牙关紧闭，流涎，头部微仰以及四肢僵直后伸，外界的声音或触摸引起病猪痉挛

——查破伤风

3. 转圈，无目的徘徊，观星状态，口吐白沫，四肢乱爬

——查李氏杆菌病

4. 新生仔猪出现神经症状，体温高；妊娠母猪流产、死胎、咳喘

——查伪狂犬病

5. 仔猪呼吸、心跳加快，拒食，震颤，步态不稳

——查猪脑心肌炎

6. 惊恐，眼结膜黑紫色，有黏性分泌物，呼吸极度困难，突然倒地，抽搐死亡

——查浆膜丝虫病

7. 炎热季节发病，皮肤发红，体温升高，有神经症状

——查中暑

8. 仔猪出生后颤抖，抽搐，走路摇摆，叼不住奶头
——查仔猪先天性肌阵挛、新生仔猪低糖血症

9. 皮肤干燥，被毛粗乱，干眼病，步态不稳，易惊

——查维生素A缺乏症

10. 大量流涎，瞳孔缩小，肌肉震颤，呼气有蒜臭味

——查有机磷中毒

（二）皮肤斑疹、水疱及渗出性疾病

1. 5～6日龄乳猪发病，红斑水疱，铁锈色结痂，脱皮

——查仔猪渗出性皮炎

2. 中大猪皮肤大片斑疹，发热，咳喘，整群猪发育差

——查猪圆环病毒病

3. 猪的后躯发生瘀血、瘀点或瘀斑，呈紫红色，浅表淋巴结肿大至3～4倍，肾表面有出血点，严重下痢，呼吸困难

——查猪皮炎肾脏病综合征

4. 皮肤发红，红斑，水疱，脓疱或形成硬皮

——查猪痘

5. 皮炎，消瘦，贫血，腿瘸，尿液中常有白色黏稠的絮状物或脓液

——查猪肾虫病

6. 剧痒，到处擦痒，皮肤因摩擦而出血，被毛脱落，皮肤出现小的红斑丘疹，痂皮，增厚

——查疥癣病

7. 见光后皮肤出现斑疹，发红疼痛，避光后减轻

——查感光过敏性中毒

五、猪繁殖障碍及无乳症候群

（一）不发情、假发情疾病

1. 阴道肿胀而疼痛，排出多量黏性或脓性分泌物

——查阴道炎、子宫内膜炎

2. 起初阴道黏膜仅有轻度充血和发红，随后过度肿胀，凸出到阴户外面

——查赤霉菌毒素中毒

3. 后备母猪6~8月龄或断奶母猪15天后仍不发情

——查乏情

4. 母猪发情周期停止或不发情，受精不孕，外阴皱缩，阴道苍白，没有分泌物流出

——查持久黄体

（二）流产、死胎、木乃伊胎、返情和屡配不孕疾病

1. 母猪妊娠4~12周发生流产，同时伴发公猪睾丸炎

——查布鲁氏菌病

2. 母猪出现轻度厌食，发热，腹泻，流产，与母猪不同时发病的还有中大猪身体发黄、血尿

——查钩端螺旋体病

3. 母猪发热，厌食，妊娠后期流产，产死胎、弱仔，同时伴有断奶小猪咳喘，死亡率高

——查蓝耳病

4. 流产，产死胎、木乃伊胎及弱仔，母猪咳嗽，发热

——查伪狂犬病

5. 有蚊虫季多发，妊娠后期母猪突然流产，乳猪"水脑症"

——查乙型脑炎

6. 初产母猪多发，产死胎、畸形胎、木乃伊胎，未见其他症状

——查细小病毒感染

7. 母猪妊娠足月不产仔，妊娠期间流出血块、死胎、干尸胎或未足月的活胎儿

——查流产

（三）母猪无乳疾病

1. 产后少乳、无乳，体温升高，便秘
——查无乳综合征

2. 母猪产后体温升高，乳房热痛，少乳无乳
——查急性乳房炎

3. 母猪产后几日连续从阴道排出多量黏性、污秽分泌物，体温高，同时少乳或无乳
——查子宫内膜炎

六、其他症候群

（一）不发热的疾病

1. 精神不振，黏膜充血、发黄，粪便干硬，有时腹泻，尿少色黄
——查胃肠卡他

2. 育成猪或母猪突然死亡，尸体急剧苍白，胃内广泛出血
——查胃溃疡

3. 小猪出生吃奶后数小时精神委顿，发抖，衰弱，黏膜发黄，尿液红色或暗红色，全窝死亡
——查新生仔猪溶血病

4. 小猪肚脐部有核桃至拳头大球形肿胀物，无热无痛，吃喝正常
——查猪脐疝

5. 公猪阴囊增大，触之柔软，无热无痛
——查腹股沟阴囊疝

6. 8～13周龄仔猪普遍长势差，消瘦，腹泻，呼吸困难
——查断奶仔猪多系统衰竭综合征

7. 小猪皮肤黏膜苍白，越来越瘦，被毛粗乱，全身衰竭
——查铁缺乏症

8. 病猪症状一致，神经异常，上吐下泻，呼吸困难，四肢麻痹
——查酒糟中毒

9. 站立不稳，排尿增多，多腹泻，有时大便带血，耳尖发凉，黏膜发紫，鼻孔流出粉红色泡沫状液体
——查菜籽饼中毒

10. 厌食，贫血，肚胀，黏膜发黄，出血性腹泻，体温正常
——查黄曲霉毒素中毒

11. 黏膜苍白，呼吸困难，鼻出血和便血，黏膜和眼内出血，衰竭死亡
——查灭鼠灵中毒

12. 母猪妊娠后期或产后2～5天，四肢运动能力丧失或减弱
——查生产瘫痪

13. 消瘦，全身苍白、腹痛，腹泻，长势差

——查消化道寄生虫病

14. 体温不高，头颈后仰，四肢开张，肌肉强硬

——查李氏杆菌病

（二）小猪呕吐疾病

1. 呕吐，发热，腹泻，呼吸困难，神经症状

——查伪狂犬病

2. 呕吐，体温升高，眼屎黏稠，初腹泻后便秘，皮肤有红斑点

——查猪瘟

3. 上吐下泻，大、小猪都发病，病程短，死亡率高

——查传染性胃肠炎、流行性腹泻

4. 呕吐、腹泻，快速脱水，冬春发病、乳猪多发

——查轮状病毒感染

5. 呕吐，拒食，麻痹，震颤，兴奋状态下死亡，心肌变性

——查猪脑心肌炎

6. 呕吐，食欲减退，渴欲增加，腹痛，贫血，消瘦

——查猪胃线虫病

（三）小猪跛行疾病

1. 腿瘸，一肢或多肢关节周围肿大，站立困难

——查猪链球菌病

2. 站立、行走不稳，发育好的小猪多发，脸部水肿

——查仔猪水肿病

3. 蹄壳裂开、出血，腿瘸，脱毛，烂皮

——查生物素缺乏症

4. 肌肉局部疼痛、温热，表面僵硬、不平滑，四肢交替腿瘸

——查风湿病

5. 腿瘸，骨骼变形，腹泻、乱吃杂物

——查佝偻病

6. 经常用火碱带猪消毒猪舍，猪蹄底部溃烂、出血，腿瘸

——查火碱消毒问题

7. 发热、呼吸困难、关节肿胀、腿瘸、皮肤及黏膜红紫色、站立困难甚至瘫痪、母猪流产

——查副猪嗜血杆菌病

（四）猪失明疾病

1. 失明，皮干毛乱，运动障碍，神经症状

——查维生素A缺乏症

2. 失明，神经症状，严重口渴，肌肉痉挛，体温不高

——查食盐中毒

3. 失明，行动困难，黏膜充血、黄染，粪球干小并常带黏液或血，常排红尿

——查棉籽饼中毒

猪病临床快速诊疗速查

图书在版编目（ＣＩＰ）数据

猪病临床快速诊断指南/ 任晓明主编. — 北京：
中国农业出版社， 2013.4
ISBN 978-7-109-17042-1

Ⅰ．①猪… Ⅱ．①任… Ⅲ．①猪病－诊断－指南
Ⅳ．①S858.28-62

中国版本图书馆CIP数据核字（2012）第174111号

中国农业出版社出版
（北京市朝阳区农展馆北路2号）
（邮政编码　100125）
责任编辑　黄向阳　周锦玉

北京通州皇家印刷厂印刷　　新华书店北京发行所发行
2013年4月第1版　　2013年4月北京第1次印刷

开本：720mm×1 000mm　1/16　印张：19
字数：352 千字　印数：1～4 000 册
定价：90.00元
（凡本版图书出现印刷、装订错误，请向出版社发行部调换）